河南省中等职业教育规划教材
河南省中等职业教育校企合作精品教材

机械基础

Jixie Jichu

（第2版）

主编　车世明　程　丹

中国教育出版传媒集团
高等教育出版社·北京

内容简介

本书是河南省中等职业教育规划教材，是河南省中等职业教育校企合作精品教材，是为满足中等职业教育教学改革的需要，落实《河南省职业教育校企合作促进办法（试行）》和河南省政府关于促进校企双方“专业共建、课程共担、教材共编”精神，在本书第1版的基础上，由河南省教育科学规划与评估院组织河南省中等职业学校骨干教师和企业技术人员共同修订而成的。

本书按“项目—任务”的模式编写，共10个项目，包括构件的静力分析，直杆的基本变形，工程材料，螺纹，联轴器、离合器和制动器，带传动和链传动，齿轮，齿轮系，支承零部件，机构。本书内容注重基本知识和基本技能的学习，强调与实际工作岗位紧密结合，项目来自企业生产中的典型零件、机构或材料，任务来自企业生产的实际应用，任务的完成过程都是解决实际问题的过程，体现教与学并重，“教、学、做”合一的职业教育特色。

本书配套教学资源，请登录高等教育出版社新形态教材网（https://abooks.hep.com.cn）获取相关资源。详细使用方法见本书最后一页“郑重声明”下方的“学习卡账号使用说明”。

本书可作为中等职业学校机械类及相关专业的教学用书，也可作为相关人员的岗位培训及自学用书。

图书在版编目（CIP）数据

机械基础 / 车世明，程丹主编．--2版．--北京：高等教育出版社，2024.4（2025.9重印）

ISBN 978-7-04-057566-8

Ⅰ．①机… Ⅱ．①车… ②程… Ⅲ．①机械学-中等专业学校-教材 Ⅳ．①TH11

中国版本图书馆CIP数据核字（2021）第261986号

策划编辑 王佳玮　　责任编辑 张春英　　封面设计 王 琰　　版式设计 李彩丽
责任校对 窦丽娜　　责任印制 刘思涵

出版发行	高等教育出版社	网　　址	http://www.hep.edu.cn
社　　址	北京市西城区德外大街4号		http://www.hep.com.cn
邮政编码	100120	网上订购	http://www.hepmall.com.cn
印　　刷	天津画中画印刷有限公司		http://www.hepmall.com
开　　本	889mm×1194mm　1/16		http://www.hepmall.cn
印　　张	14.5	版　　次	2013年10月第1版
字　　数	300千字		2024年4月第2版
购书热线	010-58581118	印　　次	2025年9月第8次印刷
咨询电话	400-810-0598	定　　价	39.00元

物 料 号　57566-00

第 2 版前言

党的二十大报告指出，推进新型工业化，加快建设制造强国、质量强国、航天强国、交通强国、网络强国、数字中国。制造业在这个过程中起着重要作用。

本书是河南省中等职业教育规划教材、河南省中等职业教育校企合作精品教材，是为满足中等职业教育教学改革的需要，落实《河南省职业教育校企合作促进办法（试行）》和河南省政府关于促进校企双方“专业共建、课程共担、教材共编”精神，在本书第 1 版的基础上，由河南省教育科学规划与评估院组织河南省中等职业学校骨干教师和企业技术人员共同修订而成的。

本次修订结合近些年职业教育教学改革的政策及实践经验，增加课程思政元素，坚持校企合作，突出专业基础课的定位，在纸质教材修订的同时按照新形态教材要求建设了多种类型的数字化资源。本次修订主要突出以下特色：

1. 注重课程思政的融入

本书修订结合机械基础课程内容特点，加入工匠精神、职业道德、节能减排等阅读材料，培养学生的职业素养；介绍我国制造业新成就，激发学生的爱国热情；引入机械环保与安全防护知识，增强学生环保意识，树立安全生产的观念。

2. 内容调整，载体更新

本书保持第 1 版“项目引领、任务驱动”的体例，强化学生能力的培养。项目来自企业生产中的典型零件、机构或材料；任务来自企业生产或日常生活；任务的完成过程都是解决实际问题的过程，通过工作任务引出相关的知识点和技能点，在任务完成过程中实现基本知识的学习和基本技能的培养。听取一线教师的意见和建议后，本书对部分不够典型的项目、任务内容进行了更新，对部分任务顺序进行了调整，使之更贴近生产和应用，更易于教学。

3. 突出校企合作，融入新技术、新工艺、新方法

本书采用现行的国家标准和行业、企业规范，如机械简图、金属材料、带传动、轴承等内容均与国家标准同步更新；引入新技术，如功能材料、高强度螺栓、直线滚动轴承、直线滚动导轨等。

4. 配套教学资源丰富

本书配套丰富的教学资源，对知识点、技能点进行生动展示。

5. 配套习题集

本书配有《机械基础习题集》，单独出版，可保证学生课后同步练习及学习效果。

本书由车世明、程丹任主编，武燕、熊莎莎、贾勉参与了本书的编写。具体编写分工为：程丹

编写引言、项目一、项目二,车世明编写项目三、项目四,武燕编写项目五、项目六,熊莎莎编写项目七、项目八,贾勉编写项目九、项目十。本书配套数字资源由车世明、程丹、贾勉制作。本次修订工作得到了企业界专家张玉民、胡水根、陈克兵的大力支持,深表感谢。

由于编者水平所限,不足之处在所难免,恳请读者批评指正,读者意见反馈邮箱: zz_dzyj@pub.hep.cn。

编 者

2023年3月

第 1 版前言

本书是河南省中等职业教育规划教材之一，是河南省中等职业教育校企合作精品教材，依据教育部 2009 年颁布的《中等职业学校机械基础教学大纲》（以下简称教学大纲）和河南省中等职业教育校企合作精品教材编写方案的要求编写。

在编写过程中，为全面落实校企合作的要求，主要编写人员深入企业进行了调研，并组织有关学校的一线教师及行业、企业专家进行座谈，对编写大纲、教材内容进行深入的研讨，以使教材内容更好地与实际工作岗位相结合，满足企业对技能型人才的需求。

教材的创新特色如下：

1. 内容适应企业需要，突出工学结合特色。经过企业调研，按机电类职业岗位群对知识、技能的需求确定教材内容，在尊重科学性和教学规律性的前提下，对有关教学内容进行适当调整、综合，做到教材内容与职业岗位对接，缩小学校与企业、学生与工作岗位的差距。

2. 采用“项目引领、任务驱动”的体例编写，突出学生能力的培养。项目来自企业生产中的典型零件、机构或材料，任务来自企业生产的实际应用，任务的完成过程都是解决实际问题的过程，通过工作任务引出相关的知识点和技能点，在任务完成过程中实现基本知识的学习和基本技能的培养。

3. 重视实践教学环节，体现职业教育“做中学、做中教”的理念。“阶段性实训”“想一想”“做一做”均体现以学生为中心，教、学并重，“教、学、做”合一的教学理念，满足教学过程和生产过程相对接的要求，实现教学训练与职业一线“零距离”对接。

4. 明确界定中高职课程内容的区别，实现中高职教育的课程衔接。中职课程强调基本知识和基本技能的学习，内容不求深，简化原理阐述，理论以“定性”为主，以“够用”为度；繁冗计算和设计的内容留给高职阶段学习。

5. 融入企业生产的新知识、新技术、新工艺、新方法，严格贯彻最新国家标准和规范，采用法定计量单位。

6. 表现形式新颖，文字简洁，图文并茂。配有大量立体图、实物照片或表格，将各个知识点展示出来，生动、直观，更有利于学生接受，更贴近中职学生的阅读习惯。

本书建议教学学时为 64 ~ 96 学时。标“*”的内容各学校可根据实际情况进行选择和安排教学；标“**”的内容为教学大纲规定之外、经企业调查增加的内容。在教学过程中可参考以下学时分配表安排教学：

项目	内容	学时
引言	走进机械世界	4
项目一	构件的静力分析	4 ~ 8
项目二	直杆的基本变形	8 ~ 12
项目三	工程材料	6 ~ 12
项目四	螺纹	6 ~ 8
项目五	联轴器、离合器和制动器	4 ~ 6
项目六	带传动和链传动	6 ~ 8
项目七	齿轮	8 ~ 10
项目八	齿轮系	4 ~ 8
项目九	支承零部件	6 ~ 8
项目十	机构	6 ~ 10
机动		2
合计		64 ~ 96

以上各项目的顺序，教师可根据教学需要进行前后调整。

本书由河南省职业技术教育教学研究室编，由河南省轻工业学校车世明、中国一拖（洛阳）集团公司建筑机械有限公司张玉民担任执行主编，河南化工职业学院赵玉奇，河南机电职业学院武燕担任副执行主编，参加编写工作的还有：华电郑州机械设计研究院胡水根、河南东方食品机械设备有限公司陈克兵，河南卓越机械制造有限公司曹中原，河南机电职业学院熊莎莎、驻马店高级技工学校胡敬军。编写分工如下：车世明编写引言、项目六、七、八，赵玉奇编写项目二，武燕编写项目一，九、十，熊莎莎编写项目四、五，胡敬军编写项目三；全书由车世明，张玉民统稿，胡水根、陈克兵、曹中原对编写给以建设性的指导和建议，还提供了部分案例素材；郑州轻工业学院姚二民教授审阅了本书。

由于编者水平所限，不足之处在所难免，敬请读者批评指正（读者意见反馈信箱：zz_dzyj@pub.hep.cn）。

编　者

2013年6月

目 录

引言　走进机械世界

机械是人类在日常生活和生产中发明和创造的，并且得到了日益广泛的应用，它能代替和减轻人的体力劳动，提高生产率和产品质量。大到列车和轮船，小到工具和仪表，都离不开机械的元素（图 0-1）。

(a) 活扳手　(b) 挖掘机　(c) 压力表

(d) 高速列车　(e) 机床　(f) 轮船

图 0-1　机械

机械不仅是人类从事工农业生产和交通运输的重要工具，也是一个国家科学技术和经济发展水平的重要标志。

一、机器与机构

1. 机器工作举例

（1）电动自行车　图 0-2 所示的某型号电动自行车是一台简单的机器。骑行时，先靠人力作用于脚蹬，经链条将运动传给小链轮（飞轮），驱动后轮转动；如果需要助力，打开控制器上的电源锁，蓄电池提供的电源与各控制线路接通，右手向后缓慢转动调速把手，使后轮毂的驱动电动机驱动后轮转动；若需紧急刹车，两手握紧刹车闸把，电源与控制线路被切断，前、后闸使车轮制动。

（2）台钻　图 0-3 所示的台钻是比较典型的机器。其工作过程是：电动机转动，经 V 带传动将运动和动力传递给主轴，主轴与钻头直接连接，从而驱动钻头完成对工件的切削加工。

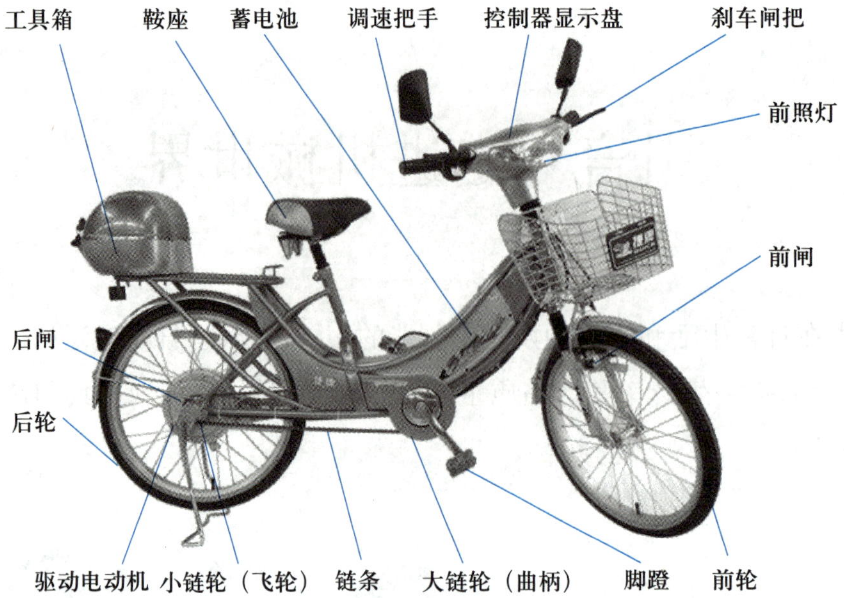

图 0-2 电动自行车

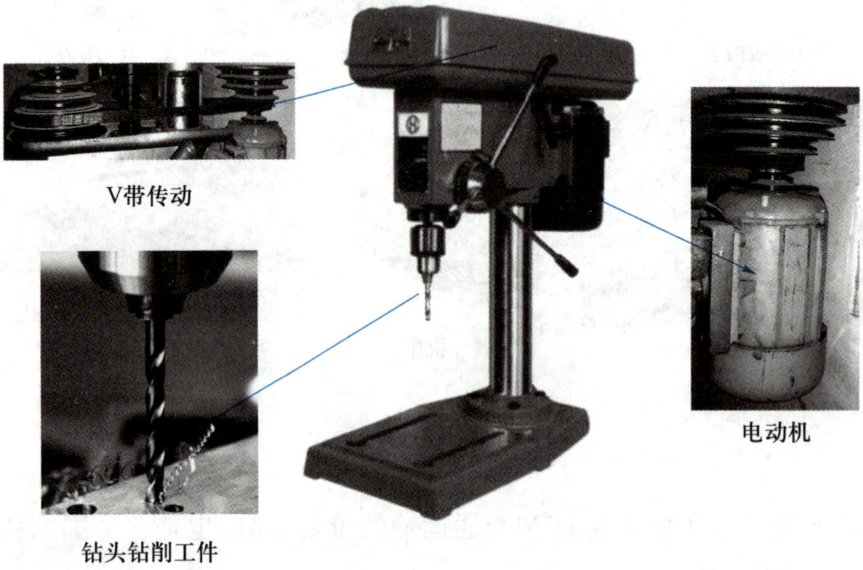

图 0-3 台钻

（3）内燃机 图 0-4 所示为单缸四冲程内燃机，当燃气推动活塞做直线往复运动时，经连杆带动曲轴做连续转动。凸轮和顶杆是用来开启和关闭进气阀和排气阀的。在凸轮轴和曲轴上的大、小齿轮的齿数比为 2∶1，曲轴转两周，凸轮转一周，驱动进、排气阀各启闭一次，这样就把活塞的往复运动转变为曲轴的连续转动，将燃气的热能转换为曲轴转动的机械能。

2. 机器与机构

机器的种类繁多，它们的结构形式和用途虽各不相同，但从其组成、运动和功能角度看，都具有下列共同特征：

（1）机器是人为的实体（即构件）组合。

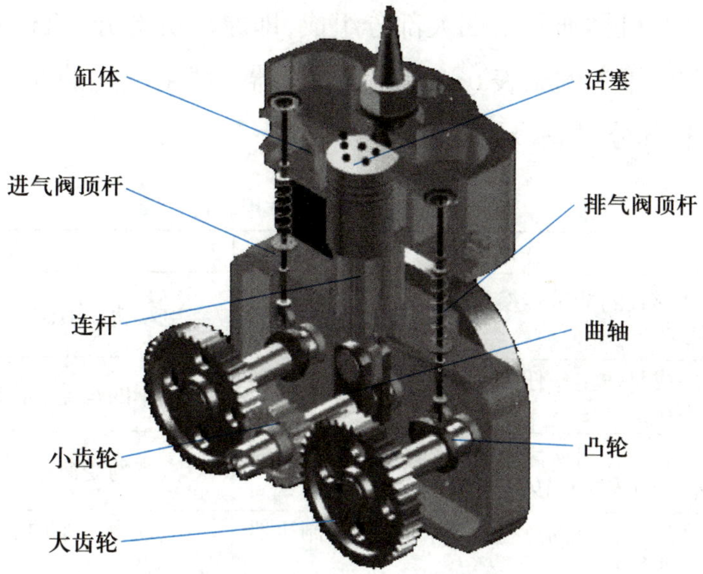

图 0-4　单缸四冲程内燃机

（2）各部分（构件）之间具有确定的相对运动。

（3）能够转换或传递能量，代替或减轻人类的劳动。

由此可见，前述的电动自行车、台钻等都是机器，各种机床、电动机、汽车、电风扇等也都是机器。

为了便于分析和研究机器，常常把机器中具有确定的相对运动并能完成传递运动、力或改变运动形式的实体组合称为机构。由此可知，机构只具有机器的前两个特征。机器中至少包括一个机构，复杂的机器则包括多个机构。如电动自行车中的链传动是机构，台钻中的带传动是机构，单缸内燃机包含曲柄滑块机构（由缸体、活塞、连杆、曲轴组成）、齿轮机构（由缸体及两个齿轮组成）和凸轮机构（由缸体、凸轮与顶杆组成）等，如图 0-5 所示。

机器与机构从功用上是有区别的，但从运动与组成的角度来看，并无区别。为了叙述方便，通常把机械一词作为机器与机构的总称。

(a) 曲柄滑块机构　(b) 齿轮机构　(c) 凸轮机构

图 0-5　几种常用机构

3. 机器的组成

上述几例分析表明，机器通常由四大部分组成，即原动机部分、执行部分、传动部分、控制部分，各部分的作用和应用举例见表 0-1。简单的机器一般由上述的前三部分组成，有的甚至只有原动机部分和执行部分，如水泵、排风扇等。

表 0-1 机器各组成部分的作用和应用举例

组成部分	作用	应用举例
原动机部分（动力部分）	把其他形式的能量转换为机械能，以驱动机器各部件运动等	电动机、内燃机
执行部分（工作部分）	直接完成具体工作任务的部分，处于整个传动装置的终端	汽车的车轮、冲床的冲头、电风扇的扇叶
传动部分	原动机到工作机构之间的传动机构，用以完成运动和动力的传递和转换	汽车的变速箱、自行车的链传动与飞轮等
控制部分	显示和反映机器的运行位置和状态，控制机器正常运行和工作	电动自行车中的调速把手、调速控制器、显示盘

知识卡片 现代机器的定义

现代机器是由计算机信息网络协调与控制的，用于完成包括机械力、运动和能量转换动力学任务的机械和（或）机电部件相互联系的系统。

这个定义突出计算机在现代机器中的协调控制的核心作用，同时也强调了现代机器的主要功能仍然是执行机械运动、完成有用功和能量的转换。

二、构件与零件

在机械中具有独立运动的单元称为构件，组成构件的每一个加工制造的单元称为零件。图 0-5a 中的活塞、连杆、曲轴、缸体均为构件，构件可以由一个零件组成，如曲轴（图 0-6a）；也可以是多个零件的刚性组合体（即这些零件间没有相对的运动），如连杆由连杆体、连杆盖、轴瓦、螺栓和螺母等零件组成（图 0-6b）。

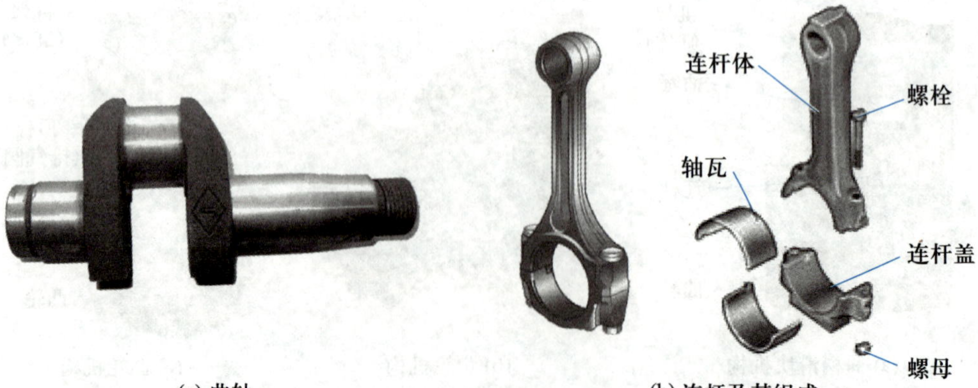

(a) 曲轴 (b) 连杆及其组成

图 0-6 构件与零件

由此可知,零件是单独加工制造的单元,而构件是独立运动的单元。机器由机构组合而成,而机构由构件组合而成,它们的关系如图 0-7 所示。

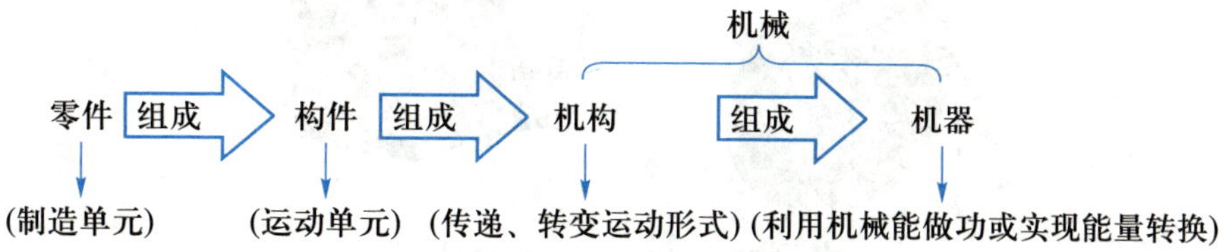

图 0-7　零件、构件、机构、机器之间的关系

三、运动副

由前述可知,机构是由若干构件通过连接组成的。凡是两个构件直接接触又能产生一定形式的相对运动的连接称为运动副。两构件接触不外乎点、线、面三种方式,通常把面接触的运动副称为低副,把点、线接触的运动副称为高副。

1. 低副

按两构件的相对运动情况来分,常用的低副有:

(1) 移动副　两构件接触处只允许作相对移动,如图 0-8a、b 所示的滑块与导轨组成的移动副,图 0-8c 所示为移动副的运动简图符号。

(2) 转动副　两构件接触处只允许作相对转动,如图 0-9a、b 所示的铰链即为转动副的实例,转动副也称为回转副或铰链,图 0-9c、d 所示为转动副的运动简图符号。

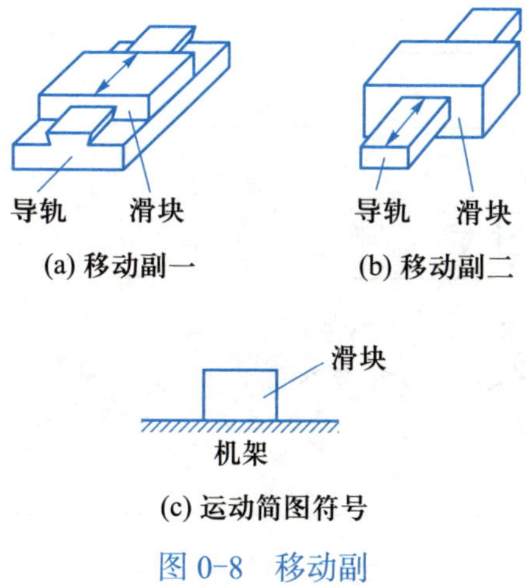

图 0-8　移动副

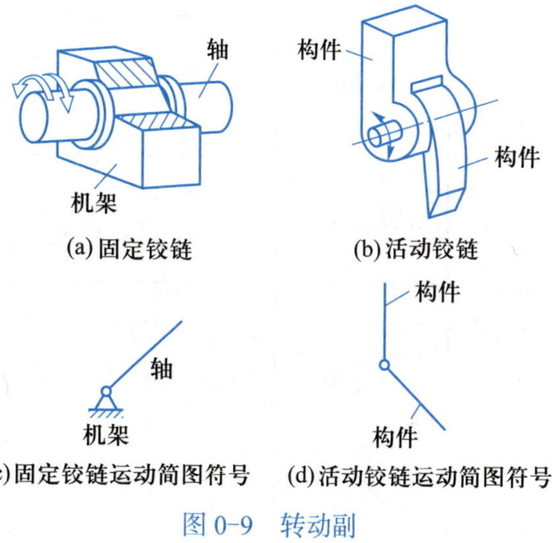

图 0-9　转动副

2. 高副

高副最常见的形式有两种:凸轮副和齿轮副。图 0-10a 所示的凸轮与尖顶从动件之间是点接触,图 0-10b 所示的齿轮齿面之间是线接触。

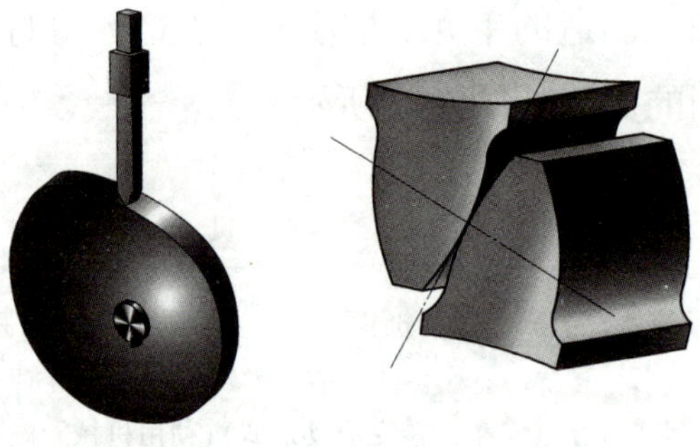

(a) 凸轮副　　(b) 齿轮副

图 0-10 高副

知识卡片 机构运动简图

在分析机构运动时，为了使问题简化，可以不考虑那些与运动无关的因素（如构件的外形和断面尺寸、组成构件的零件数目、运动副的具体构造等），而用简单线条和符号来代表构件和运动副，这种用简单线条和符号表示机构中各构件之间相对运动关系的图形，称为机构运动简图。常用机构运动简图见表 0-2。

表 0-2 常用机构运动简图（摘自 GB/T 4460-2013）

名称		符号
低副	转动副	
	移动副	
	螺旋副	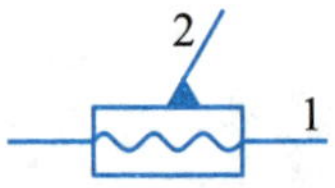
高副	凸轮副	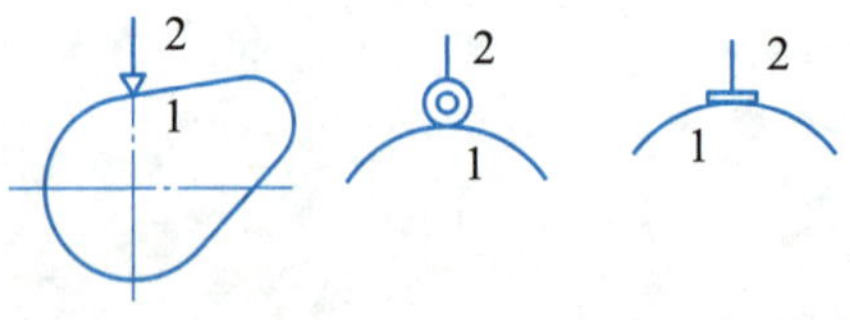
	齿轮副	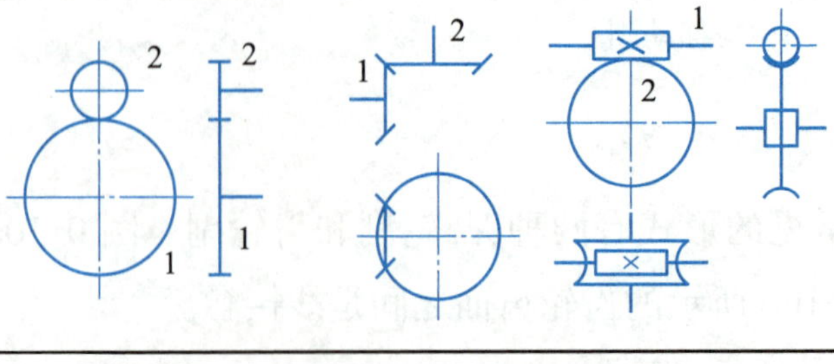

四、本课程的性质、内容和学习要求

机械基础是中等职业学校机械类及工程技术类专业的一门专业基础课程。其任务是掌握必备的机械基本知识和基本技能，懂得机械的工作原理，了解机械工程材料的性能，准确表达机械技术要求，正确操作和维护机械设备；培养分析问题和解决问题的能力，形成良好的学习习惯，具备继续学习专业技术的能力；培养职业意识和职业道德，形成严谨、敬业的工作作风，为今后解决生产实际问题和职业生涯的发展奠定基础。

机器和机构中的每个零件都是由某种材料制成的，材料性能关系着零件的质量和使用寿命，掌握工程材料的基本知识为合理地选择材料，充分发挥材料本身的潜在性能提供了基础。

机器中的构件在工作过程中要承受载荷、传递运动，为保证工程结构或机械的正常工作，构件应有足够的能力负担起应当承受的载荷，即满足强度要求、刚度要求和稳定性要求，从安全性方面要求选用较好的材料或采用较大的断面尺寸，而从经济性方面要求选用价廉的材料或采用较小的断面尺寸，构件的静力分析、变形分析为这对矛盾的解决提供了基本理论与方法。

要正确使用机器，必须了解机器的组成和工作原理，这就要求掌握各种传动、机构的工作原理、特点、应用和通用零件的类型、结构、材料、标准以及零件的连接形式、支承方式等知识。

综上所述，制造、维修、使用常用的机械设备和工程结构，必须具备力学、材料、机构与机械零件的相关知识，这些正是本课程的主要内容。

通过本课程的学习，要达到以下要求：具备对构件进行受力分析的基本知识，会判断直杆的基本变形；具备机械工程常用材料的种类、牌号、性能的基本知识；熟悉常用机构的结构和特性，掌握主要机械零部件的工作原理、结构和特点；能够分析和处理一般机械运行中发生的问题，具备维护一般机械的能力。

学习本课程要贯彻理论联系实际的原则，注意在实验、实习、生产劳动中积累经验，观察思考问题，运用知识，深化知识，拓宽知识，提高专业素质和能力。

阅读材料

我国装备制造业和机械工业

党的二十大报告指出，我国已“建成世界最大的高速铁路网、高速公路网，机场港口、水利、能源、信息等基础设施建设取得重大成就。我们加快推进科技自立自强，全社会研发经费支出从一万亿元增加到二万八千亿元，居世界第二位，研发人员总量居世界首位。基础研究和原始创新不断加强，一些关键核心技术实现突破，战略性新兴产业发展壮大，载人航天、探月探火、深海深地探测、超级计算机、卫星导航、量子信息、核电技术、新能源技术、大飞机制造、生物医药等取得重大成果，进入创新型国家行列。”

《新中国70年机械工业发展成就回顾》中指出，“装备制造业是为国民经济各行业提供技术装备的战略性产业，产业关联度高、吸纳就业能力强、技术资金密集，是各行业产业升级、技术进步的重要保障，是国家综合国力的集中体现。机械工业是装备制造业的重要组成部分，是国民经济和工业的重要支柱和主导产业，其经济总量占国内整个装备制造业的 2/3 以上，占全国工业的 1/5 以上。2018 年，机械工业规模以上企业 8.82 万家，占全国工业 23.31%；资产总计 23.42 万亿元，占全国工业 20.65%；主营业务收入 21.38 万亿元，占全国工业 20.91%；利润总额 1.45 万亿元，占全国工业 21.84%。”“经过 70 年来的不懈努力，中国机械工业从小到大，从修配到制造，完成了从制造一般产品到高、精、尖产品，从制造单机到制造大型先进成套设备的转变，建成了产业门类齐全、产品品种丰富、具有较大规模、具有相当实力和技术水平、成套水平不断提高的完整产业体系，在全国工业体系中占比超过 20%，对我国国民经济的贡献率居全国工业领域前茅。”

项目一

构件的静力分析

项目介绍

从原始工具到现代工程结构都利用了力学知识。如图 1-1 所示，杠杆、滑轮、辘轳可以省力；摩天轮、悬索桥的建造，车刀及其支承和夹持机构等只有经过正确的受力分析和合理设计才能保证其安全工作。

本项目学习力的基本知识、力矩、力偶，讨论物体平衡的基本规律，为正确运用力学原理分析、解决工程实践中的问题打下基础。

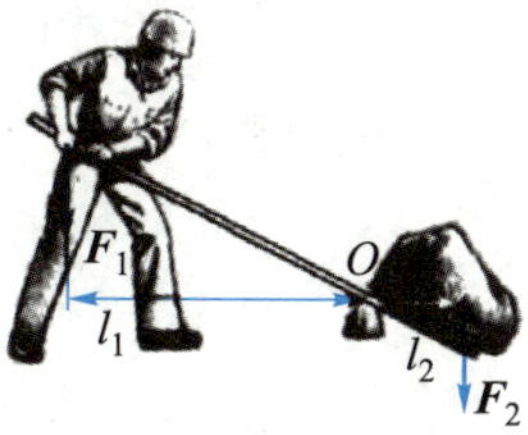

(a) 杠杆

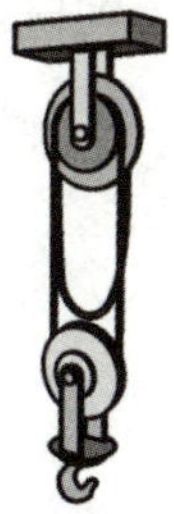

(b) 滑轮

(c) 辘轳

(d) 摩天轮

(e) 悬索桥

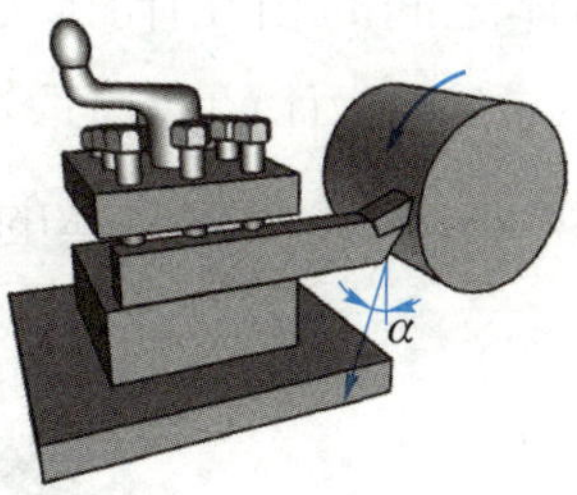

(f) 车刀车削工件

图 1-1　力学在工程中的应用

任务一 画构件受力图

任务目标

1. 理解力的概念与基本性质。
2. 会计算力矩、力偶。
3. 了解约束的概念，会分析约束力。
4. 会画杆件的受力图。

任务描述

悬臂吊车是施工现场常用的一种起重工具，它主要由立柱、悬臂架（水平梁 *AB*、拉杆 *BC*、立杆 *AC*）等组成。工作时，电动葫芦 *E* 可沿水平梁 *AB* 移动，悬臂梁绕立杆 *AC* 轴线旋转，以将重物运送到目的地，如图 1-2 所示。如重物及电动葫芦重力为 $\boldsymbol{G}$，水平梁 *AB* 自重为 $\boldsymbol{G}_1$。要求：分析水平梁 *AB*、拉杆 *BC* 的受力，并画出受力图。

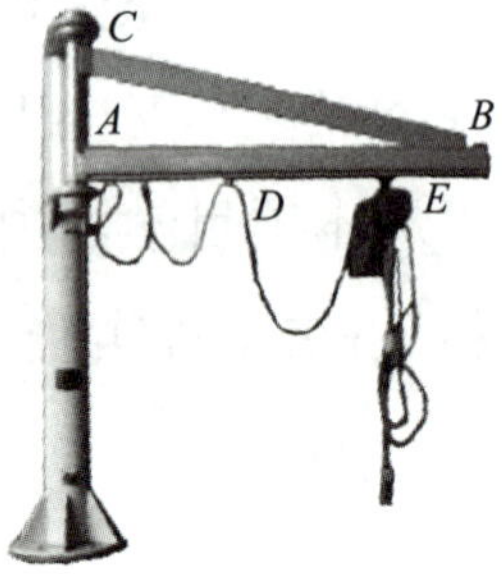

图 1-2 悬臂吊车

知识准备

一、力的概念与基本性质

1. 力

力是物体之间的相互作用，这种作用使物体的运动状态发生改变或使物体产生变形，如图 1-3 所示。力对物体的效应取决于力的大小、方向和作用点，称为力的三要素。当这三个要素中任何一个改变时，力对物体的作用效应就会改变，如图 1-4 所示。

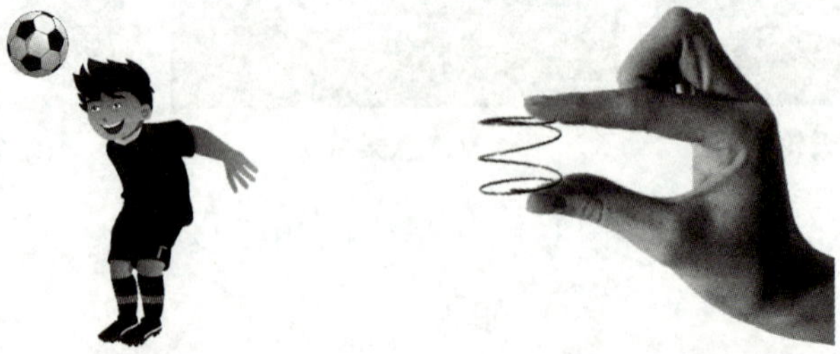

(a) 球受力后运动状态发生改变　(b) 手压缩弹簧，弹簧变短了

图 1-3 力的作用效应

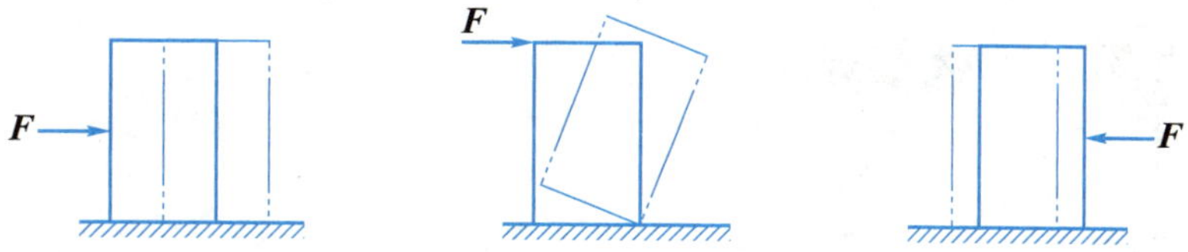

(a) 物体向右移动　(b) 物体转动　(c) 物体向左移动

图 1-4　力的三要素作用效应

力是一个既有大小又有方向的矢量，力的图示法如图 1-5 所示，力矢量用带箭头的有向线段 AB 表示，箭头的指向表示力的方向，线段的起点或终点表示力的作用点，力的大小用有向线段 AB 的长度表示。力矢量常用黑体字母 $\boldsymbol{F}$ 表示，而用同一字母非黑体字 F 表示力的大小。在国际单位制中力的单位为 N（牛）或 kN（千牛）。

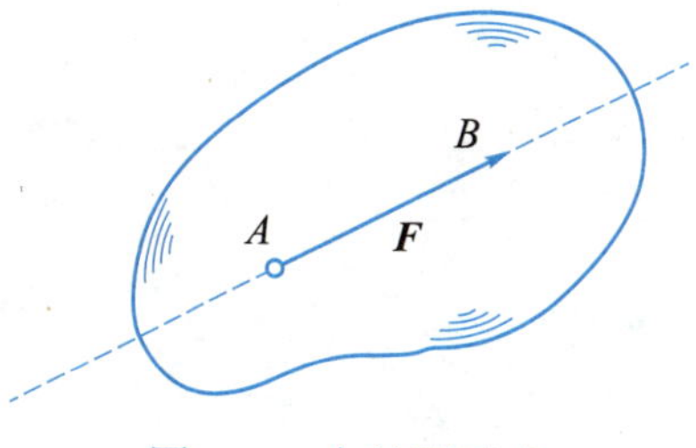

图 1-5　力的图示法

2. 力的基本性质

（1）二力平衡公理　作用于刚体上的两个力，使刚体处于平衡状态的必要和充分条件是二力大小相等、方向相反且作用在同一直线上。如图 1-6 中的 $\boldsymbol{F}_T$ 与 $\boldsymbol{G}$ 是二力平衡，$\boldsymbol{F}_N$ 与 $\boldsymbol{G}$ 是二力平衡。

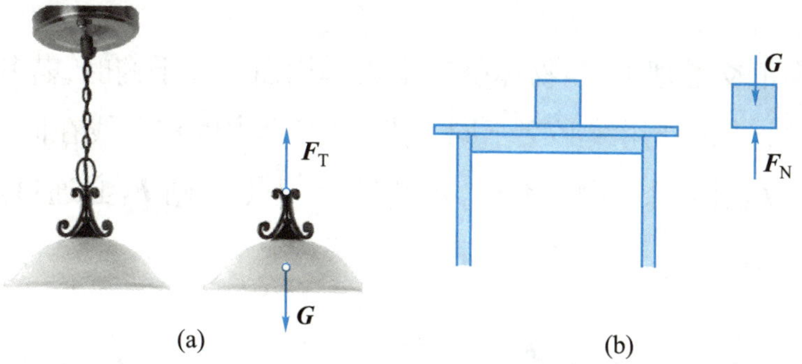

(a)　(b)

图 1-6　二力平衡示意图

知识卡片　刚体

刚体是指在力的作用下形状和大小都保持不变的物体。刚体是一种理想模型，实际上任何物体在外力作用下都会产生变形，不过在工程实际中这种变形很微小，在研究物体平衡和运动问题时，将各种构件都当作刚体处理。

（2）作用与反作用公理　作用力与反作用力总是同时存在，二力的大小相等、方向相反，沿着同一直线分别作用在两个相互作用的物体上。如图 1-7 中的 $\boldsymbol{F}_T$ 与 $\boldsymbol{F}'_T$ 是作用力与反作用力，$\boldsymbol{F}_N$ 与 $\boldsymbol{F}'_N$ 是作用力与反作用力。

(a) (b)

图 1-7 作用力与反作用力示意图

想一想

二力平衡公理、作用与反作用公理都是讲“二力”的关系，两公理中所说的“二力”的作用对象有什么不同？

（3）力的平行四边形定则 作用在物体上同一点的两个力，可以合成为一个合力，合力的作用点仍在该点，合力的大小和方向用这两个力为邻边构成的平行四边形的对角线来表示，如图 1-8 所示。

推论（三力平衡汇交定理） 当物体受三个力作用而处于平衡时，若其中两个力的作用线汇交于一点，则第三个力的作用线必交于同一点，且三个力的作用线在同一平面内。如图 1-9 所示，物体在 $\boldsymbol{F}_1$、$\boldsymbol{F}_2$、$\boldsymbol{F}_3$ 作用下平衡，且 $\boldsymbol{F}_1$、$\boldsymbol{F}_2$ 汇交于一点 A，则 $\boldsymbol{F}_3$ 必通过点 A。

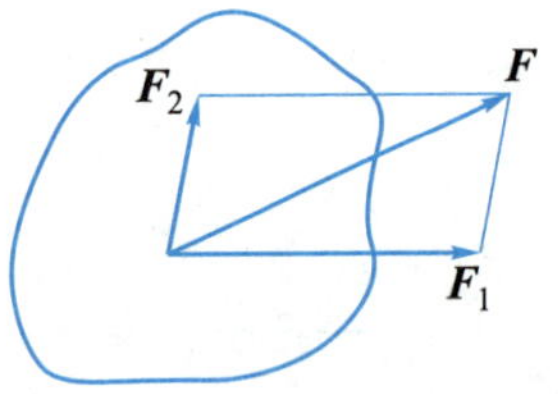

图 1-8 力的平行四边形定则

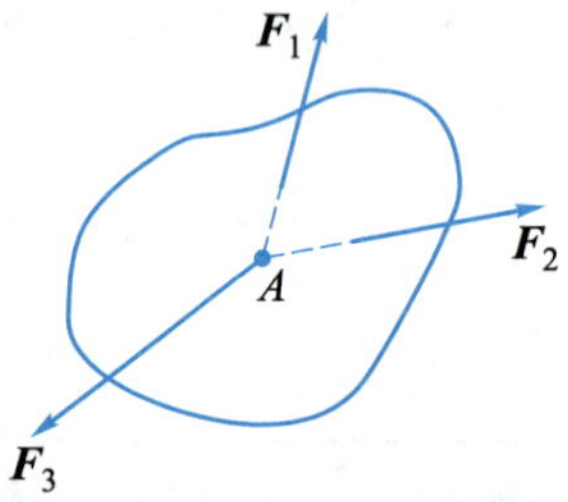

图 1-9 三力平衡汇交定理

知识卡片 力的分解与合成

已知合力求分力的过程，称为力的分解。工程中最常用的是正交分解法，即将力分解成两个相互垂直的分力，如图 1-10 所示，$\boldsymbol{F}$（或 $\boldsymbol{G}$）分解为 $\boldsymbol{F}_1$ 和 $\boldsymbol{F}_2$。

已知分力求合力的过程，称为力的合成。图 1-10a 所示 $\boldsymbol{F}_1$ 和 $\boldsymbol{F}_2$ 的合力大小为 $F=\sqrt{F_1^2+F_2^2}$，合力方向由 α 角确定，$\tan\alpha=\left|\dfrac{F_1}{F_2}\right|$。

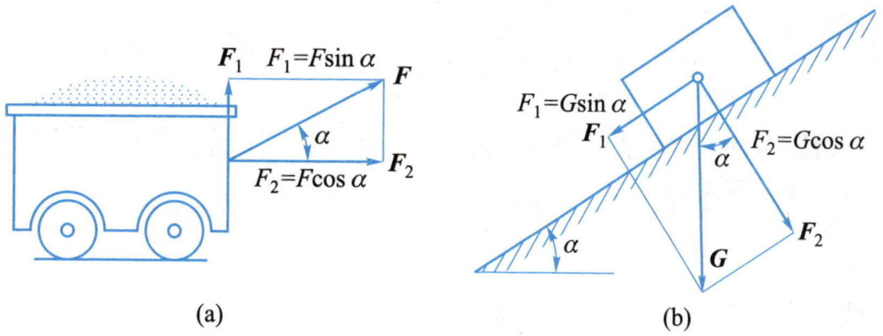

图 1-10　力的分解与合成

二、力矩

1. 力矩的基本概念

力对物体的转动效应不仅与力 $\boldsymbol{F}$ 的大小有关，而且与力的方向、作用位置有关。如图 1-11 所示，用同样大小的力去转动门，效果却不同。用扳手拧螺母时，力 $\boldsymbol{F}$ 作用于扳手一端 A 的转动效应最强，这是因为转动中心 O（称为矩心）到力 $\boldsymbol{F}$ 的作用线的距离 d（称为力臂）最大，如图 1-12 所示。

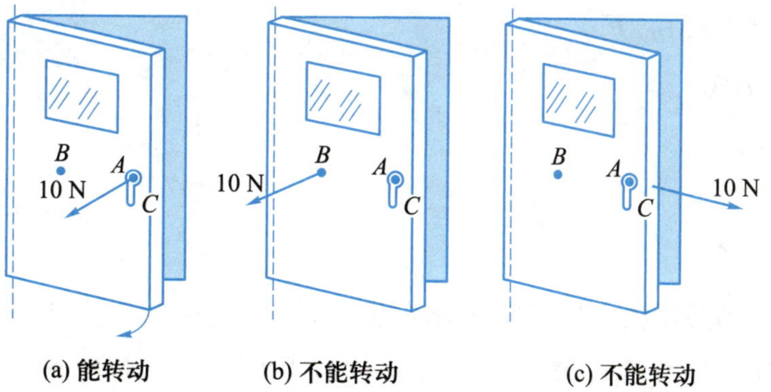

图 1-11　力的转动效应

力的大小 F 与力臂 d 的乘积称为力对点之矩，简称力矩，以符号 $M_O(\boldsymbol{F})$ 表示，即

$$M_O(\boldsymbol{F}) = \pm Fd$$

力矩的正负规定：力使物体绕矩心逆时针方向转动为正，反之为负，如图 1-13 所示。在国际单位制中，力矩的单位是 N · m 或 kN · m。

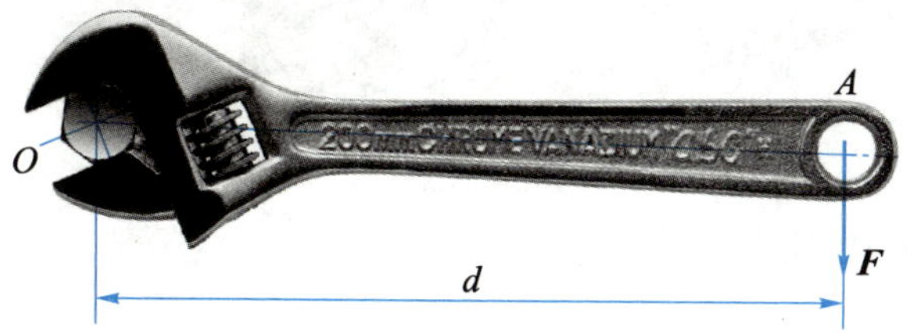

图 1-12　力对点之矩

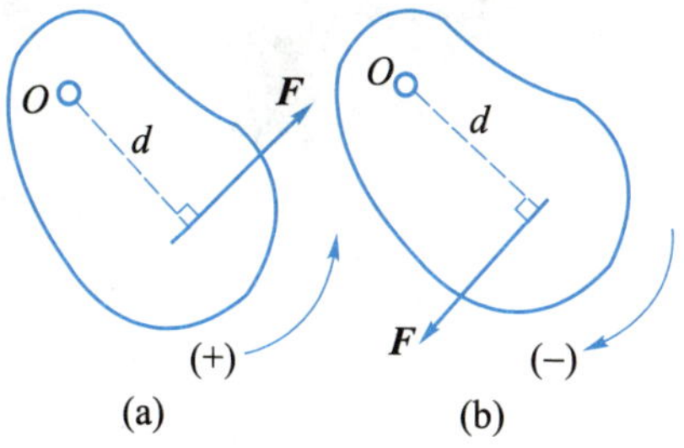

图 1-13　力矩的正负

做一做

试一下，图 1-11b 所示的情况下增加力的大小数值，门能转动吗？图 1-11c 所示的情况呢？由此认真体会力矩的含义。

2. 合力矩定理

合力对某点的力矩等于各分力对同一点力矩的代数和，即

$$M_O(\boldsymbol{F})=M_O(\boldsymbol{F}_1)+M_O(\boldsymbol{F}_2)+\cdots+M_O(\boldsymbol{F}_n)=\sum M_O(\boldsymbol{F})。$$

图 1-14 所示的直齿圆柱齿轮传动中，轮齿啮合面所受作用力 $\boldsymbol{F}$ 对 O 点的力矩，可以用两个分力 $\boldsymbol{F}_t$、$\boldsymbol{F}_r$ 对 O 点的力矩的代数和来计算。

方法 1　用定义计算：

$$M_O(\boldsymbol{F})=Fh$$
$$=Fr\cos\alpha$$

方法 2　用合力矩定理计算：

$$M_O(\boldsymbol{F})=M_O(\boldsymbol{F}_t)+M_O(\boldsymbol{F}_r)$$
$$=Fr\cos\alpha+0$$
$$=Fr\cos\alpha$$

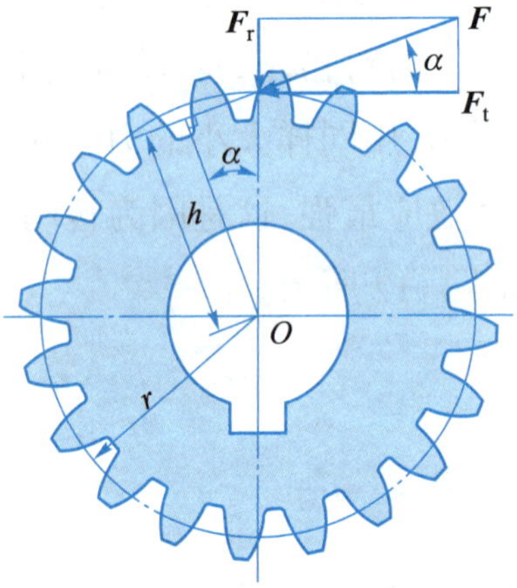

图 1-14　齿轮传动受力

三、力偶

1. 力偶的基本概念

在日常生活和工程实践中，为了使物体发生转动，总是用双手完成一些操作，例如开关水龙头、转动方向盘、用丝锥攻螺纹等（图 1-15），这时手对物体产生两个作用力 $\boldsymbol{F}$、$\boldsymbol{F}'$，像这样大小相等、方向相反且作用线平行的一对力称为力偶，两个力作用线间的距离 d 称为力偶臂，两个力作用线所在的平面称为力偶的作用平面。

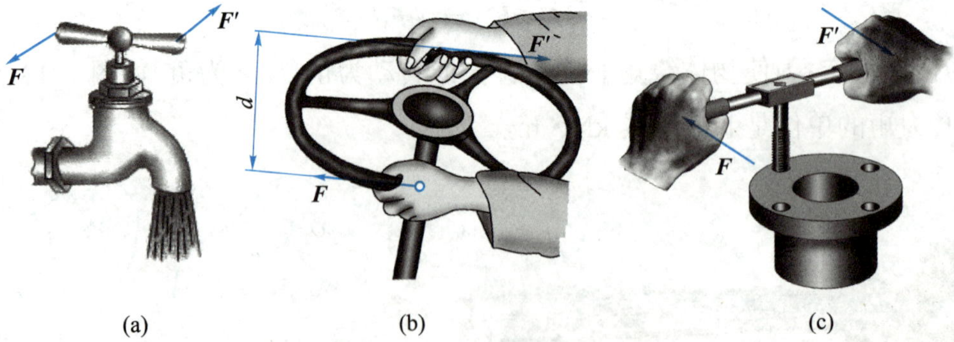

图 1-15　力偶作用实例

力偶对物体只产生转动效应，力偶对物体的转动效应随力 $\boldsymbol{F}$ 的大小或力偶臂 d 的增大而增强。因此，可用力偶中一个力的大小和力偶臂的乘积来度量力偶对物体的转动效应，称为力偶矩，用 $M(\boldsymbol{F},\boldsymbol{F}')$ 或 M 表示，即

$$M=M(\boldsymbol{F},\boldsymbol{F}')=\pm Fd$$

力偶矩与力矩类似，使物体逆时针方向转动，力偶矩为正；反之为负。力偶矩的单位也与力矩相同，为 N・m 或 kN・m。常用图 1-16 所示的方法表示力偶。

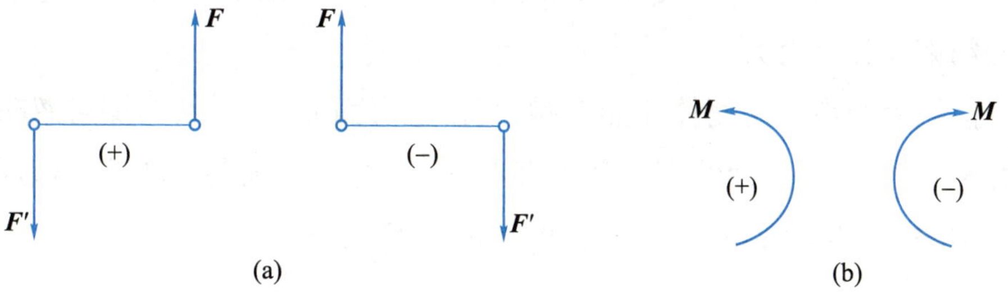

图 1-16　力偶的表示法

需要强调的是，力偶对物体只有转动效应，而一个力在一般情况下对物体有移动和转动两种效应，因此力偶与力对物体的作用效应不同，所以力偶没有合力，也不能用一个力来代替，更不能用一个力来平衡，力偶只能与等值且转向相反的力偶相平衡。

做一做

体会一下，开门锁时施加在钥匙上的两个力是否为力偶？再列举一些力偶的例子。

2. 力向一点平移的结果（力的平移定理）

作用于刚体上的力可以平移到刚体上任意一点，但必须附加一个力偶才能与原来的力等效，附加力偶的力偶矩等于原来的力对新作用点的力矩。如图 1-17 所示，A 点的力 $\boldsymbol{F}$ 等效于 B 点的力 $\boldsymbol{F}'$ 与力偶 M（大小等于原力 $\boldsymbol{F}$ 对 B 点的力矩）的共同作用。

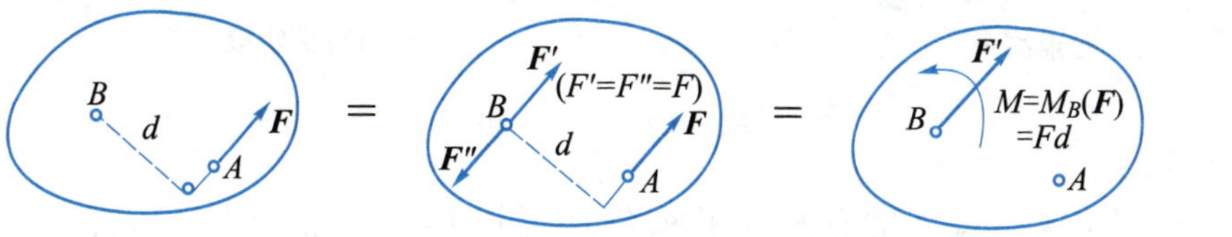

(a) 原力$\boldsymbol{F}$　(b) 在B点加一对平衡力　(c) 得到一个力和一个附加力偶

图 1-17　力的平移定理

在水平面上推动书本，当力的作用线通过书本的几何中心时，书本沿作用线只发生移动；当力的作用线偏离几何中心一段距离时，书本除发生移动外，还会发生转动，这就是附加力偶

矩作用的结果。

四、约束、约束力和受力图

1. 约束和约束力

运动不受限制的物体称为自由体，如天空中的气球、飞机、炮弹等。而有的物体的运动受到一定限制，称为非自由体，如在轨道上行驶的火车、吊车吊起的重物等。对非自由体的运动起限制作用的物体称为约束。约束限制物体的运动，且这种限制是通过力的作用来实现的。作用于物体上而限制物体运动的力称为约束力。约束力的方向与约束限制物体运动趋势的方向相反。

2. 常见的约束及其约束力

（1）光滑接触面约束　两物体相互接触，当接触表面非常光滑，摩擦可忽略不计时，即属于光滑接触面约束，简称光滑面约束。其约束力 $\boldsymbol{F}_{\mathrm{N}}$ 作用于接触点，方向沿接触面的公法线并指向受力物体，如图 1-18 所示的 $\boldsymbol{F}_{\mathrm{N}A}$、$\boldsymbol{F}_{\mathrm{N}B}$、$\boldsymbol{F}_{\mathrm{N}C}$、$\boldsymbol{F}_{\mathrm{N}D}$、$\boldsymbol{F}_{\mathrm{N}E}$。

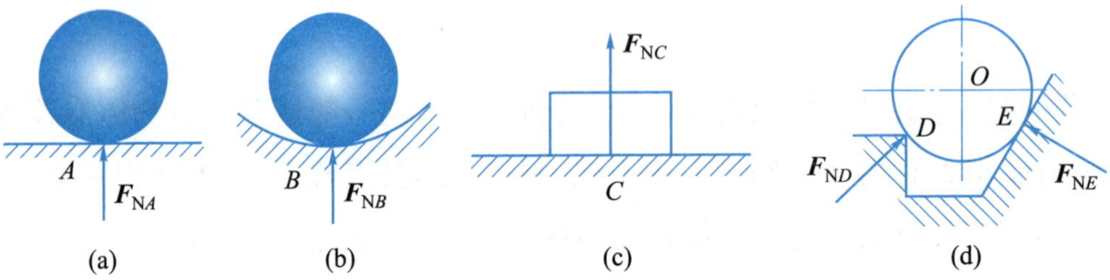

图 1-18　光滑接触面约束

（2）柔性约束　由柔软的绳索、链条或带等柔性体构成的约束称为柔性约束。其约束力 $\boldsymbol{F}_{\mathrm{T}}$ 作用于接触点，方向沿柔性体轴线而背离受力物体。

如图 1-19a 所示的绳索受拉，它对物体的约束力只能是拉力。传动带（或链条）对物体的约束力也是拉力，如图 1-19b 所示，约束力的方向沿轮缘切线方向。

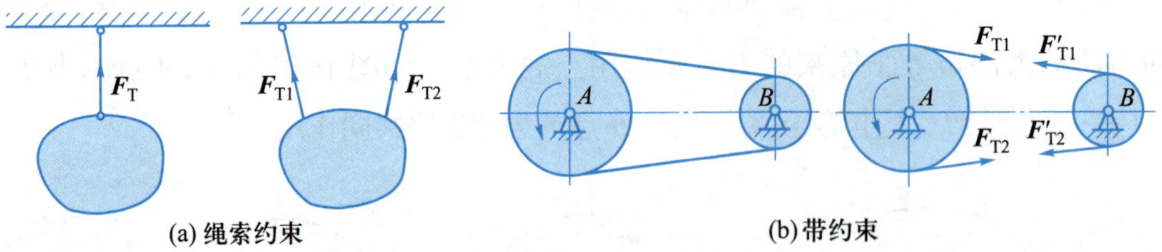

图 1-19　柔性约束

（3）光滑铰链约束　两个带有圆孔的构件用一圆柱形销轴连接起来，在不计摩擦时即构成光滑铰链约束，简称铰链约束，如图 1-20 所示。

1）如果铰链约束两个构件中有一个固定在地面或机架上，则这种约束称为固定铰链支座，简称固定铰支，如图 1-21 所示，其约束特点是限制两物体的径向相对移动而不限制两物体绕销轴的相对转动。固定铰支约束力为一个力 $\boldsymbol{F}$，因其方向一般不能预先确定，通常用两个相

互垂直的分力 F_x 和 F_y 表示，如图 1-21c 所示。若物体只受三个力的作用而处于平衡且其余两个力的方向已经确定，可根据三力平衡汇交定理确定该约束力的方向。

2）铰链约束两构件中有一个与地面或机架的连接是可移动的，则这种约束称为活动铰链支座，简称活动铰支（图 1-22），其约束特点是限制两物体沿接触面垂直方向的运动，而不限制两物体沿接触面方向的运动及绕销轴的相对转动。活动铰支约束力 F_N 的方向沿接触面的公法线并指向受力物体（图 1-22c）。

（4）固定端约束　一个杆件的一端完全固定，既不能移动也不能转动，这种约束称为固定端约束。其约束力用限制转动的约束力偶矩 M_A 和限制移动的约束力 F_x 和 F_y 表示，如图 1-23 所示。如车床刀架对刀具的夹持、卡盘对工件的夹持都属于固定端约束。

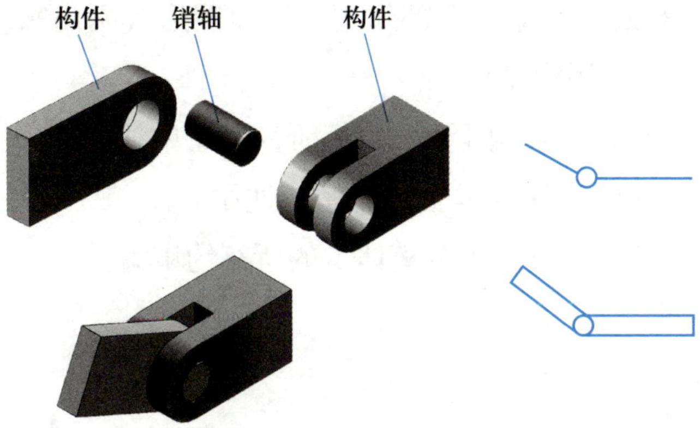

(a) 实物　　(b) 简图

图 1-20　铰链约束

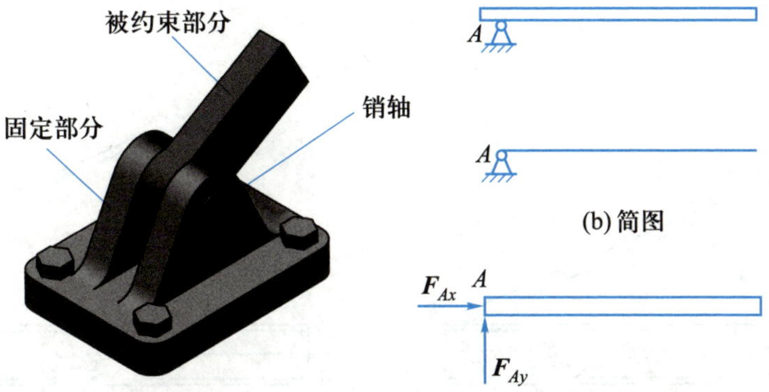

(a) 实物　　(b) 简图　　(c) 约束力

图 1-21　固定铰支

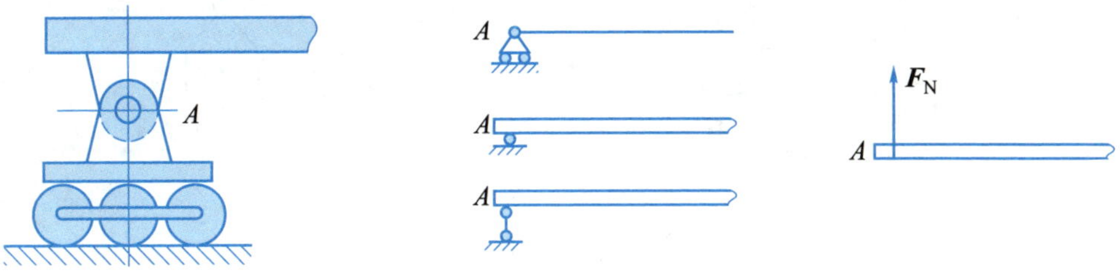

(a) 实物　　(b) 简图　　(c) 约束力

图 1-22　活动铰支

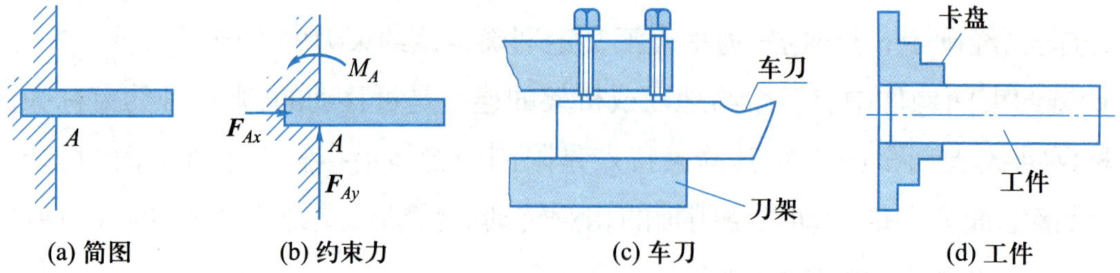

图 1-23 固定端约束

3. 受力图

受力分析是指研究某个物体受到的力，需要先把研究的物体从周围物体取出来（称为分离体），然后把其他物体对研究对象的全部作用力用简图形式画出来。这种表示物体受力的简明图形，称为受力图。画受力图的步骤：

（1）取分离体 确定研究对象，解除约束，把研究对象单独画出来。

（2）画主动力 分析并画出分离体上的所有主动力。

（3）画约束力 按照约束类型画出分离体上的所有约束力。

任务实施

悬臂吊车的悬臂架部分可以简化成图 1-24a 所示的结构。在分析受力时，A、C 可看成固定铰支，B 可看成铰链约束。受力分析如下：

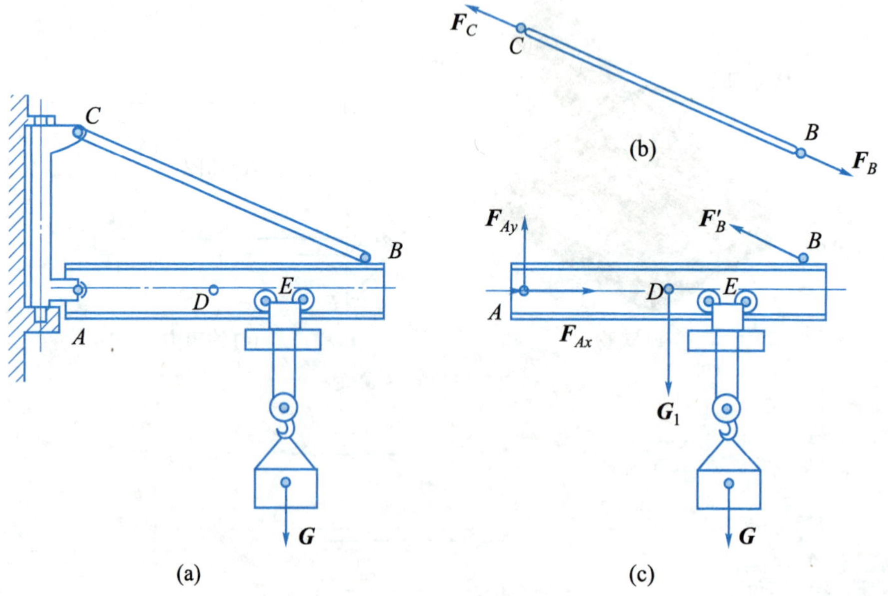

图 1-24 悬臂吊车受力分析

（1）先画杆 BC 的受力图。如图 1-24b 所示，将杆 BC 解除约束作为分离体。该杆两端均为铰链约束，各有一约束力 $\boldsymbol{F}_B$ 和 $\boldsymbol{F}_C$（方向暂时不能确定）；如果不计杆重量，杆只受 $\boldsymbol{F}_B$ 和 $\boldsymbol{F}_C$ 两个力作用处于平衡状态，故 BC 杆是二力杆，这两个力必定沿同一直线，且等值、反向。由此可以确定 $\boldsymbol{F}_B$ 和 $\boldsymbol{F}_C$ 的作用线必在 B 和 C 两点的连线上。由经验判断，BC 杆受拉力。

（2）再画 AB 梁的受力图。如图 1-24c 所示，取水平梁 AB 为分离体，受 $\boldsymbol{G}$、$\boldsymbol{G}_1$ 两个主动力的作用，杆 BC 通过铰链 B 对水平梁 AB 的约束力为 $\boldsymbol{F}'_B$（与 $\boldsymbol{F}_B$ 互为作用力与反作用力）。固定铰支 A 的约束力则用两个相互垂直的分力 $\boldsymbol{F}_{Ax}$ 和 $\boldsymbol{F}_{Ay}$ 表示。

巩固训练

如图 1-25a 所示，重为 $\boldsymbol{G}$ 的均质圆柱体 O 由杆 AB 及墙支承，BC 为拉索，不计杆重及各处摩擦，试画圆柱体 O 及杆 AB 的受力图。

圆柱体 O 及杆 AB 的受力图如图 1-25b、c 所示，其中固定铰支 A 的约束力用两个相互垂直的分力 $\boldsymbol{F}_{Ax}$ 和 $\boldsymbol{F}_{Ay}$ 表示。如将 A 处的约束力看作一个力 $\boldsymbol{F}_A$，则杆 AB 只受三个力作用，根据三力平衡汇交定理，也可以按图 1-25d 所示画出 A 的约束力 $\boldsymbol{F}_A$。

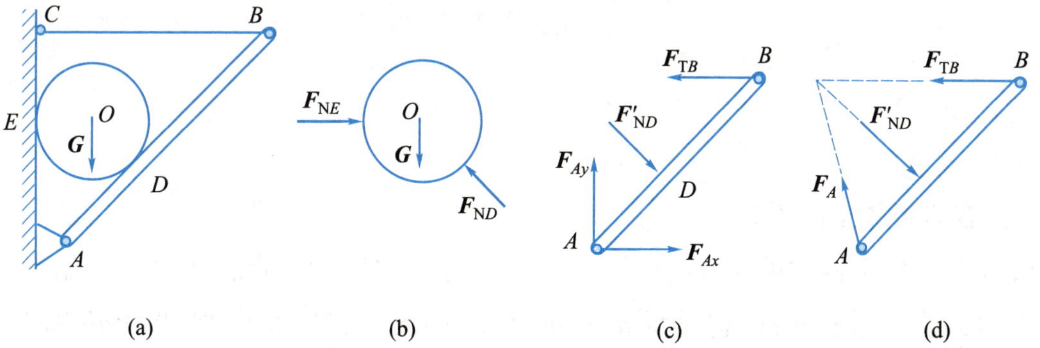

图 1-25　圆柱体与杆受力图

*任务二　求解平面力系

任务目标

1. 会分析平面力系。
2. 会计算力在坐标轴上的投影。
3. 会建立平衡方程并计算未知力。

任务描述

图 1-26 所示为悬臂吊车的悬臂架，水平梁 AB 的 A 端为固定铰支，B 端由拉杆 BC 拉住。如重物及电动葫芦自重为 $G = 10$ kN，水平梁 AB 自重为 $G_1 = 4$ kN，梁的尺寸如图所示。计算拉杆 BC 的拉力及固定铰支 A 的约束力。

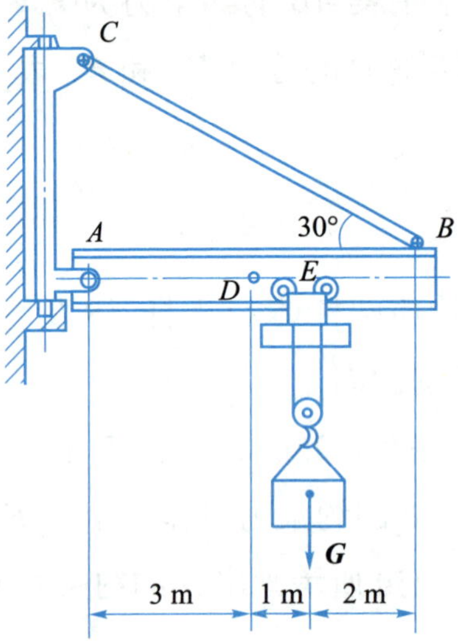

图 1-26 悬臂吊车的悬臂架

知识准备

一、力在坐标轴上的投影

已知力 $\boldsymbol{F}$ 作用于构件的点 A（图 1-27a），在坐标系 Oxy 中，分别从力 $\boldsymbol{F}$ 的始点 A 和末端点 B 分别向 x 轴、y 轴作垂线，得垂足 a、b 和 a'、b'，如图 1-27b 所示，则线段 ab 称为力 $\boldsymbol{F}$ 在 x 轴上的投影，用 F_x 表示，线段 $a'b'$ 称为力 $\boldsymbol{F}$ 在 y 轴上的投影，用 F_y 表示。

$$F_x = \pm F\cos\alpha,\ F_y = \pm F\sin\alpha = \pm F\cos\beta$$

式中 α、β——$\boldsymbol{F}$ 与 x 轴、y 轴所夹的锐角。

力的投影是标量，其正负号规定为：若投影的指向与坐标轴正向一致，投影为正；反之为负。

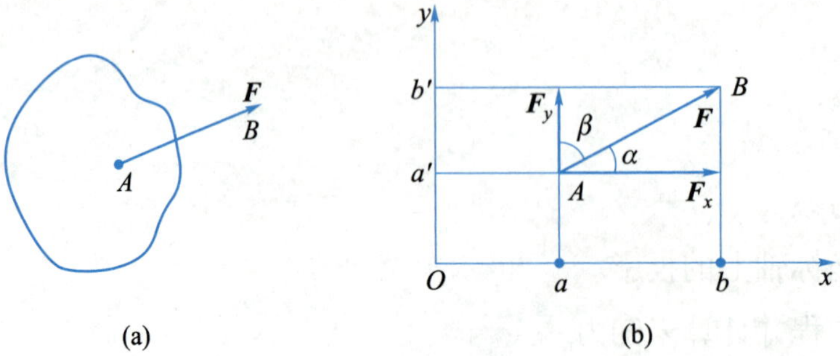

图 1-27 力在坐标轴上的投影

想一想

在图 1-27b 中找出合力、分力、投影，并说明力的投影与分力有何区别？又有何关系？

如图 1-28 所示，$\boldsymbol{F}_1$ 在 x 轴的投影为 $F_{1x}=-F_1\cos 60°=-0.5F_1$，在 y 轴上的投影为 $F_{1y}=F_1\sin 60°=0.866F_1$。

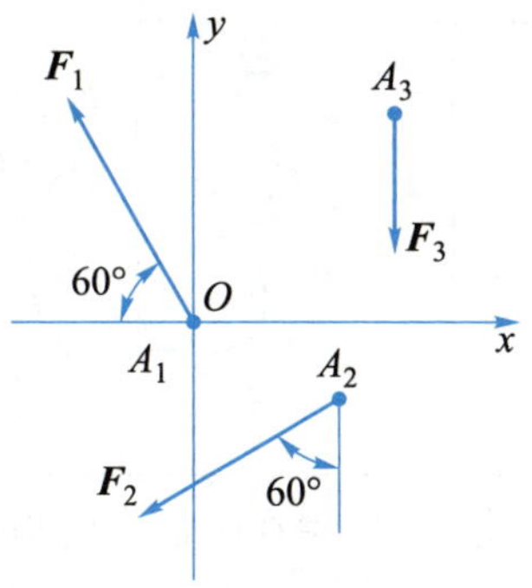

图 1-28 力投影的计算

做一做

计算图 1-28 所示 $\boldsymbol{F}_2$、$\boldsymbol{F}_3$ 在 x 轴及 y 轴上的投影。

知识卡片 已知投影求力

如图 1-29 所示，当力 $\boldsymbol{F}$ 的两个投影 F_x、F_y 已知时，力 $\boldsymbol{F}$ 的大小和方向按如下方法确定：

$$F=\sqrt{F_x^2+F_y^2},\quad \tan\alpha=\left|\frac{F_y}{F_x}\right|$$

式中 α——力 $\boldsymbol{F}$ 与 x 轴所夹的锐角，具体方向由 F_x、F_y 的正负确定。

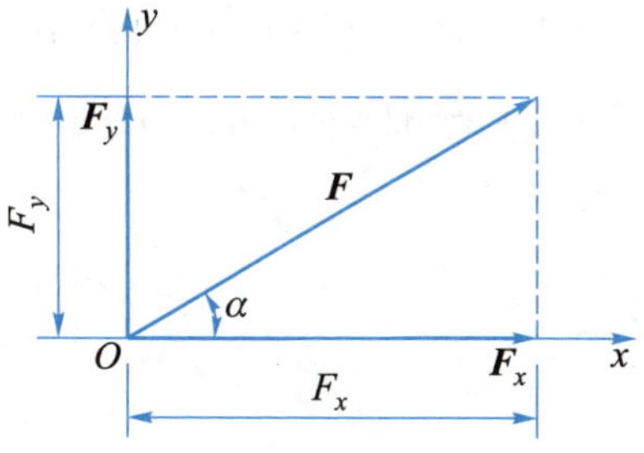

图 1-29 已知投影求力

二、平面力系的平衡方程

1. 平面力系

作用在物体上的一组力称为力系。力系中各力的作用线在同一平面内，该力系称为平面力系。常见的平面力系有平面汇交力系（图 1-25b 所示圆柱体受力 $\boldsymbol{G}$、$\boldsymbol{F}_{ND}$ 和 $\boldsymbol{F}_{NE}$）、平面平行力系及平面任意力系（图 1-24c 所示 AB 梁受力 $\boldsymbol{G}$、$\boldsymbol{G}_1$、$\boldsymbol{F}'_B$、$\boldsymbol{F}_{Ax}$ 和 $\boldsymbol{F}_{Ay}$）。

2. 平面力系的平衡方程

物体在平面任意力系作用下，既不发生移动，也不发生转动的平衡条件：力系中各力在两个任选的坐标轴上投影的代数和均等于零，各力对平面内任一点之矩的代数和也等于零。

平面力系的平衡方程见表 1-1。

表 1-1 平面力系的平衡方程

力系	平面任意力系	两种特殊情况	
		平面汇交力系	平面平行力系
图示	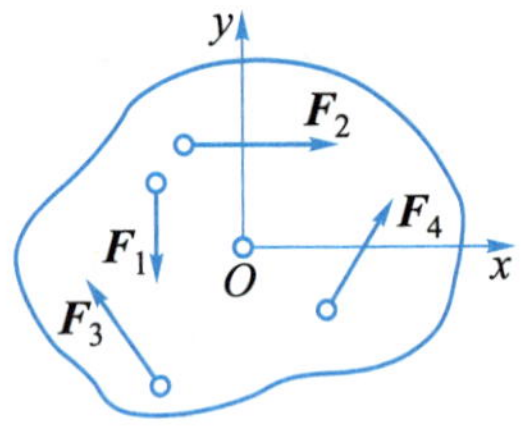	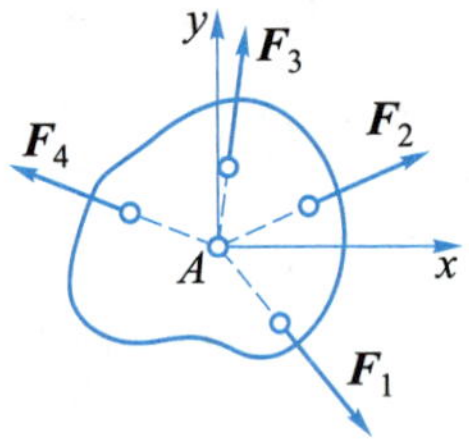	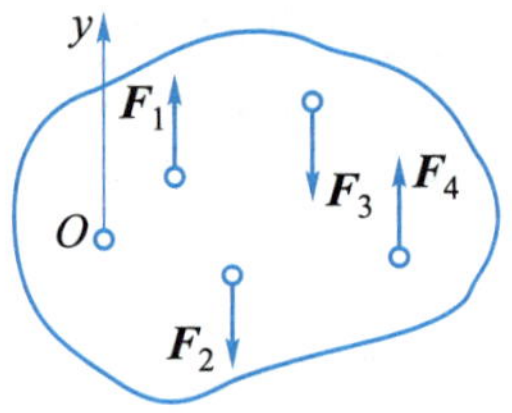
特征	作用在物体上的力的作用线都在同一平面内，且任意分布	作用在平面上的力的作用线都在同一平面内，且相交于一点	平面力系中各力的作用线相互平行
平衡方程	$\sum F_x=0$ $\sum F_y=0$ $\sum M_O(\boldsymbol{F})=0$	$\sum F_x=0$ $\sum F_y=0$	$\sum F_y=0$ $\sum M_O(\boldsymbol{F})=0$

任务实施

任务实施过程如下。

（1）如图 1-30 所示，选取梁 AB 为研究对象，画出其受力图。

（2）选取坐标轴，如图 1-30 所示。

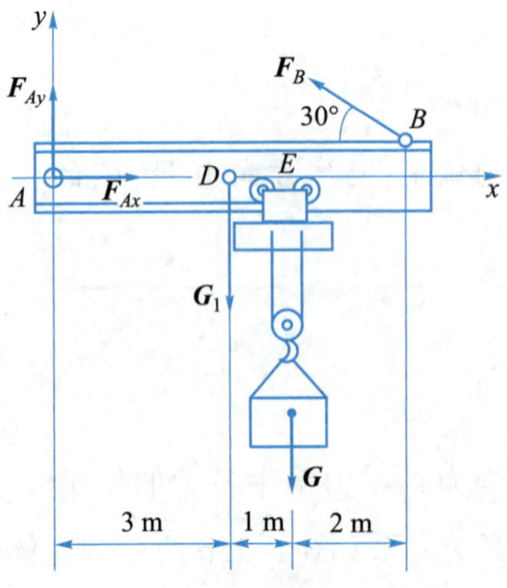

图 1-30 悬臂吊车受力分析

（3）列平衡方程。梁 AB 受平面任意力系作用，应满足平面任意力系的平衡方程。

由 $\sum F_x=0$，得

$$F_{Ax}-F_B\cos 30^\circ=0 \quad ①$$

由 $\sum F_y=0$，得

$$F_{Ay}+F_B\sin 30^\circ-G_1-G=0 \quad ②$$

由 $\sum M_A(\boldsymbol{F})=0$，得

$$F_B\sin 30^\circ\times AB-G_1\times AD-G\times AE=0 \quad ③$$

（4）解方程组。由式③可得

$$F_B=(G_1\times AD+G\times AE)/(AB\times\sin 30^\circ)\approx 17.33\ \text{kN}$$

将 F_B 值分别代入式①和式②可得：

$$F_{Ax}=F_B\cos 30^\circ\approx 15.00\ \text{kN}$$

$$F_{Ay}=-F_B\sin 30^\circ+G_1+G\approx 5.34\ \text{kN}$$

巩固训练

工件在铣床上加工时用铣床夹具固定，如图 1-31a、b 所示，当拧紧螺母后，螺母对压板 AB 的压力 F=3 kN，已知 $AO=l$，$BO=2l$，压板自重不计。试求压板对工件的压紧力及垫块所受压力。

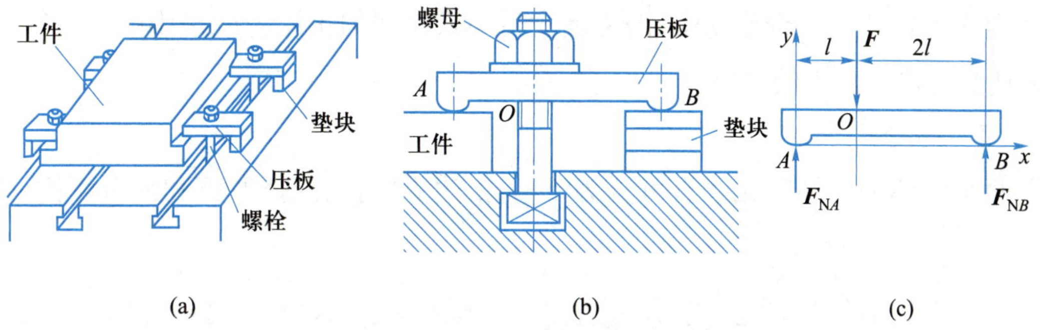

图 1-31 铣床夹具受力计算

解：1）取压板 AB 为研究对象，画受力图并建立坐标系（图 1-31c），可见，这是一平面平行力系。

2）列平衡方程：

由 $\sum \boldsymbol{F}_y=0$，得 $F_{NA}-F+F_{NB}=0$ ①

由 $\sum M_B(\boldsymbol{F})=0$，得 $F\times 2l-F_{NA}\times 3l=0$ ②

由式②得 $F_{NA}=2F/3=2\ \text{kN}$

将 F_{NA} 代入①式，得 $F_{NB}=F-F_{NA}=1\ \text{kN}$

根据作用与反作用公理，压板对工件的压紧力为 2 kN，垫块所受压力为 1 kN。

任务拓展

摩擦和磨损

1. 摩擦

根据两个物体表面间的运动形式,摩擦可分为滑动摩擦和滚动摩擦。一般而言,滑动摩擦力要大于滚动摩擦力。如图 1-32 所示,工程中在搬运重型设备时,常在设备下方放置滚杠,设备与地面的滑动摩擦变为滚动摩擦。如图 1-33 所示,在轴与轴套之间增加滚动体,由滑动轴承变为滚动轴承。

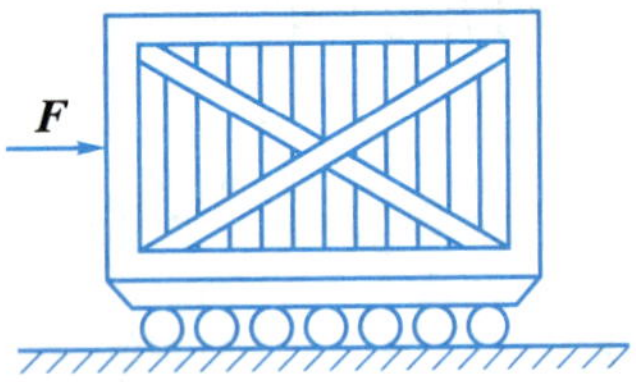

图 1-32 搬运重型设备

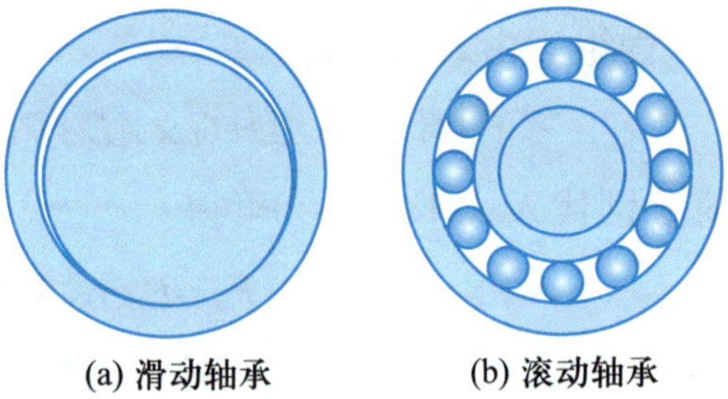

图 1-33 滚动轴承与滑动轴承

由于摩擦的存在,机器中运动零件的阻力增加,同时造成零件磨损、降低零件精度和机器的效率、缩短机器的使用寿命。工程中通过采取良好的润滑、降低摩擦表面的表面粗糙度值、用滚动轴承代替滑动轴承等措施来减小摩擦。

工程中利用摩擦来工作的实例也很多,例如带传动、摩擦轮传动和摩擦制动装置等,都是利用摩擦力来工作的。在带传动中,需要增大带与带轮间的正压力或采用摩擦因数较大的带轮材料以达到提高摩擦力的效果。

2. 摩擦与润滑

根据两个物体表面间有无润滑可分为干摩擦、边界摩擦、流体摩擦和混合摩擦,如图 1-34 所示。

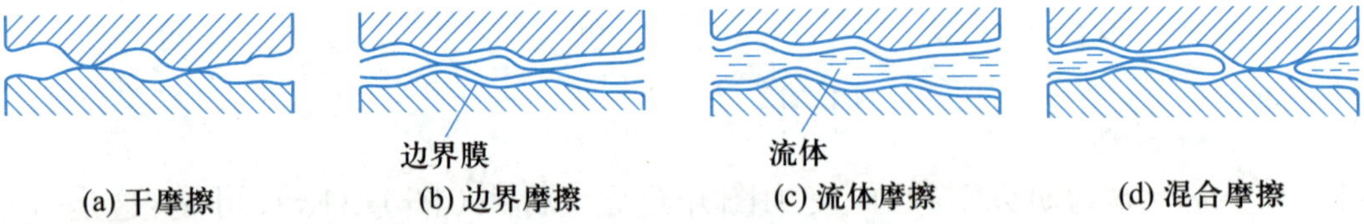

图 1-34 几种摩擦状态

(1) 干摩擦 两个物体直接接触时产生的摩擦称为干摩擦。

(2) 边界摩擦 在两个物体间施加润滑剂后,两个物体的表面吸附一层极薄的润滑膜,这种摩擦状态称为边界摩擦。

(3) 流体摩擦 在两个物体间施加润滑剂后,两个物体的表面被一层具有一定压力和厚度的流体润滑膜完全隔开时的摩擦,称为流体摩擦。因表面不直接接触,摩擦因数很小,理论上不产生磨损。

（4）混合摩擦　兼有干摩擦、边界摩擦和流体摩擦的状态，称为混合摩擦。在实际使用中，有较多的摩擦处于干摩擦、边界摩擦、流体摩擦的混合状态。其摩擦和磨损状况优于干摩擦、边界摩擦，但比流体摩擦差。

3. 磨损

两个物体之间的摩擦将导致机件表面材料逐渐损耗形成磨损。磨损会影响机器的精度、降低工作的可靠性，甚至促使机器提前报废。据估计，目前世界上有 30% ~ 50% 的能量消耗在各种形式的摩擦中，约有 80% 的机器是因为零件磨损而失效的。因此，零件的磨损是决定机器使用寿命的主要因素。

一个零件的磨损过程大致可分为三个阶段，可用磨损曲线表示，如图 1-35 所示。

（1）磨合阶段　由于零件加工表面总具有一定的表面粗糙度，在磨合初期，只有很少的轮廓峰接触，因此摩擦表面的尖峰易磨去，磨损较快。尖峰磨平后，实际接触面积增大，磨损速度减慢，转入稳定磨损阶段。磨合是磨损的不稳定阶段，时间较短。磨合结束后应更换润滑油，防止磨损屑粒进入摩擦面。

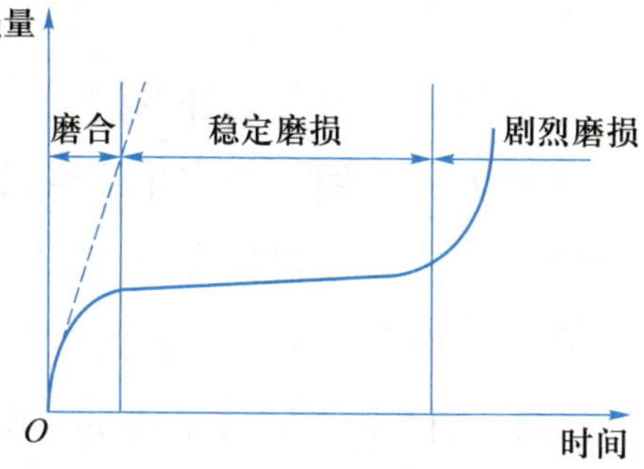

图 1-35　磨损曲线

（2）稳定磨损阶段　在这个阶段，零件以平稳而缓慢的速度磨损，标志着摩擦条件保持不变。这个阶段的长短代表零件的使用寿命。

（3）剧烈磨损阶段　经过稳定磨损阶段后，零件的表面磨损较为严重，运动副中的间隙增大，引起额外的动载荷，出现噪声和振动，最终导致失效，这时必须更换零件。

阅读材料

我国古代机械成就

我国古代不仅有举世闻名的四大发明，在机械发明和制造方面也有着光辉的成就，并且在动力利用和机械结构设计上极具特色，图 1-1 所示的杠杆、辘轳是古老的机械发明。早在商代，我国劳动人民就利用杠杆原理制成了取水工具——桔槔，至今一些地区仍在使用，人们还利用这一原理向上吊起重物；指南车和记里鼓车采用了连杆机构和齿轮机构；元朝出现的织布机等纺织机械，推动了当时纺织技术和纺织业的发展；宋朝苏颂和韩公廉设计并制造的水运仪象台也是中国古代机械工程的伟大成就。

中国的机械工程技术历史悠久、成绩辉煌，对中国物质文化和经济社会发展起到了极大的促进作用，也对世界技术文明的进步做出了重要贡献。作为机械类或工程类专业的学生，不仅要了解中国机械设计古代史和现代史，更要以中国劳动人民的智慧为骄傲。

项目二

直杆的基本变形

项目介绍

项目一学习了构件的静力分析及计算方法，了解到构件在工作时会受到力的作用。而构件在外力的作用下会产生变形甚至断裂，如图 2-1 所示的齿轮轮齿断裂、高压线塔折断、螺栓变形等。要保证机器设备（如机床）和工程结构（如过山车）中的零件安全地工作，必须进一步研究构件在外力作用下的变形和破坏规律。

本项目学习构件的变形、破坏与作用在构件上的外力、构件的材料及结构形式之间的关系。

(a) 齿轮轮齿断裂

(b) 高压线塔折断

(c) 螺栓变形

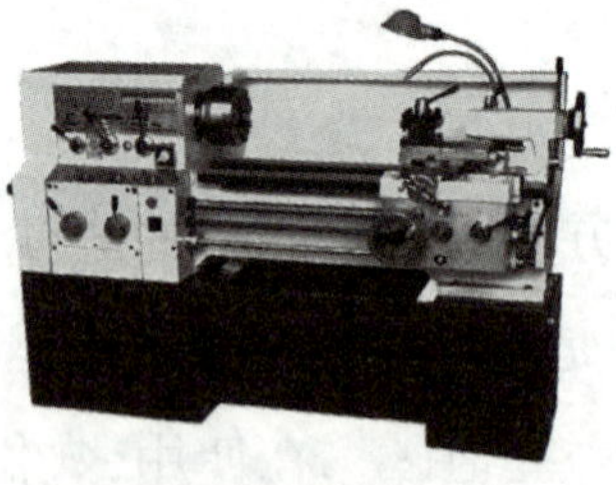
(d) 机床

(e) 机械零件

(f) 过山车

图 2-1 工程结构与失效的零件

任务一　轴向拉伸与压缩计算

任务目标

1. 了解机械零件的承载能力及其基本要求。
2. 理解直杆轴向拉伸与压缩的概念，会计算内力、应力。
3. 了解低碳钢、铸铁拉伸和压缩时的力学性能及其应用。

*4. 了解直杆轴向拉伸和压缩时的强度计算。

任务描述

如图 2-2 所示，电动机的上方安装一吊环螺钉，用于电动机的起吊。一个总重 G=800 N 的电动机，采用 M8 吊环螺钉（螺纹大径为 ϕ8 mm，小径为 ϕ6.4 mm，螺纹根部退刀槽直径 ϕ6 mm），螺钉材料为 Q235 钢，许用应力［σ］=40 MPa。用此螺钉起吊电动机是否安全（校核吊环螺钉的强度，不考虑圆环部分）？

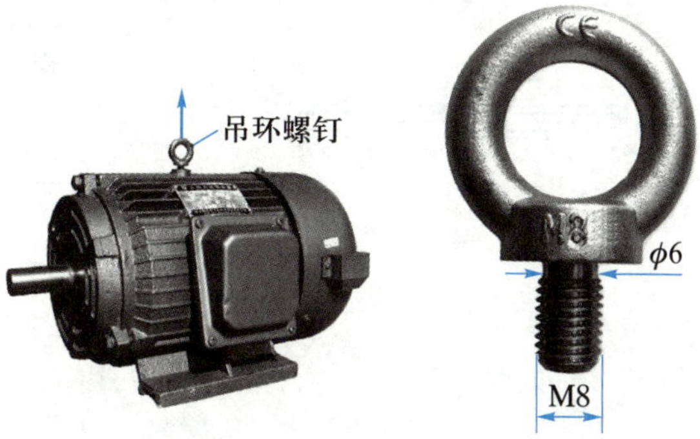

图 2-2　电动机与吊环螺钉

知识准备

一、机械零件的承载能力

机器设备和工程结构中的零件在载荷作用下必然产生变形，并可能发生断裂，为保证能正常工作，构件应有足够的能力负担起应当承受的载荷，它应当满足以下要求：

（1）强度要求　在规定载荷作用下的构件不应破坏。例如，内燃机曲轴不可折断、起吊重物的绳索不能发生断裂、储气罐不应爆裂。强度要求就是指构件应有足够的抵抗破坏的能力。

（2）刚度要求 在载荷作用下，构件即使有足够的强度，但若变形过大，仍不能正常工作。例如，齿轮轴变形过大，将造成齿轮和轴承的不均匀磨损，引起噪声；机床主轴变形过大，将影响加工精度。刚度要求就是指构件应有足够的抵抗变形的能力。

（3）稳定性要求 有些受压力作用的细长杆，如千斤顶的螺杆，内燃机的进、排气阀顶杆等，应始终维持原有的直线平衡形态，保证不被压弯。稳定性就是指构件应有足够的保持原有平衡形态的能力。

工程实际中，要在保证构件既安全又经济的前提下选用合适的材料、确定合理的截面形状和尺寸。

当外力以不同方式作用于零件时，可以使零件产生不同的变形，杆件的基本变形形式有轴向拉伸（或压缩）、剪切、扭转和弯曲。

二、轴向拉伸与压缩

工程中有很多承受拉伸或压缩作用的零件。图 2-3 所示的吊车悬臂架，在载荷作用下，杆 *BC* 和钢丝绳 *BD* 受到拉伸，而杆 *AB* 受到压缩。图 2-4 所示的螺栓连接，当拧紧螺母时，螺栓杆受到拉伸。

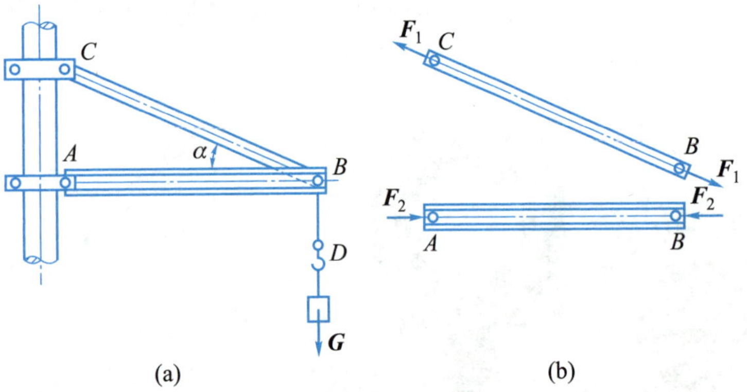

图 2-3 吊车悬臂架中零件的变形

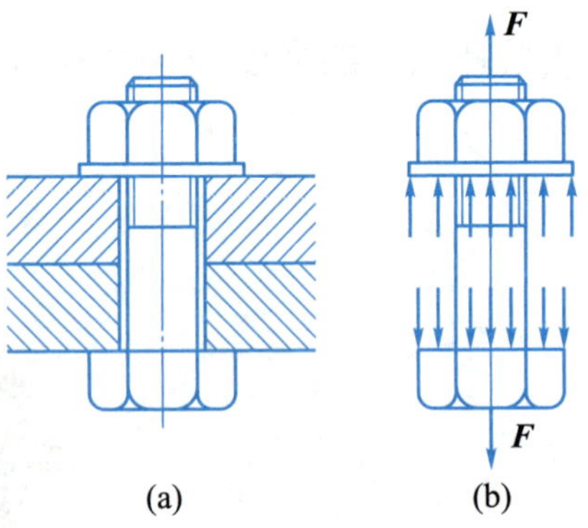

图 2-4 螺栓连接的变形

受轴向拉伸或压缩的构件都可简化为图 2-5 所示的直杆。它们受力的共同特点是作用在杆件两端的外力（或外力合力）的作用线与杆件轴线重合，变形特点是杆件沿轴线方向伸长或缩短。

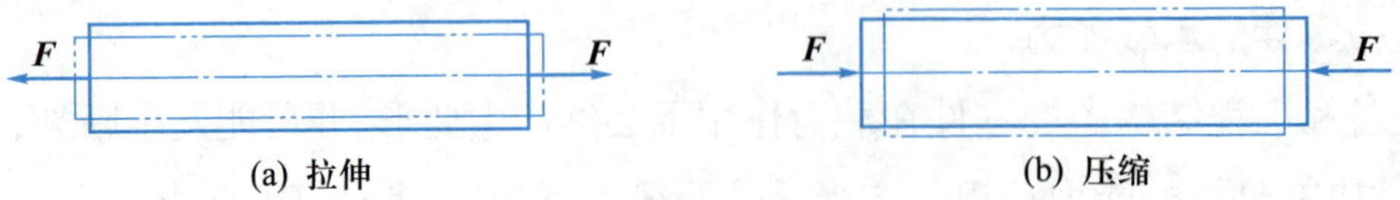

图 2-5 拉伸与压缩变形

三、内力

杆件所受其他物体的作用力都称为外力，包括载荷和约束力，如图 2-6a 中的 $\boldsymbol{F}$。在外力作用下，构件产生变形，同时杆件内相邻部分之间产生相互的作用力，称为内力，轴向拉压时内力沿轴线方向，又称为轴力，用 $\boldsymbol{F}_N$ 表示。

为了分析内力，可设想用一个截面将物体截开，从而得出内力 $\boldsymbol{F}_N$，并用平衡条件确定内力大小，这种方法称为截面法，如图 2-6b 所示。由平衡条件可知，$\boldsymbol{F}_N=\boldsymbol{F}$。外力越大，构件的变形越大，所产生的内力也越大。外力去除后，构件恢复原状，内力也随着消失。可见，内力是由于外力的作用而引起的，内力随外力增大而增大。当内力增大到一定限度时，杆件就会发生破坏。

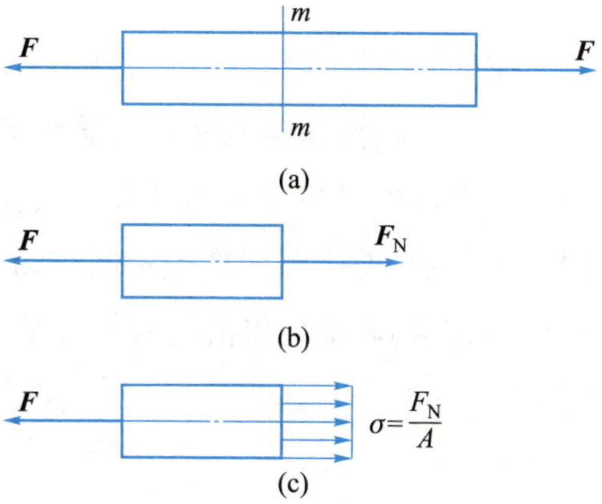

图 2-6　受拉杆件的内力与应力

四、应力

同样的内力，作用在材料相同、横截面积不同的构件上，会产生不同的结果，工程上用应力来衡量零件受力的强弱程度。构件在外力作用下，单位面积上的内力称为应力。轴向拉伸和压缩时，横截面上的应力是均匀分布的，且垂直于横截面，又称为正应力，记作 σ，如图 2-6c 所示。其计算公式为

$$\sigma=\frac{F_N}{A}$$

式中　σ——横截面上的正应力，MPa；

F_N——横截面上的轴力，N；

A——横截面面积，mm^2。

应力的单位为 N/m^2，称为 Pa（帕），1 Pa=1 N/m^2。在工程实际中，通常用 MPa（兆帕），1 MPa=10^6 Pa=1 N/mm^2。

正应力的正负号规定：拉伸时的应力为正，方向指向截面外侧；压缩时的应力为负，方向指向截面内侧。

五、变形与应变的概念

如图 2-7 所示，对于轴向拉伸或压缩的杆件，将产生绝对变形：

$$\Delta L=L_1-L$$

杆件的线应变（或称为相对变形）：

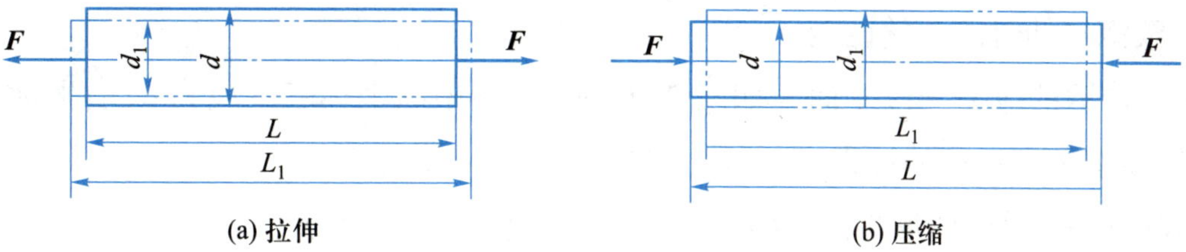

图 2-7　变形与应变

$$\varepsilon=\frac{\Delta L}{L}=\frac{L_1-L}{L}$$

拉伸时拉杆伸长，ΔL、ε 为正值；压缩时拉杆缩短，ΔL、ε 为负值。

六、材料拉伸与压缩的力学性能

力学性能是指金属材料在外力作用下所表现出来的性能，一般是通过实验来测定的。如图 2-8 所示，把按照标准规定制作的拉伸试样装夹在试验机上，对试样逐渐施加拉伸载荷，同时连续记录拉力 F 和相应的伸长量 ΔL，直到拉断为止，根据测得数据绘出拉力 - 伸长曲线（图 2-9a）。

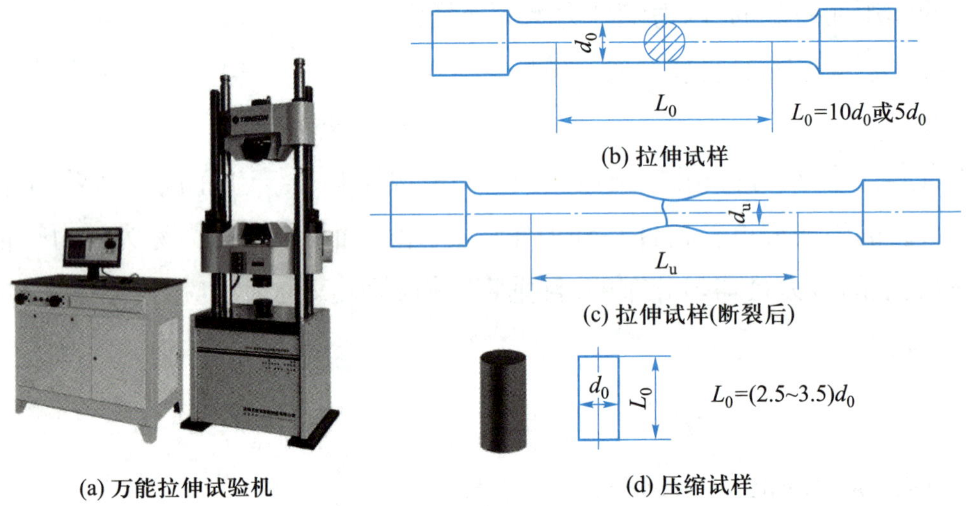

图 2-8 拉伸试验

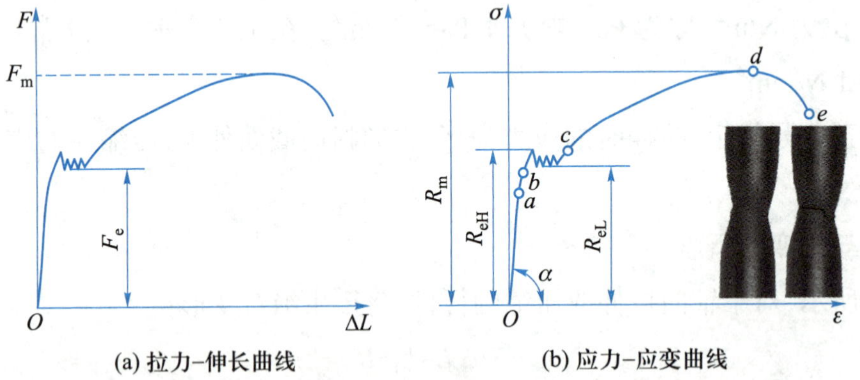

图 2-9 低碳钢的拉伸曲线

1. 低碳钢拉伸时的力学性能

退火低碳钢的应力 - 应变曲线如图 2-9b 所示，图中纵坐标表示应力 σ，横坐标表示试样应变 ε。低碳钢试样在拉伸过程中，表现出的力学性能大致如下：

（1）Oab——弹性变形阶段 Oa 为一直线段，它表示应力与应变成正比例关系。直线最高点 a 所对应的应力值称为材料的比例极限。低碳钢 Q235 的比例极限≈200 MPa。ab 段图线微弯，说明 σ 与 ε 不再是正比例关系，但所产生的变形仍为弹性变形。b 点所对应的应力值称为材料的弹性极限。在点 b 之后，试样除产生弹性变形外，还会产生塑性变形。

（2）be——屈服阶段　当应力超过 b 点增加到某一数值后，应变有非常明显的增加，而应力先是下降，然后作微小的波动，应力－应变曲线上会出现接近水平线的小锯齿形线段，这种应力基本保持不变而应变显著增加的现象，称为屈服或流动。R_{eH} 称为上屈服强度（首次下降前的最大应力），R_{eL} 称为下屈服强度（舍去第一个谷值后的最小应力），因 R_{eL} 比较稳定，故工程上一般只定义下屈服强度。如低碳钢 Q235 的 R_{eL} 不小于 235 MPa。因机械零件和工程构件一般不允许发生塑性变形，所以屈服强度是衡量塑性材料强度的重要指标。

（3）cd——强化阶段　当应力超过 R_{eL} 后，应力与应变又成曲线关系上升，这说明材料又恢复了对变形的抵抗能力。若继续变形，必须增加应力，这种现象称为强化。最高点 d 对应的应力是试样拉断前所承受的最大拉应力，称为抗拉强度，用 R_m 表示。如低碳钢 Q235 的 R_m 不小于 370 MPa，R_m 越大，说明材料抵抗破坏的能力越强。因此，抗拉强度 R_m 是衡量塑性材料强度的另一个重要指标。

（4）de——局部变形阶段　过 d 点后，在试样的某一局部范围内，横向尺寸突然急剧缩小，形成缩颈现象（图 2-9b）。由于在缩颈部分横截面面积迅速减小，使试样继续伸长所需要的拉力也相应减少，当达到曲线上的 e 点时，试样被拉断。

（5）断后伸长率和断面收缩率　试样拉断后，由于塑性变形不能恢复，试样标距由原来的长度 L_0 变为断裂后的 L_u。用百分比表示的比值 A 称为断后伸长率（注意：此处 A 不表示面积），即

$$A=\frac{L_u-L_0}{L_0}\times100\%$$

断后伸长率 A 是衡量材料塑性的指标，A 越大，说明材料的塑性越好。

工程上通常按断后伸长率的大小把材料分成两大类，$A\geqslant5\%$ 的材料称为塑性材料，如碳钢、黄铜、铝合金等；$A<5\%$ 的材料称为脆性材料，如灰铸铁、玻璃、陶瓷等。

原始横截面面积为 S_0 的试样，拉断后缩颈处的最小截面面积变为 S_u，用百分比表示的比值称为断面收缩率，即

$$Z=\frac{S_0-S_u}{S_0}\times100\%$$

断面收缩率 Z 也是衡量材料塑性的指标。

2. 低碳钢压缩时的力学性能

低碳钢压缩时的应力－应变曲线如图 2-10 所示。低碳钢压缩时的力学性能有如下特点：在屈服阶段以前，压缩的应力－应变曲线形状与拉伸的曲线形状基本重合，说明低碳钢压缩时的比例极限、弹性极限、屈服强度 R_{eLc} 等与拉伸时相同。屈服阶段以后，试样越压越扁，横截面面积增大，试样抗压能力增强，因而得不到压缩时的强度极限。低碳钢是典型的塑性材料。

3. 铸铁拉伸（压缩）时的力学性能

图 2-11 所示为灰铸铁的拉伸、压缩应力－应变曲线。由拉伸曲线可见，没有明显的直线部分和屈服阶段，在应力不大的情况下就突然断裂，拉断前变形很小，无“缩颈”现象，断后伸长率也很小。由压缩曲线可见，试样在小变形下突然断裂，其断口与轴线大至成 45°～55°的倾角；压缩时的强度极限 R_{mc} 为拉伸时强度极限 R_m 的 4～5 倍。

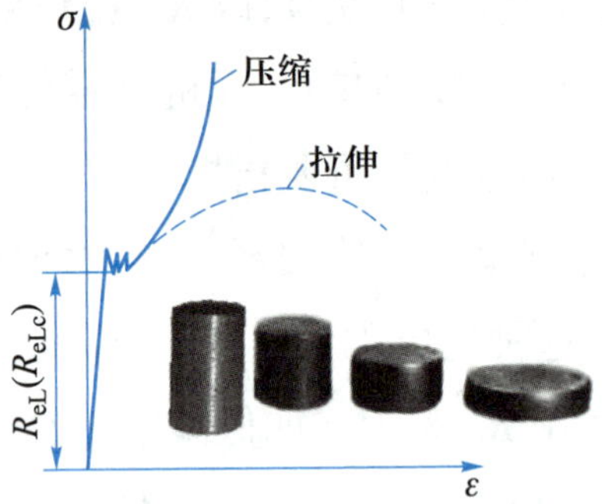

图 2-10 低碳钢压缩时的力学性能

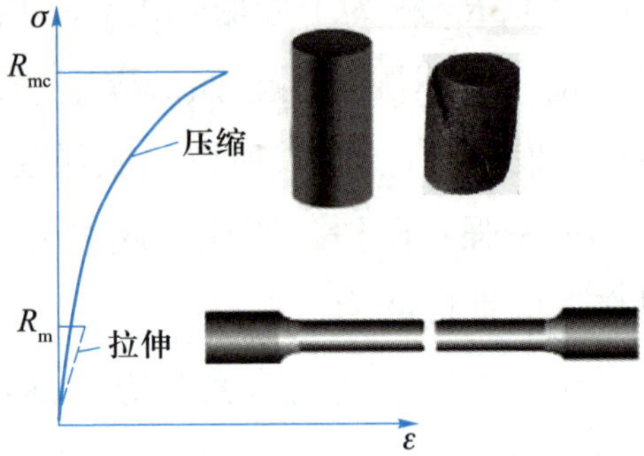

图 2-11 铸铁拉伸（压缩）时的力学性能

灰铸铁是典型的脆性材料，这类材料常用作受压构件的材料，而不宜用作受拉构件的材料。

知识卡片 冷作硬化

在制造零件前或制造过程中，对材料施加载荷使其产生塑性变形，则在卸载后其弹性极限得到了提高，但塑性变形和断后伸长率却有所降低，这种现象称为冷作硬化。工程中，常用冷作硬化来提高某些构件的承载能力，如起重用的钢索和建筑用的钢筋，常用冷拔工艺以提高其强度。冷作硬化现象经退火后可消除。

*七、许用应力与安全因数

在力的作用下，脆性材料制成的构件出现突然断裂或压溃、压扁，塑性材料制成的构件出现塑性变形后都不能正常工作，上述现象都属于失效。所以，脆性材料的强度极限（拉伸时为 R_m，压缩时为 R_{mc}），塑性材料的下屈服强度 R_{eL}，是构件失效时的极限应力。

为保证构件有足够的强度，在载荷作用下构件的实际应力 σ 应低于极限应力。强度计算中，用极限应力除以大于 1 的安全因数 n，结果称为许用应力，用 $[\sigma]$ 来表示。对于塑性材料 $[\sigma]=R_{eL}/n_e$；对于脆性材料 $[\sigma]=R_m/n_m$。

安全因数 n 反映了强度储备的情况，若取值过大，许用应力过低，会造成材料浪费；若取值过小，会使构件的安全得不到保证，甚至造成事故。

*八、拉伸与压缩时的强度条件

为了确保轴向拉、压杆具有足够的强度，要求杆件中最大应力 σ_{max} 不大于材料的许用应力 $[\sigma]$，即

$$\sigma_{max}=\frac{F_N}{A}\leqslant[\sigma]$$

式中　F_N 和 A——危险截面上的轴力和横截面面积。

上式称为拉（压）的强度条件，是拉（压）强度计算的依据。

产生最大应力 σ_{max} 的截面称为危险截面，等截面直杆的危险截面位于轴力最大处，而变截面杆的危险截面必须综合轴力 F_N 和截面面积 A 两方面来确定。

运用上面的强度条件可解决强度校核、截面选择、确定许用载荷三种类型问题。

任务实施

从吊环螺钉的受力可见，螺纹部分受轴向拉伸，本例属于强度校核问题，如图 2-12 所示。

（1）分析危险截面　危险截面在螺纹根部退刀槽部分。

（2）用截面法计算轴力

$$F_N=G=800\ \text{N}$$

（3）校核强度

$$\sigma=\frac{F_N}{A}=\frac{800}{\frac{\pi}{4}\times6^2}\ \text{MPa}\approx28.3\ \text{MPa}<[\sigma]=40\ \text{MPa}$$

吊环螺钉能安全工作。

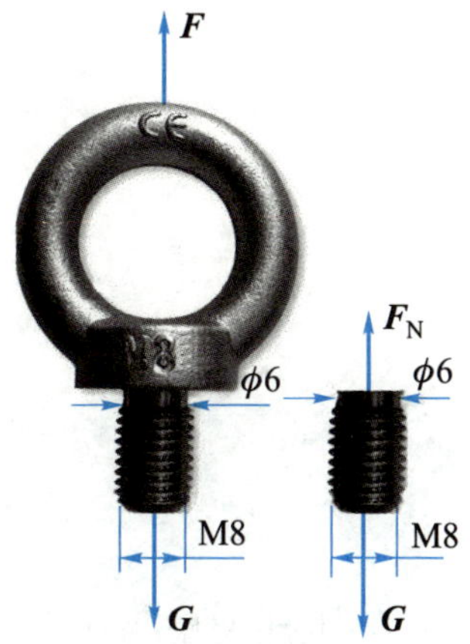

图 2-12　吊环螺钉强度校核

任务拓展

应力集中　压杆失稳

**1. 应力集中

等截面直杆轴向拉伸和压缩时，截面上的应力是均匀分布的，如图 2-6 所示。但是，工程实际中杆件的截面大多是变化的，如阶梯轴，杆件上钻孔、开槽、切口等，都使截面发生变化。如图 2-13 所示，在这些孔、槽、轴肩的边缘，应力显著增大，这种因杆件外形突然变化而引起局部应力急剧增大的现象，称为应力集中。应力集中使零件破坏的危险性增加。

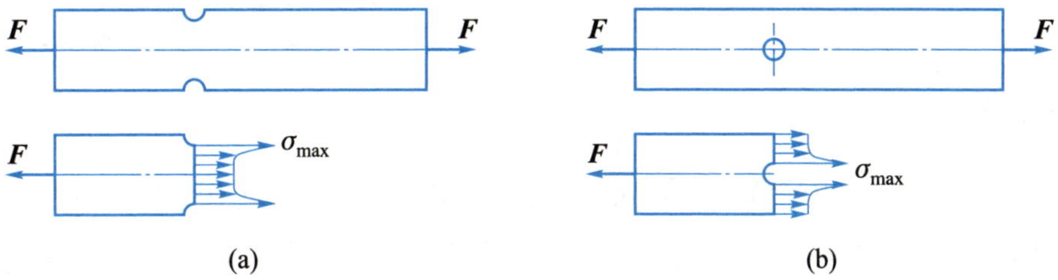

图 2-13　应力集中

*2. 压杆失稳

细长的受压杆当压力达到一定值时（这时一般未达到极限应力），受压杆可能突然弯曲，或因变弯而折断，这种现象称为失稳，如图 2-14 所示。

杆的长度 l 越大，抵抗弯曲变形的能力越小；抗弯刚度（与材料、截面尺寸 b、h 有关）值越大，抵抗弯曲变形的能力越大；杆端的支承越牢固，越不容易发生弯曲变形。

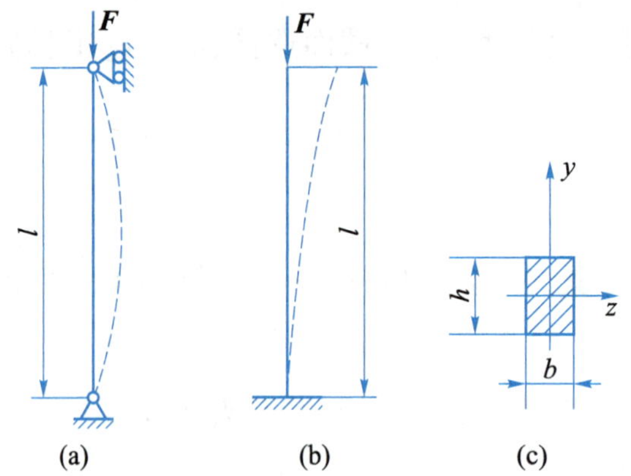

图 2-14 压杆失稳

想一想

压杆失稳与压缩破坏有何不同?

任务二 剪切、扭转、弯曲变形分析

任务目标

1. 理解连接件的剪切与挤压、圆轴扭转、直梁弯曲的概念。
2. 会判断直杆的变形形式。

*3. 了解圆轴扭转时横截面上切应力、纯弯曲时横截面上正应力的分布规律。

任务描述

图 2-15 所示为一双桨电动搅拌器，搅拌桨与搅拌轴用平键连接，由电动机（经减速机构）带动旋转，对液体进行混合搅拌。试分析工作状态下搅拌轴、搅拌桨和平键的受力，并指出它们的变形形式。

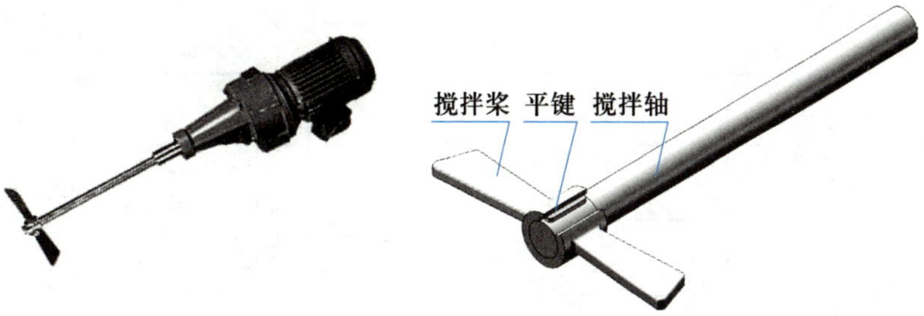

图 2-15　双桨电动搅拌器

知识准备

一、剪切与挤压的概念

1. 剪切

（1）剪切的概念　用剪板机剪钢板（图 2-16）时，在上下刀刃剪切力 $\boldsymbol{F}$ 的作用下，钢板在两力间的截面 $m—n$ 处发生相对错动，产生剪切变形，直至沿截面 $m—n$ 被剪断。剪切变形的受力特点是作用在构件某一截面两侧的外力的合力大小相等、方向相反、作用线平行且相距很近。变形特点是截面沿外力作用方向产生相对错动。产生相对错动的截面（如 $m—n$）称为剪切面，它位于两外力作用线之间，且平行于外力作用线。类似的例子还有钢筋剪切机。

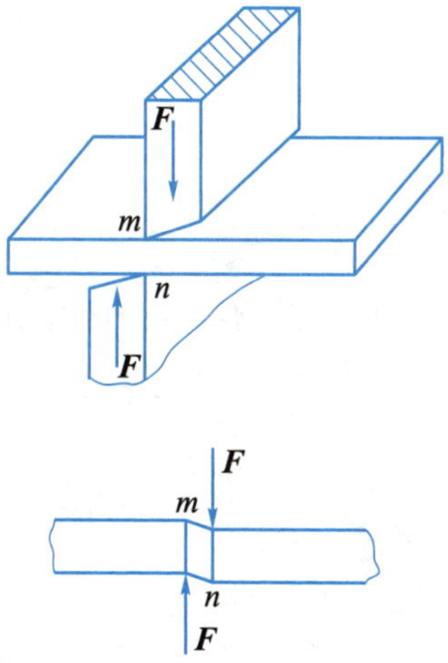

图 2-16　钢板剪切变形

工程中受剪切变形的典型零件有很多，如连接轴与齿轮的键（图 2-17）；连接两块钢板的精制螺栓（图 2-18）或铆钉（图 2-19）等。

（2）切应力与剪切强度　如图 2-19c 所示，在剪切面 $m—n$ 上必存在一个大小等于外力 $\boldsymbol{F}$ 而方向与其相反的内力，称为剪力，用 $\boldsymbol{F}_s$ 表示。

剪切面上单位截面积的剪力称为切应力，用 τ 表示，方向与截面相切。如切应力过大，零件会产生剪切破坏，如图 2-18c 所示。

切应力在剪切面上的分布比较复杂，工程实践中近似认为剪切面上的切应力是均匀分布的。为保证剪切变形工件安全可靠地工作，要求切应力 τ 不大于材料的许用切应力，剪切强度条件为

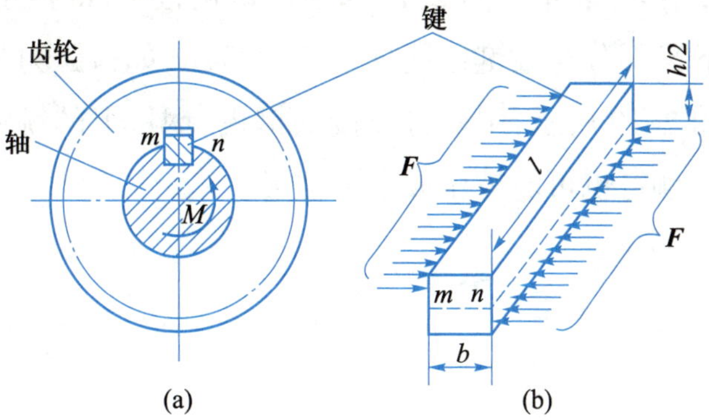

图 2-17　键连接的剪切与挤压

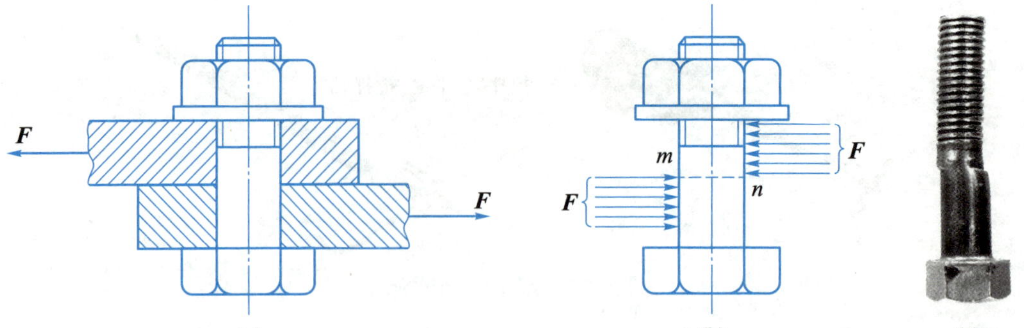

图 2-18 受剪切的螺栓

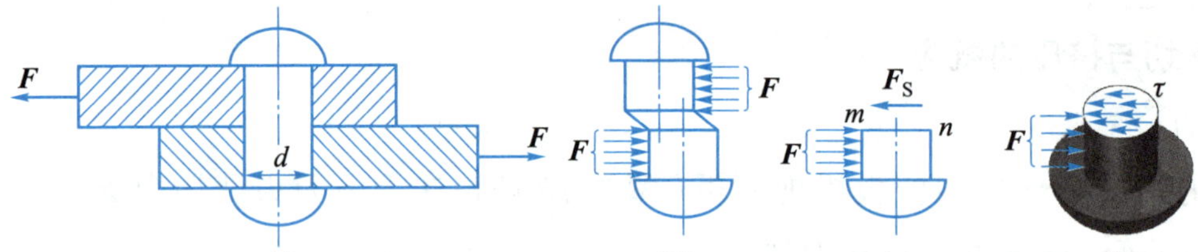

图 2-19 铆钉剪切变形与切应力分布

$$\tau=\frac{F_S}{A}\leqslant[\tau]$$

式中 A——剪切面的面积，mm^2，图 2-17 中键的剪切面积 $A=bl$；

[τ] ——材料的许用切应力，MPa，可从有关设计手册资料中查到。

想一想

图 2-19c 所示剪切面的面积如何计算？

2. 挤压

（1）挤压的概念 零件发生剪切变形的同时往往伴随着挤压变形。在外力作用下，连接件和被连接件接触面相互压紧的现象称为挤压。接触并产生挤压的面称为挤压面。作用于挤压面上的力称为挤压力，用 $\boldsymbol{F}_{bs}$ 表示。图 2-17 所示的键连接中，键在左侧上半部分与轮毂键槽接触并相互挤压，右侧下半部分与轴键槽同样也产生挤压，如挤压力过大，接触面会出现局部变形或压溃等现象；如图 2-19 所示，用铆钉连接的钢板，钢板上的铆钉孔如压力过大，易出现被挤压成长圆孔的情况，铆钉也可能被压成扁圆柱形。

做一做

列举日常生活或工程中的剪切、挤压实例。

（2）挤压应力与挤压强度　挤压面上单位面积所受到的挤压力，称为挤压应力，用 σ_{bs} 表示。实用计算中假定挤压面上的应力为均匀分布。为保证连接件具有足够的抗挤压强度而不被破坏，挤压强度条件为

$$\sigma_{bsmax}=\frac{F_{bs}}{A_{bs}}\leqslant[\sigma_{bs}]$$

式中　A_{bs}——挤压面积，mm^2。若接触面为平面，则挤压面积为接触面积，图 2-17 所示的键连接中，挤压面积 $A_{bs}=hl/2$，l 是键的有效长度，h 是键的高度。图 2-20 所示的铆钉连接中，接触面为半圆柱面，挤压面积为圆孔或圆柱直径平面的面积，$A_{bs}=d\delta$。

$[\sigma_{bs}]$——材料的许用挤压应力，可从有关设计手册中查到。如果互相挤压的材料不同，应按许用挤压应力低的材料进行强度计算。

由于剪切与挤压相伴而生，所以进行强度校核时，既要进行剪切强度校核，又要进行挤压强度校核。

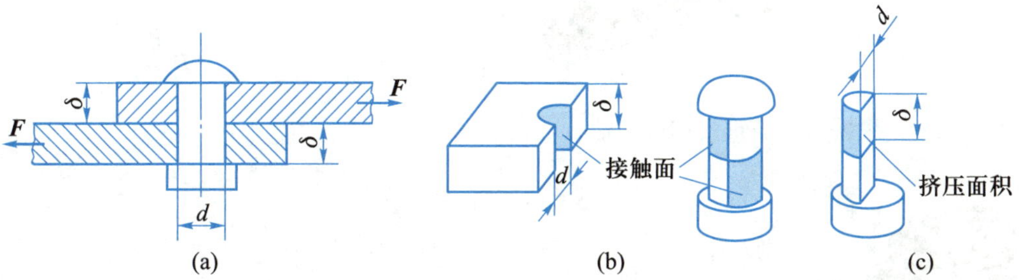

图 2-20　挤压面积

想一想

找出图 2-18 中螺栓的剪切面、挤压面，剪切面积、挤压面积如何计算？

知识卡片　表面接触应力

在机械传动中存在零件之间以点或线的形式进行接触的传动，例如齿轮传动中齿面之间、链传动中链轮齿与链条之间是线接触；滚动轴承的球状滚动体与滚道为点接触。在点、线接触部位产生表面接触应力，接触应力的反复作用使零件产生疲劳破坏。

二、圆轴扭转

1. 圆轴扭转的概念

机械装置中的轴类零件大都承受扭转的作用。如图 2-21 所示的载重汽车传动轴，左端受

发动机主动力偶的作用，右端受后桥齿轮的阻力偶作用，传动轴在这两个力偶的作用下产生扭转变形。圆轴扭转的受力特点：杆件的两端作用两个大小相等、方向相反且作用面垂直于杆件轴线的力偶。变形特点：各截面绕杆件轴线发生相对转动。

工程实际中，汽车方向盘下的转向轴（图 2-22）、电动机主轴（图 2-23）、钻头（图 2-24）等都是受扭构件。

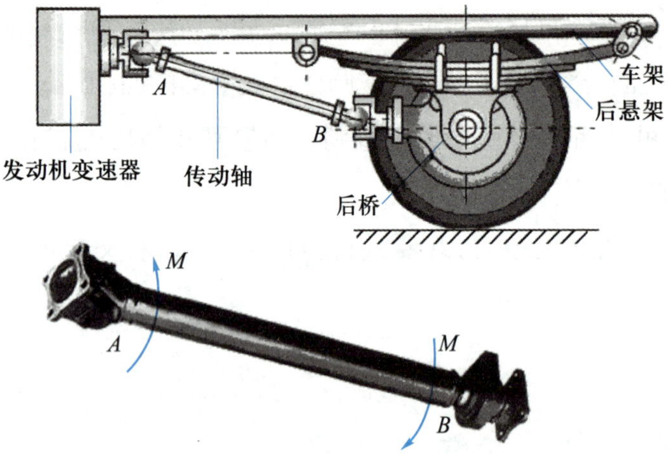

图 2-21　载重汽车传动轴

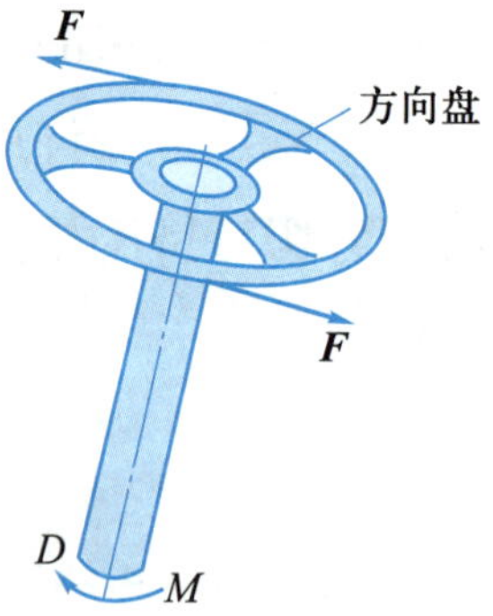

图 2-22　转向轴

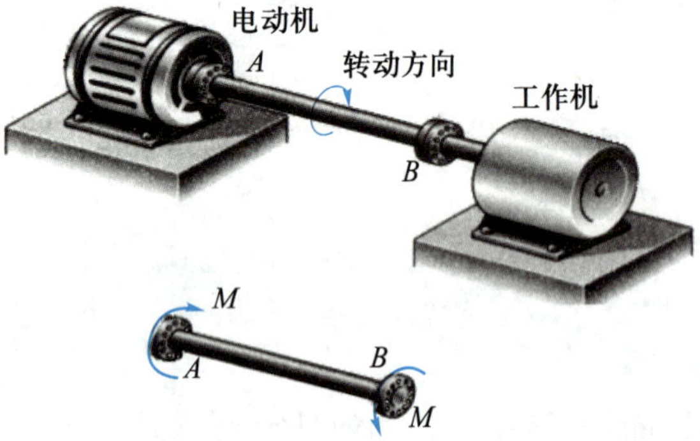

图 2-23　电动机主轴

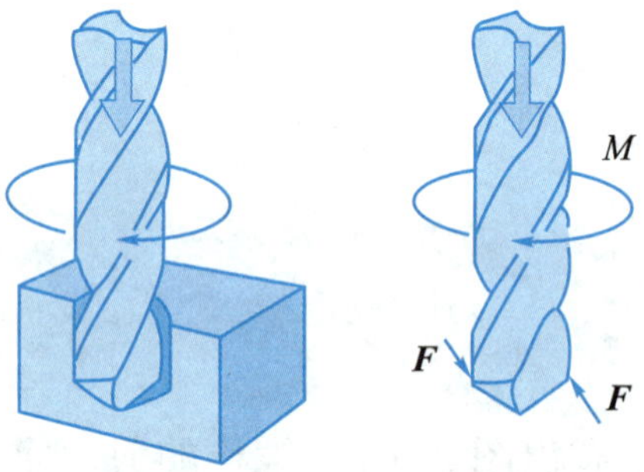

图 2-24　钻头

*2. 圆轴扭转时的应力分布

（1）圆轴扭转时的内力　图 2-25 所示为受一对外力偶作用的圆轴，假想用截面 $m—m$ 将其切开，则横截面上必有一内力偶矩 M_T 与外力偶平衡，圆轴扭转时横截面上的内力是一个力偶矩，称为转矩，用 M_T 表示。

（2）圆轴扭转变形　为观察变形规律，取一等直径圆轴，在其表面画出一组等距的圆周线和平行于轴线的纵向线，形成大小相等的矩形方格，如图 2-26a 所示。

施加外力偶 M，使圆轴扭转。可以观察到：圆周线的形状、大小及两圆周线的间距均不变，仅绕轴线作相对转动；各纵向线仍为直线，且都倾斜了同一角度 γ，使原来的矩形变成平行四边形，如图 2-26b 所示。

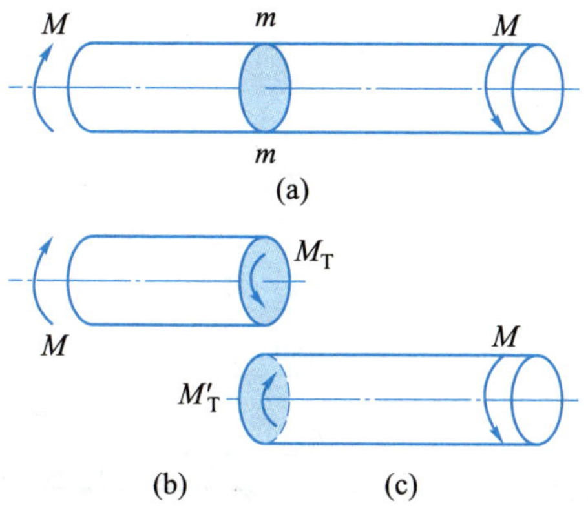

图 2-25　圆轴扭转时的内力

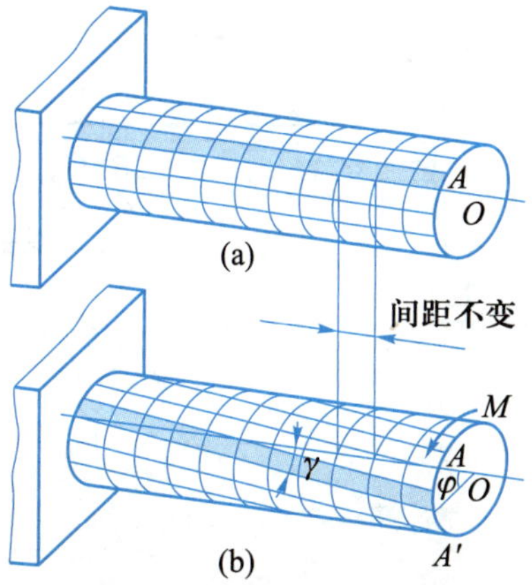

图 2-26　圆轴扭转变形

（3）圆轴扭转时的应力分布　由以上现象可以得出：

1）由于圆轴相邻横截面间距不变，即没有纵向变形，所以横截面上没有正应力。

2）由于相邻的横截面绕轴线转动角度不同，截面之间有相互错动，属于剪切变形，所以横截面上有切应力。

3）圆轴截面上的半径仍为直线且长度不变，故切应力方向必与半径垂直。

由几何变形和静力学关系可以推出切应力的分布规律：圆轴横截面上任一点的切应力与该横截面上的扭矩 M_T 成正比，与该点所在圆周的半径成正比，方向与过该点的半径垂直，最大切应力在外边缘处（半径最大），如图 2-27 所示。

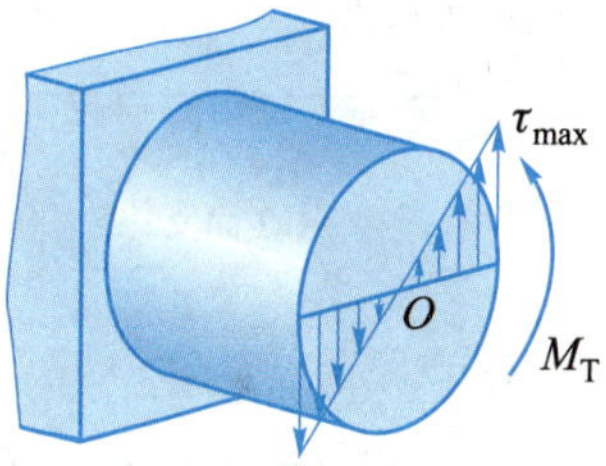

图 2-27　横截面上切应力的分布规律

三、直梁弯曲

1. 弯曲的概念

弯曲变形在工程中是最常见的一种变形。如图 2-28 所示桥式起重机的横梁，在自重和起吊重物载荷 $\boldsymbol{F}$ 的作用下产生弯曲变形。图 2-29 所示车床刀架上的车刀，在切削力 $\boldsymbol{F}$ 的作用下也会弯曲。弯曲变形的受力特点：外力作用在过杆轴线的平面内且作用线垂直于杆的轴线。变形特点：杆的轴线由直线变成曲线。通常将只发生弯曲变形（或以弯曲变形为主）的杆件称为梁。

工程实际中，根据梁两端的支座将梁分为三种基本形式：简支梁、悬臂梁和外伸梁，如图 2-30 所示。梁上的载荷作用在纵向对称平面内时为平面弯曲，载荷的形式有集中力 $\boldsymbol{F}$、集中力偶 M 和分布载荷 q，如图 2-31 所示。

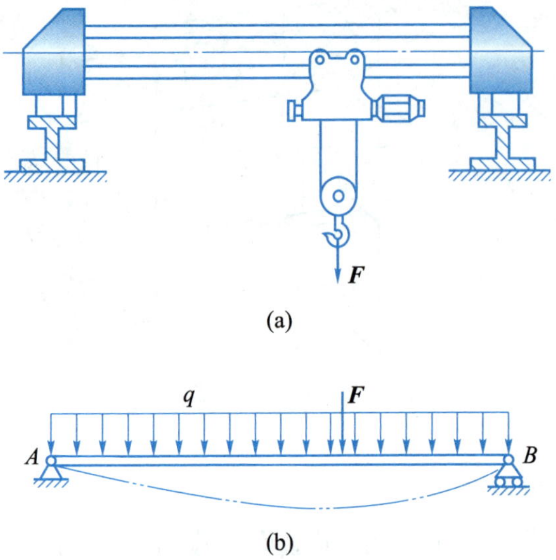

图 2-28 起重机横梁的弯曲变形

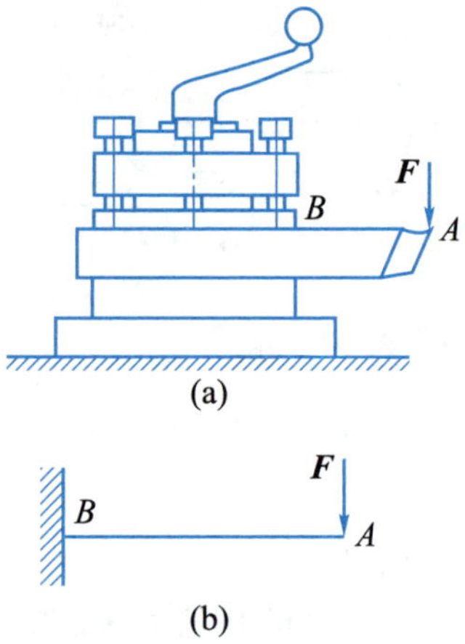

图 2-29 车刀的弯曲变形

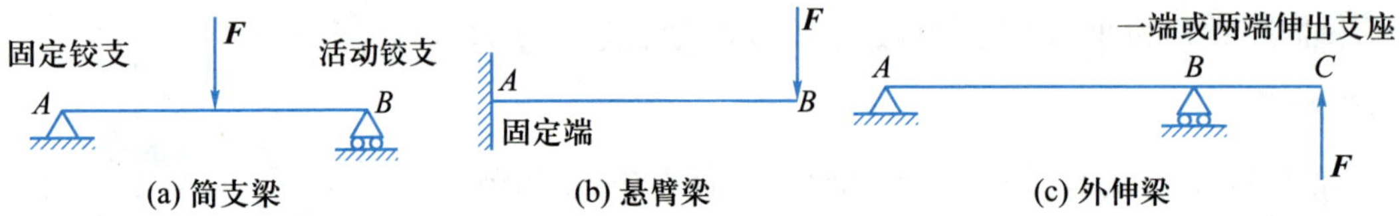

图 2-30 梁的基本形式

*2. 纯弯曲时的应力分布

（1）剪力和弯矩 如图 2-32 所示的梁在外力（载荷和支座反力）作用下发生弯曲变形，假想用截面 *m*—*m* 将梁截开，则横截面上一般有两个内力分量与外力平衡：一个是沿截面作用的内力 $\boldsymbol{F}_s$（或 $\boldsymbol{F}'_s$），其作用线与截面相切并通过截面形心，称为剪力；另一个是在外力作用平面内的力偶矩 M（或 M'），称为弯矩。

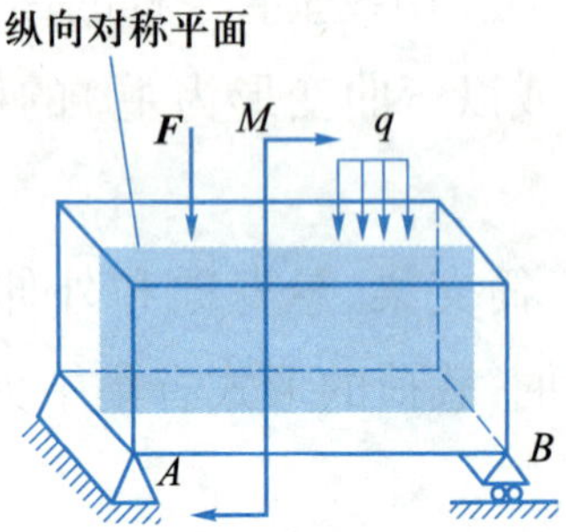

图 2-31 平面弯曲

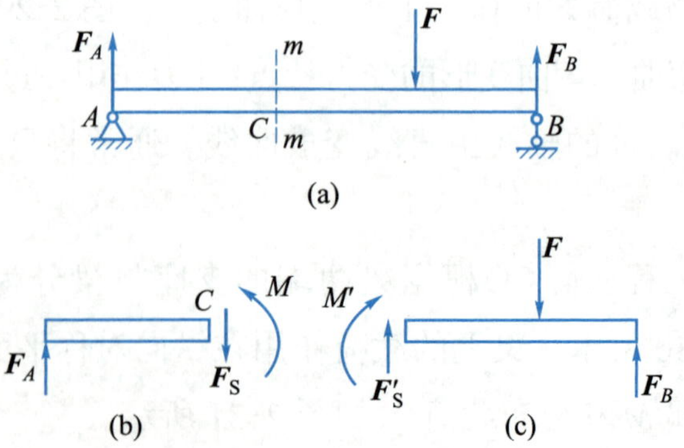

图 2-32 梁横截面上的内力

（2）纯弯曲变形　剪力使梁产生剪切变形，弯矩使梁产生弯曲变形，弯矩对梁弯曲变形的影响为主要因素。如梁上某段内各横截面上的弯矩全相同且无剪力，这种弯曲称为纯弯曲。

下面通过纯弯曲试验观察梁的变形。取一矩形截面直梁，如图 2-33a 所示，在其表面画上横向线 1—1、2—2 和纵向线 ab、cd。

在梁的两端施加一对大小相等、方向相反的外力偶 $M_{外}$，使梁产生弯曲变形，如图 2-33b 所示。可以观察到：横向线 1—1、2—2 仍为直线，并且仍与梁的轴线垂直，但两线间产生相对倾斜角度 θ。纵向线变为弧线，轴线上方的纵向线缩短（如 ab），轴线下方的纵向线伸长（如 cd）。

将梁看成由无数纵向纤维组成，则梁下部的纤维层受拉而伸长，上部的纤维层受压而缩短，而在受拉区和受压区之间存在一层既不伸长也不缩短的纵向纤维层，称为中性层，中性层与横截面的交线称为中性轴，如图 2-34 所示。弯曲变形时，横截面绕中性轴转动。

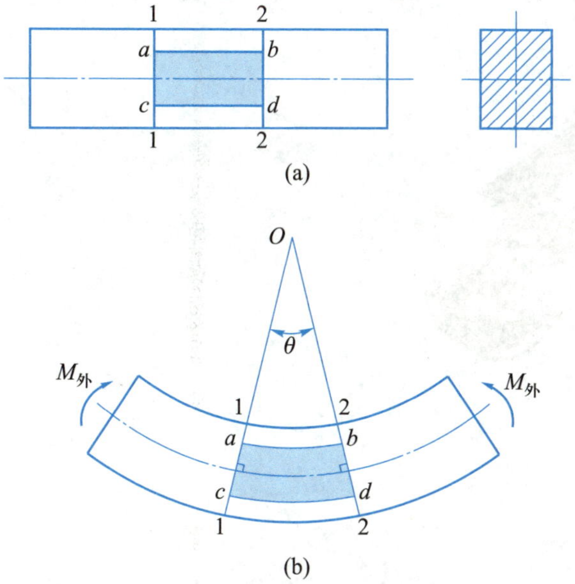

图 2-33　梁的纯弯曲变形

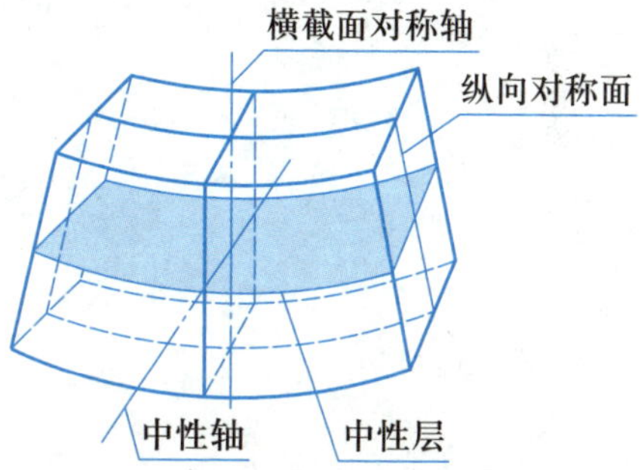

图 2-34　中性层与中性轴

（3）梁纯弯曲时的应力分布　如前所述，当梁弯曲时，所有横截面仍保持为垂直于梁轴线的平面，且无相对错动，只是绕中性轴作相对转动；各条纵向纤维层处于拉伸或压缩状态。因此，横截面上必定有正应力，而不会有切应力。纤维伸长的部分受到拉应力，纤维缩短的部分受到压应力。

由几何变形和静力学关系可以推出正应力的分布规律：沿截面宽度方向（离中性轴距离相同的各点）正应力相同；沿截面高度方向按直线规律变化，中性轴上各点正应力为零，离中性轴最远的点正应力最大，正应力与该点到中性轴的距离成正比，如图 2-35 所示。

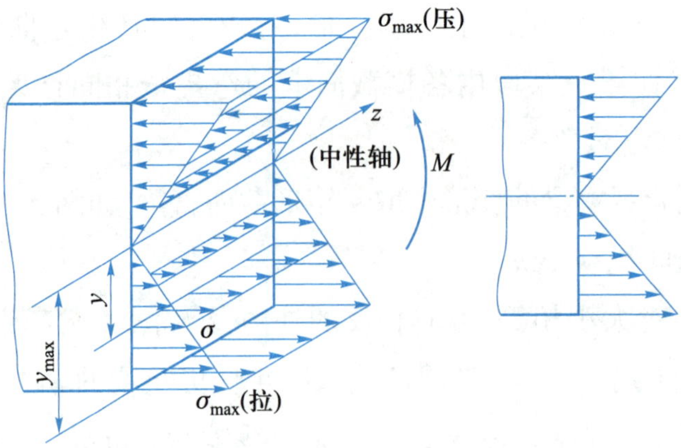

图 2-35　纯弯曲横截面上正应力的分布规律

想一想

图 2-36 所示的带传动，带弯曲在带轮上，试分析哪一面受拉？哪一面受压？

图 2-36　带传动

任务实施

在工作状态下，各部分受力及变形分析如下：

（1）搅拌轴　如图 2-37a 所示，搅拌轴在工作时 *A* 端受电动机（经减速机构）作用的主动力偶矩 *M*，*B* 端的两搅拌桨分别受阻力 $\boldsymbol{F}$、$\boldsymbol{F}'$（液体对桨的阻力为分布力，可简化为集中力），二力正好组成一个力偶，即搅拌轴两端受两力偶矩作用，作用面垂直于轴线，搅拌轴产生扭转变形。

（2）搅拌桨　如图 2-37b、c 所示，搅拌桨的 *B* 端可看作固定端，*C* 端受阻力 $\boldsymbol{F}$，*BC* 可看作一悬臂梁，搅拌桨将产生弯曲变形。

（3）平键　如图 2-37d、e 所示，平键右下区域受搅拌轴的作用力 $\boldsymbol{F}_{bs}$，左上区域受搅拌桨的作用力 $\boldsymbol{F}'_{bs}$，二力作用线平行且相距很近，平键将产生剪切变形；同时右下区域、左上区域受挤压。

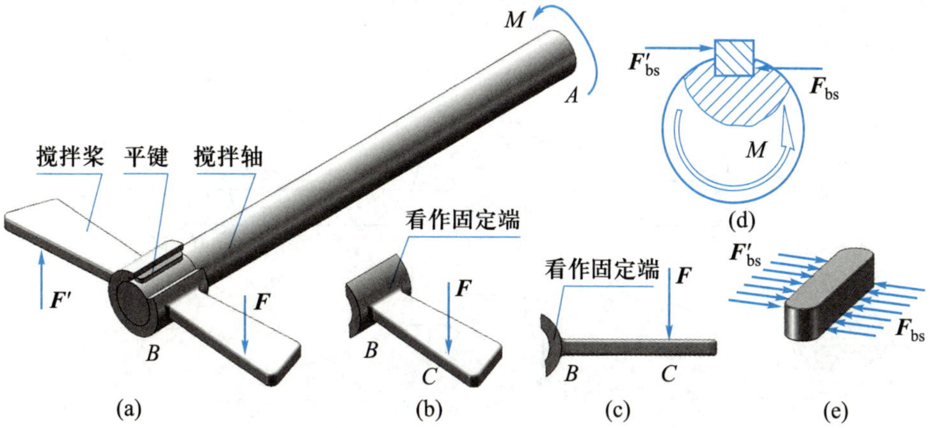

图 2-37　搅拌轴、搅拌桨和平键的受力与变形

任务拓展

组合变形　交变应力与疲劳破坏

*1. 组合变形

构件受单一的拉伸(压缩)、剪切、扭转、弯曲变形,称为基本变形。但在工程实际中,大多数构件的受力情况都比较复杂。构件同时产生两种或两种以上的基本变形称为组合变形。

(1) 拉伸(压缩)与弯曲组合变形　如图 2-38 所示,作用于悬臂梁上的外力 **F** 可分解成两个分力 $\boldsymbol{F}_x$、$\boldsymbol{F}_y$,可见 $\boldsymbol{F}_x$ 使梁产生沿 x 方向的拉伸变形,$\boldsymbol{F}_y$ 使梁在纵向对称面内产生弯曲变形,于是梁的变形就是由拉伸和弯曲共同作用,称为拉伸与弯曲组合变形。

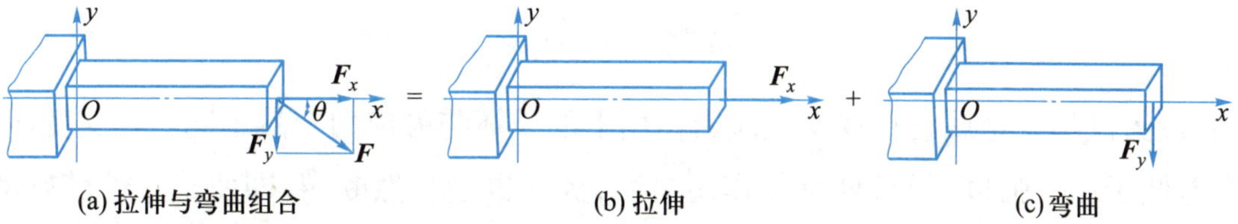

图 2-38　拉伸(压缩)与弯曲组合变形

(2) 扭转与弯曲组合变形　图 2-39 所示带传动的传动轴 AB,右端 B 受电动机驱动力偶矩 M 的作用带动轴旋转,带轮上紧边张力 $\boldsymbol{F}_1$,松边张力 $\boldsymbol{F}_2$ 可移至 C 点得到一径向力 **F** 和一力偶矩 M,一对力偶矩 M 使传动轴产生扭转变形,径向力 **F** 使轴产生弯曲变形,这是扭转与弯曲组合变形的实例。

*2. 交变应力与疲劳破坏

(1) 交变应力的概念　不随时间发生变化的应力称为静应力,随时间发生周期性变化的应力称为交变应力。图 2-40a 所示的齿轮轴在载荷的作用下产生弯曲变形。如图 2-40b 所示,当轴转动时,D 处截面上的某点顺次转过 1、2、3、4 各位置时,该点的应力值按

$0 \rightarrow \sigma_{max} \rightarrow 0 \rightarrow \sigma_{min} \rightarrow 0$ 的规律变化，应力随时间变化的关系如图 2-40c 所示（因 $\sigma_{max}=\sigma_{min}$，称为对称循环交变应力）。

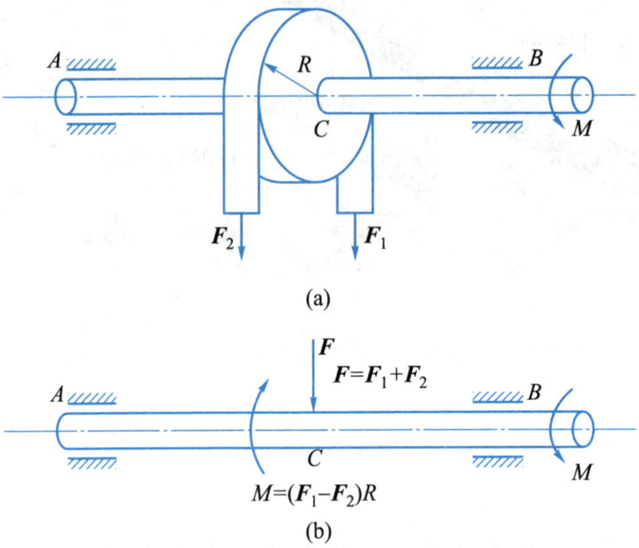

图 2-39 扭转与弯曲组合变形

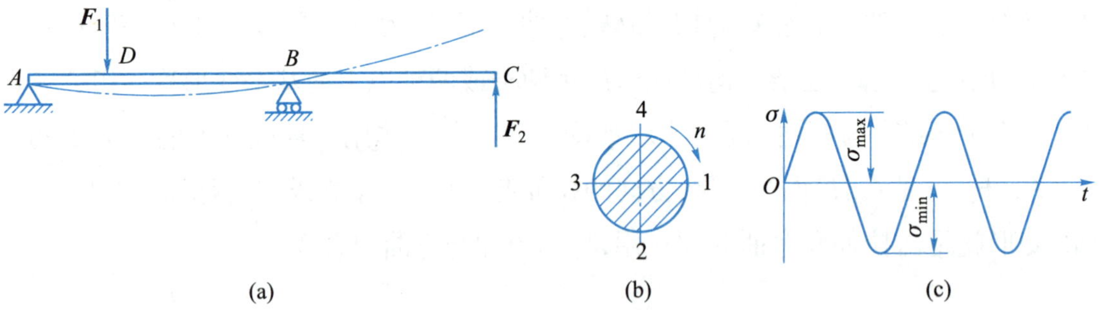

图 2-40 齿轮轴弯曲变形与应力变化状况

（2）疲劳破坏 金属材料在交变应力作用下的破坏与静应力全然不同。在交变应力作用下，虽应力低于屈服强度，但长期反复作用之后，构件也会突然断裂，即使是塑性较好的材料，断裂前也无明显的塑性变形，这种现象称为疲劳破坏。金属材料在交变应力作用下，经历无限次循环而不破坏的最大应力称为疲劳强度或疲劳极限，用 σ_D 表示。一般试验时规定，钢在经受 10^7 次循环下仍未疲劳破坏的最大应力为钢材的疲劳强度，而有色金属要经受 10^8 次循环。疲劳强度与强度、塑性一样，也是材料的力学性能之一。

疲劳破坏是在所受应力低于屈服强度的情况下，突然发生的脆性断裂，且断裂前没有预兆，所以疲劳破坏经常造成重大事故。飞机、车辆和机器发生的事故中，有很大比例是零部件疲劳破坏造成的。

阅读材料

工程事故的启示——工匠精神的重要性

图 2-1 所示的齿轮轮齿断裂、高压线塔折断、螺栓变形等现象，都是由于设计或使用不当造成的。

机械设计人员必须具有高度的责任心和严肃认真的工作态度，对所承担的设计工作能做到原理正确，方案先进可行，产品的制造、安装、使用、维修方便、可靠。设计计算出现重大错误，同样会造成事故。

作为机械、工程类专业的学生，未来的工程技术人员，我们应该在平时的学习和实训中养成良好的习惯，做到严谨、认真、一丝不苟，发扬执着专注、精益求精的工匠精神。

项目三

工程材料

项目介绍

材料是人类用以制造各种有用器件的物质，也是人类生产和生活所必需的物质基础。汽车、轮船、火箭及日常使用的工具都是由各种不同的材料制成的（图 3-1）。

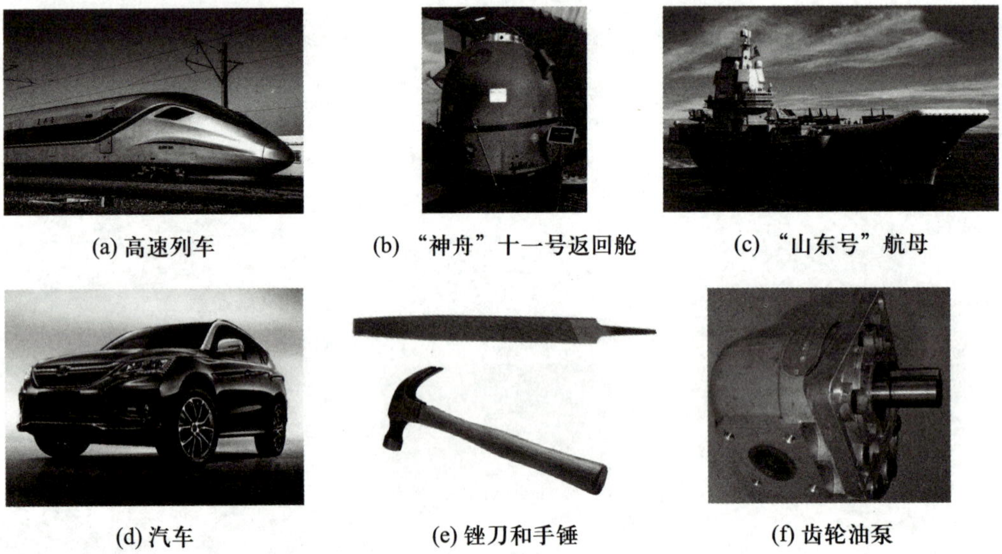

(a) 高速列车　(b) "神舟"十一号返回舱　(c) "山东号"航母

(d) 汽车　(e) 锉刀和手锤　(f) 齿轮油泵

图 3-1　工程材料的应用

本项目学习常用非合金钢（碳钢）、铸铁、合金钢、有色金属材料的分类、牌号、性能和应用，以及非金属材料和复合材料的特性、分类和应用。

任务一　钢铁材料的应用

任务目标

1. 了解常用材料的性能及应用。

2. 理解常用非合金钢的分类、牌号、性能和应用。

3. 了解铸铁的分类、牌号、性能和应用。

4. 了解钢的热处理的目的、分类和应用。

任务描述

齿轮油泵是各种润滑液体的输送装置，广泛应用于石油、化工、电力、粮油、食品、医疗、建材、冶金等行业。图 3-2 所示为齿轮油泵从动轴的零件图和装配齿轮后的实物图，根据零件图分析该从动轴所用材料及热处理（含硬度要求）的含义。

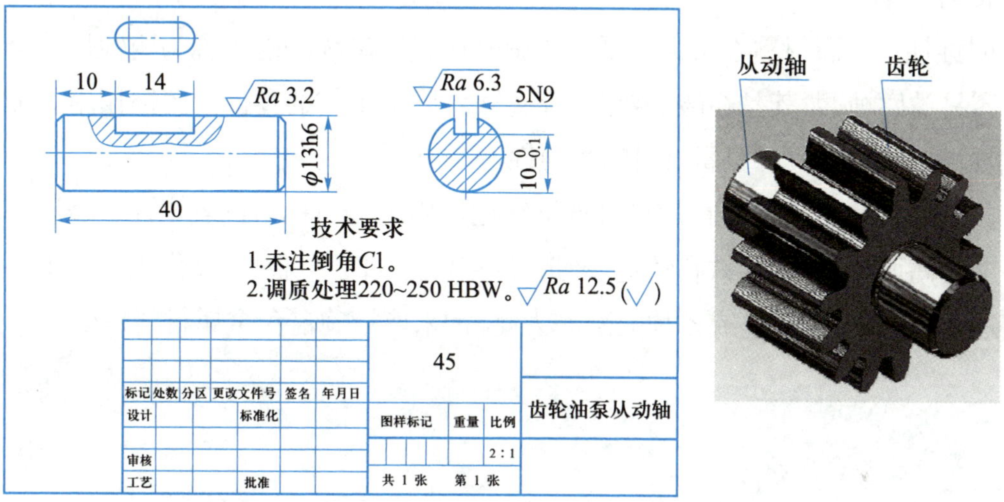

(a) 零件图 (b) 装配齿轮后的实物图

图 3-2 齿轮油泵从动轴

知识准备

一、金属材料的性能

金属材料的性能主要包括使用性能和工艺性能两方面。使用性能是金属材料在使用过程中所表现出来的性能，包括物理性能、化学性能、力学性能等，决定了材料的应用范围。

1. 金属材料的物理性能

物理性能是指金属材料在固态下所表现出的一系列性能，主要有密度、熔点、导热性、导电性、热膨胀性和磁性等。由于机器零件的用途不同，对其物理性能要求也有所不同，例如，飞机、航天器等，为了减轻自重，需要选择密度小而强度高的铝、镁、钛合金来制造；电器熔断器和防火安全阀用熔点低的金属制造；锅炉、加热炉燃烧室、发动机排气口用难熔金属制造；散热器、热交换器要选用导热性好的铜或铝制造；电线、电缆、电器元件用导电性好的金属制造；变压器、测量仪器用铁磁性材料制造；在制订焊接、热处理、铸造等工艺及测量工件的尺寸时，都要考虑到热膨胀的因素。试思考图 3-3 中各种结构的材料选择。

(a) 空间站　(b) 锅炉　(c) 家用散热器　(d) 变压器

图 3-3 物理性能与材料选择

2. 金属材料的化学性能

化学性能是指金属材料在室温或高温时抵抗各种化学介质作用时表现出来的性能，如耐蚀性和抗氧化性等。

（1）耐蚀性　金属材料在常温下抵抗周围介质腐蚀破坏的能力称为耐蚀性。金属材料在空气中很容易被腐蚀，尤其是在酸、碱和盐等腐蚀介质中工作的零件。腐蚀作用对金属的危害很大，选用材料时，必须考虑金属材料的耐蚀性。

（2）抗氧化性　金属材料在加热时抵抗氧化作用的能力称为抗氧化性。金属材料的氧化过程随温度升高而加速，如钢铁在铸造、锻造、焊接等热加工作业时，氧化比较严重。氧化不仅造成材料过量的损耗，也会形成各种缺陷。为此，常采取措施避免金属材料发生氧化。

做一做

观察周围的金属制品，说明密度、熔点、导热性、导电性、热膨胀性、磁性、耐蚀性和抗氧化性等对其使用性能的影响。

3. 金属材料的力学性能

金属材料的力学性能是指在外力（载荷）作用时所表现出来的性能，也称机械性能。

载荷按作用性质的不同分为静载荷和动载荷。静载荷是指大小不变或变化过程缓慢的载荷，金属材料在静载荷的作用下所表现出来的力学性能主要有强度、塑性、硬度等；动载荷主要指冲击载荷以及作用力大小和方向做周期性变化的交变载荷，在动载荷作用下表现出来的力学性能主要有冲击韧度、疲劳强度等。

（1）强度　强度是指材料在载荷作用下抵抗塑性变形或断裂的能力。在工程上一般用下屈服强度 R_{eL}（或规定塑性延伸强度 $R_{p0.2}$）、抗拉强度 R_m 作为强度的主要评定指标。

（2）塑性　塑性是材料在载荷作用下，断裂前产生塑性变形的能力。材料的塑性指标有断后伸长率 A 和断面收缩率 Z，A、Z 值越大，表示材料的塑性越好，塑性好的材料能比较容易地进行锻压、轧制等压力加工。

（3）硬度　材料抵抗其他更硬物体压入其表面的能力称为硬度，硬度是评定材料软硬程度的一种力学性能。一般情况下材料的硬度越高,其耐磨性就越好。在规定的静态试验载荷下,将压头压入材料表层,然后根据载荷的大小、压痕表面积或深度确定其硬度值。常用的硬度测定方法有布氏硬度、洛氏硬度和维氏硬度等试验方法,如图 3-4 所示。

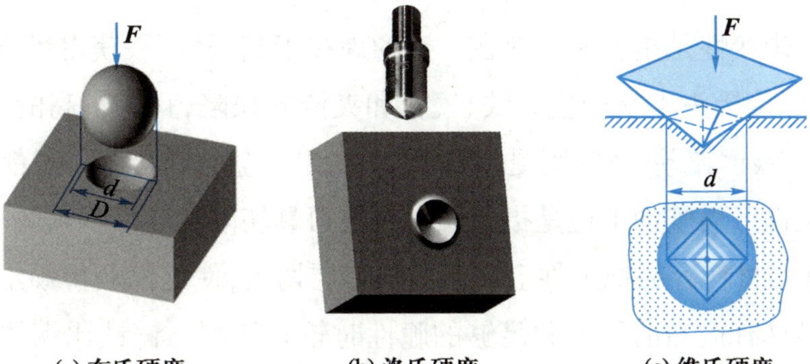

图 3-4　硬度的测定

1）布氏硬度　测定布氏硬度用硬质合金球压头,根据压痕单位面积上的载荷大小来计算硬度值,适用于测定硬度较低的材料,又因压痕较大,故不宜测定成品零件及薄片零件。布氏硬度的符号为 HBW,如 45 钢调质后的布氏硬度值为 220,表示为 220HBW。

2）洛氏硬度　洛氏硬度是采用顶角为 120° 的金刚石圆锥或直径为 1.588 mm 的硬质合金球为压头,根据压入深度来计算出材料的硬度值。洛氏硬度用符号 HR 表示,常用的洛氏硬度有 HRA、HRB、HRC 三个标尺,分别用于高硬度材料与钢材薄板、硬度较低的材料、硬度较高的材料。其中 HRC 应用最广,例如碳素工具钢 T10 的淬火硬度表示为 62 HRC。

3）维氏硬度　维氏硬度压头是两相对面夹角为 136° 的金刚石正四棱锥,根据压痕对角线长度 d 得到硬度值,其适用面广,软、硬、厚、薄的金属均可测量。维氏硬度用符号 HV 表示。

（4）冲击韧性　冲击韧性是指材料在冲击载荷作用下吸收塑性变形功和断裂功的能力,常用标准试样的冲击吸收能量来衡量,由冲击试验测得,它是将带有 U 形或 V 形缺口的标准试样放在冲击试验机上,用摆锤将试样冲断,所消耗的能量即为冲击吸收能量,分别用 KU 或 KV 表示,其单位为 J。KU 或 KV 的值越大,材料的韧性越好,能承受的冲击载荷越大。

（5）疲劳强度　金属材料在交变应力作用下,经历无限次循环而不破坏的最大应力称为疲劳强度或疲劳极限,详见项目二。

4. 金属材料的工艺性能

金属材料的工艺性能是指金属材料在制造、加工过程中所表现出来的各种性能,包括铸造性、锻压性、焊接性和切削加工性等。

（1）铸造性　金属材料适合于铸造成形的能力称为铸造性。金属材料熔化后的流动性以及金属在液态凝固和冷却过程中的收缩性,是决定铸造性能的主要因素。常用材料中,铸造铝合金和铜合金的铸造性能优于铸铁,而铸铁又优于铸钢。

（2）锻压性 锻压性是指金属材料能否用锻压方法制成优良锻压件的性能。锻压性与材料的塑性及其塑性变形抗力有关，材料的塑性好，变形抗力小，则锻压性也好。低碳钢的锻压性最好，中碳钢次之，高碳钢则较差；低合金钢锻压性近似于中碳钢，高合金钢锻压性比碳钢差。

（3）焊接性 焊接性是指金属材料在一定的焊接工艺条件下，获得优质焊接接头的能力。焊接性好的金属，焊接接头不易产生裂纹、气孔和夹渣等缺陷，且有较高的力学性能。低碳钢有较好的焊接性，高碳钢较差，铸铁则更差。铜合金、铝合金的焊接性一般都比碳钢差。

（4）切削加工性 切削加工性是指金属材料被刀具切削加工后而成为合格工件的难易程度。切削加工性好的材料容易把工件上多余的材料层切去，使工件获得规定的几何形状、尺寸和表面质量。材料具有适当的硬度和足够的脆性时较易切削。铸铁比钢的切削加工性好，碳钢比高合金钢的切削加工性好。

（5）热处理性 热处理性是指金属材料接受热处理的能力。热处理性包括淬透性、淬硬性、淬火变形开裂倾向、过热敏感性、回火脆性倾向、氧化脱碳倾向等。

做一做

到实习车间参观车刀、钻头、锯条等工具的使用情况，分析其使用要求及所使用材料的性能特点。

二、钢铁材料

钢铁材料是钢和铸铁的总称，也称黑色金属，是以铁和碳为主要元素的合金，故也称为铁碳合金，是工业上使用最多的金属材料。

钢是以铁为主要元素，碳的质量分数一般在 2.11% 以下，并含有其他元素的材料。

钢按化学成分可分为非合金钢（即碳钢）、低合金钢、合金钢。

1. 非合金钢

（1）非合金钢的分类 非合金钢的分类方法很多，比较常用的有三种。

1）按碳的质量分数分类 可分为：低碳钢（$w_C \leqslant 0.25\%$）、中碳钢（$0.25\% < w_C \leqslant 0.60\%$）和高碳钢（$w_C > 0.60\%$）。$w_C$ 表示碳的质量分数。

2）按钢的质量分类 可分为：普通质量非合金钢、优质非合金钢和特殊质量非合金钢，有害元素硫（S）、磷（P）的含量依次减少。

3）按钢的用途分类 分为碳素结构钢、优质碳素结构钢、非合金工具钢等。

（2）非合金钢的牌号和用途

1）碳素结构钢 这类钢主要保证力学性能，其牌号由代表屈服强度的字母“Q”、屈服强度数值、质量等级符号、脱氧方法符号等 4 个部分按顺序组成，例如：

Q　235-　A · F

- F：表示沸腾钢
- A：表示质量等级为A级
- 235：表示屈服强度不小于235 MPa
- Q：表示屈服强度（“屈”字的汉语拼音字首）

说明：质量等级分为 A、B、C、D 四级，钢材质量依次提高；脱氧方法符号有 F（沸腾钢）、Z（镇静钢）、TZ（特殊镇静钢），其中 Z 与 TZ 符号可以省略。

碳素结构钢的特点是冶炼容易，价格低廉，使用范围较广。一般情况下都不经热处理，而在供应状态下直接使用。通常 Q195、Q215、Q235 钢中碳的质量分数较低，焊接性能好，塑性、韧性好，有一定强度，常轧制成薄板、钢筋、焊接钢管等，用于桥梁、建筑等结构和制造普通铆钉、螺钉、螺母等零件。Q275 钢中碳的质量分数稍高，强度较高，塑性、韧性较好，可进行焊接，通常轧制成型钢、条钢和钢板作结构件以及制造简单机械的连杆、齿轮、联轴器、销等零件。

想一想

牌号 Q275C 表示什么含义？

2）优质碳素结构钢　这类钢必须同时保证化学成分和力学性能。其牌号采用两位数字表示钢中碳的平均质量分数的万分数（即 $w_C \times 10\ 000$）。例如，45 钢表示钢中碳的平均质量分数为 0.45%；08 钢表示钢中碳的平均质量分数为 0.08%。

优质碳素结构钢主要用于制造机器零件。一般都要经过热处理以提高力学性能。根据碳的质量分数不同，用途也不同的。表 3-1 给出了部分优质碳素结构钢的性能及用途。

表 3-1　部分优质碳素结构钢的性能及用途

牌号	w_C（%）	R_m /MPa	R_{eL} 或 $R_{p0.2}$/MPa	A（%）	Z（%）	K_U /J	硬度（未热处理）/HBW	应用举例
08	0.05 ~ 0.11	325	195	33	60	—	131	塑性好、韧性高，具有优良的冷成形性能和焊接性能，常冷轧成薄板，用于制作仪表外壳，汽车和拖拉机上的冷冲压件，如汽车车身、拖拉机驾驶室等
10	0.07 ~ 0.13	335	205	31	55	—	137	
20	0.17 ~ 0.23	410	245	25	55	—	156	强度低、塑性好，用于制作尺寸较小、负荷较轻、表面要求耐磨、心部强度要求不高的渗碳零件，如活塞销、样板等；也可用于制造焊接件、冲压件
25	0.22 ~ 0.29	450	275	23	50	71	170	

续表

牌号	w_C(%)	R_m/MPa	R_{eL} 或 $R_{p0.2}$/MPa	A(%)	Z(%)	K_U/J	硬度（未热处理）/HBW	应用举例
35	0.32～0.39	530	315	20	45	55	197	具有良好的综合力学性能，用于制作轴类、齿轮等零件。例如45钢常用于制造汽车、拖拉机的曲轴、一般机床主轴、机床齿轮和其他受力不大的轴类零件
45	0.42～0.50	600	355	16	40	39	229	
50	0.47～0.55	630	375	14	40	31	241	
60	0.57～0.65	675	400	12	35	—	255	具有高的弹性极限，常用于制作负荷不大、尺寸较小（截面尺寸小于12～15 mm）的弹簧、板簧，如调压和调速弹簧、柱塞弹簧、冷卷弹簧等
65	0.62～0.70	695	410	10	30	—	255	

如果优质碳素结构钢中锰的质量分数为0.70%～1.00%或更大，还应在其牌号后表示出元素符号“Mn”，如15Mn、65Mn。

想一想

牌号65表示什么含义？

3）非合金工具钢　非合金工具钢用于制造各种刃具、模具等，一般为高碳钢，在质量上都是优质钢或高级优质钢。这类钢的牌号用T+数字表示，其中“T”为“碳”字的汉语拼音字首，数字表示钢中碳的平均质量分数的千分数（即 $w_C\times1\,000$），例如T8表示钢中平均 w_C 为0.80%的非合金工具钢。

非合金工具钢经热处理（淬火＋低温回火）后具有高硬度，用于制造尺寸较小、要求耐磨性高的刃具和模具等，如锉刀、锯条等（图3-5）。非合金工具钢的牌号及用途见表3-2。

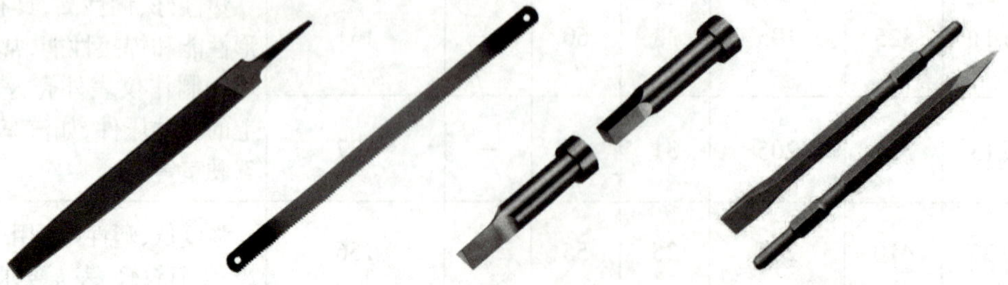

(a) 锉刀　(b) 锯条　(c) 冲头　(d) 凿

图3-5　碳素工具钢的应用

表 3-2　非合金工具钢的牌号及用途

牌号	w_C(%)	退火状态硬度 /HBW	应用
T7	0.65 ~ 0.74	187	用于制造承受冲击负荷不大,且要求具有适当硬度和耐磨性、较好韧性的工具
T8	0.75 ~ 0.84	187	适用于制作小型拉拔、拉伸、挤压模具
T8Mn	0.80 ~ 0.90	187	用于制造断面较大的木工工具、手用钢锯条、刻印工具、铆钉冲模、煤矿用凿等
T9	0.85 ~ 0.94	192	用于制造要求较高硬度且有一定韧性的各种工具,如刻印工具、铆钉冲模、冲头、木工工具、凿岩工具等
T10	0.95 ~ 1.04	197	适合制作要求耐磨性较高而受冲击载荷较小的模具
T11	1.05 ~ 1.14	207	用于制造在工作时切削刃不变热的工具,如锯、丝锥、锉刀、刮刀、扩孔钻、板牙、尺寸不大和断面无急剧变化的冷冲模及木工刀具等
T12	1.15 ~ 1.24	207	用于制造不受冲击负荷、切削速度不高、切削刃口不变热的工具,如车刀、铣刀、钻头、丝锥、锉刀、刮刀、扩孔钻、板牙及断面尺寸小的冷切边模和冲孔模等
T13	1.25 ~ 1.35	217	用于制造不受冲击负荷,但要求极高硬度的金属切削工具,如剃刀、刮刀、拉丝工具、锉刀、刻纹用工具,以及坚硬岩石加工用工具和雕刻用工具等

注:表中的钢可供应高级优质钢,此时牌号后加“A”,如 T12A。

想一想

牌号 T10A 表示什么含义?

2. 合金钢

合金钢是指在碳钢的基础上加入其他合金元素形成的钢。常用的合金元素有硅 Si、锰 Mn、钨 W、钼 Mo、铬 Cr、镍 Ni 等,加入合金元素的种类、数量不同,则钢的性能、用途也有所不同。其中加入钼、铬、镍可以提高钢的强度和韧性,而钨元素是提高热硬性及耐磨性的主要元素。

合金钢的分类方法很多,最常用的是按用途分为合金结构钢、合金工具钢和特殊性能钢。

(1) 合金结构钢　合金结构钢主要用于制造重要工程结构和机器零件,它是工业上应用最广、用量最多的钢种,一般分为两大类:工程用合金结构钢和机械制造用合金结构钢(图 3-6)。

(a) 工程用合金结构钢　　(b) 机械制造用合金结构钢

图 3-6　合金结构钢应用

1）工程用合金结构钢　制造承受载荷的工程结构所用的钢称为工程用合金结构钢，也称为建筑结构钢。常用的有低合金高强度结构钢、低合金耐候钢和低合金专用钢等。

低合金高强度结构钢是最常用的一种，是在碳素结构钢的基础上加入少量合金元素而成。其牌号含义与碳素结构钢相同，如 Q355B、Q390D、Q420B、Q460C 等。可见低合金高强度结构钢的强度显著高于相同碳量的碳素结构钢，并具有较好的塑性、韧性以及良好的焊接性和耐大气腐蚀性，用这类钢制作大型构件不仅安全可靠，而且减轻自重、节约钢材。因此，广泛用于在大气和海洋中工作的大型焊接结构件，如建筑结构、桥梁、车辆、船舶、输油输气管道、压力容器等。

2）机械制造用合金结构钢　这类钢是在优质或高级优质碳素结构钢的基础上加入少量合金元素制成的合金结构钢。大多需经过热处理后才能使用，按其用途和热处理特点可分为合金渗碳钢、合金调质钢、合金弹簧钢、滚动轴承钢等。前三类钢的牌号用两位数字 + 化学元素符号 + 数字表示，前面的两位数字表示钢中碳的平均质量分数的万分数，后面的数字表示钢中合金元素的平均质量分数的百分数。如 60Si2Mn，表示平均 w_C=0.6%、平均 w_{Si}=2%、平均 w_{Mn}< 1.5%（当元素的质量分数 < 1.5% 时，只标元素符号而不标质量分数）。

常用的合金渗碳钢、合金调质钢、合金弹簧钢的性能及应用见表 3-3。

表 3-3　常用合金渗碳钢、合金调质钢、合金弹簧钢的性能及应用

类别	牌号	w_C（%）	R_m /MPa	R_{eL} 或 $R_{p0.2}$ /MPa	A（%）	Z（%）	K_U /J	退火或高温回火硬度 /HBW	应用举例
合金渗碳钢	20 Cr	0.18 ~ 0.24	835	540	10	40	47	179	齿轮、链轮、小轴、活塞销等
	20CrMnTi	0.17 ~ 0.23	1 080	850	10	45	55	217	汽车、拖拉机上的变速箱齿轮
合金调质钢	35SiMn	0.32 ~ 0.40	885	735	15	45	47	229	除低温（<-20 ℃）韧性稍差外，可全面代替 40Cr
	40Cr	0.37 ~ 0.44	980	785	9	45	47	207	作重要调质件，如轴类、链轮、连杆螺栓、进气阀和重要齿轮等

续表

类别	牌号	w_C(%)	R_m /MPa	R_{eL} 或 $R_{p0.2}$ /MPa	A (%)	Z (%)	K_U /J	退火或高温回火硬度 /HBW	应用举例
合金调质钢	40MnB	0.37～0.44	980	785	10	45	47	207	代替直径小于 50 mm 的 40Cr 作重要螺栓和轴类件等
	38CrMoAl	0.35～0.42	980	835	14	50	71	229	作渗氮零件，如精密机床主轴、高压阀门、缸套等
合金弹簧钢	65Mn	0.62～0.70	980	785	8	30	—	—	截面 <25 mm 的各种螺旋弹簧、板弹簧
	60Si2Mn	0.56～0.64	1 570	1 375	5	20	—	—	
	55CrMnA	0.52～0.60	1 225	1 080	9	20	—	—	车辆、拖拉机上用直径 <50 mm 的圆弹簧和板弹簧

注：合金弹簧钢的 A 为 $A_{11.3}$。

① 合金渗碳钢　指经过渗碳热处理后使用的低碳合金结构钢，其碳的质量分数 w_C 一般为 0.10%～0.25%，主要用于制造在摩擦力、交变接触应力和冲击条件下工作的零件，如汽车、拖拉机、重型机床中的齿轮，内燃机的凸轮轴等。20CrMnTi 是应用最广泛的合金渗碳钢。

② 合金调质钢　指经过调质处理后使用的中碳合金结构钢，其碳的质量分数 w_C 一般为 0.25%～0.50%，用于受力复杂、要求综合力学性能好的重要零件，如精密机床的主轴、汽车的后桥半轴、发动机的曲轴、连杆、高强度螺栓、锻床的锤杆等。40Cr 钢是最常用的合金调质钢，其强度比 40 钢高 20%。

③ 合金弹簧钢　合金弹簧钢是弹性好且用于制造弹簧或弹性元件的合金钢，其碳的质量分数 w_C 一般为 0.50%～0.70%。具有高的弹性极限和屈服强度，还具有较高的疲劳强度和足够的塑性、韧性。主要用于制造机械及仪表中的弹簧，如汽车、拖拉机和火车上的板弹簧和螺旋弹簧等。60Si2Mn 是最常用的合金弹簧钢。

④ 滚动轴承钢　滚动轴承钢是一种高碳低铬钢，具有高的接触疲劳强度、高而均匀的硬度和耐磨性及一定的韧性和耐蚀性能，用于制造滚动轴承的套圈和滚动体等，也可用于制作精密量具、冷冲模、机床丝杠及柴油机油泵等精密零件，如针阀体、柱塞、柱塞套等。中、小尺寸轴承零件可选用 G8Cr15、GCr15，大尺寸轴承零件可选用 GCr15SiMn、GCr15SiMo、GCr18Mo 制造，牌号前面的 G 为“滚”字的汉语拼音字首。

想一想

牌号 Q355 表示什么含义？牌号 40Cr 表示什么含义？

（2）合金工具钢　工具钢用于制造各种量具、刃具、模具等，按其化学成分可分为非合金工具钢、合金工模具钢和高速工具钢三类。非合金工具钢前面已作介绍。

1）合金工模具钢　包括量具刃具钢、冷作模具钢、热作模具钢和塑料模具钢等。其牌号表示方法与机械制造用合金结构钢大致相同，也是用数字 + 合金元素符号 + 数字表示，差别是前面的数字表示钢中碳的平均质量分数的千分数，且钢中平均 $w_C \geqslant 1\%$ 时不标此数字。如 9Mn2V 表示平均 w_C=0.9%、平均 w_{Mn}=2%、平均 $w_V < 1.5\%$（V 表示钒）；Cr06 表示平均 w_C>1.0%、平均 w_{Cr}=0.6%。

① 量具刃具钢　量具刃具钢主要用于制造低速切削刃具（如木工工具、钳工工具、钻头、铣刀和拉刀等）及测量工具（如卡尺、千分尺、量块和样板等）。量具刃具钢的 w_C 为 0.80% ~ 1.50%，以保证高的硬度和耐磨性。加入的合金元素有 Cr、Si、Mn、W 等。9SiCr 是应用广泛的刃具钢，用于制作要求变形小的各种薄刃低速切削刃具，如板牙、丝锥、铰刀等；高精度量具（如量块）可采用 Cr2、CrWMn 等制造，如图 3-7 所示。

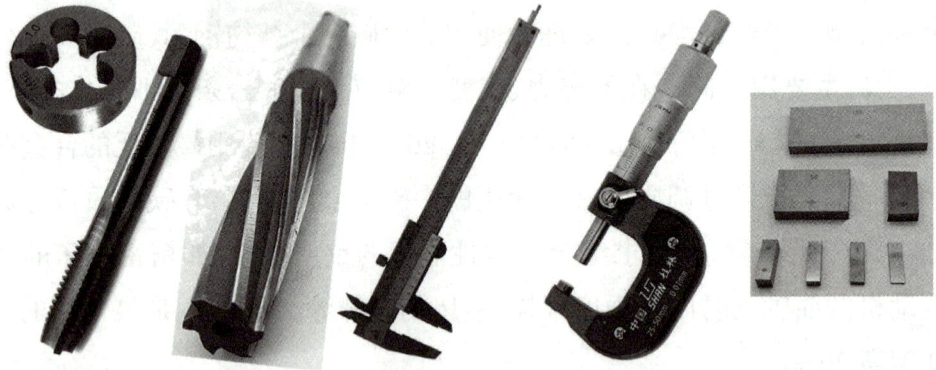

(a) 板牙与丝锥　(b) 铰刀　(c) 游标卡尺　(d) 千分尺　(e) 量块

图 3-7　量具与刃具

② 冷作模具钢　冷作模具用于冷态金属的加工，如冷冲模、冷挤压模和剪切模等均属冷作模具，工作温度低于 300 ℃。冷作模具钢的 w_C 为 1.0% ~ 2.0%。高含碳量是为了获得高硬度和高耐磨性。加入的合金元素有 Cr、Mo、W、V 等。最常用的冷作模具钢为 Cr12、Cr12MoV，常用于大型冷作模具，如图 3-8 所示。尺寸较小的冷作模具可选用低合金冷作模具钢 CrWMn 等。

③ 热作模具钢　热作模具用于热态金属的加工，如热锻模、压铸模和热挤压模等均属热作模具，型腔表面工作温度达 600 ℃。热作模具钢的 w_C 为 0.3% ~ 0.6%（中碳）。若含碳量过高，则塑性、韧性不足，含碳量过低，则硬度、耐磨性不足。加入的合金元素有 Cr、Mn、Ni、Mo、W、Si 等。5CrMnMo 和 5CrNiMo 是最常用的热作模具钢，具有较高的强度、韧性和耐磨性，优良的淬透性和良好的耐热疲劳性，5CrMnMo 常用来制造中小型热锻模具，5CrNiMo 常用于制造大中型热锻模具，如图 3-9 所示。对于受静压力作用的模具（如压铸模、挤压模等），应选用 3Cr2W8V 或 4Cr5W2VSi 钢。

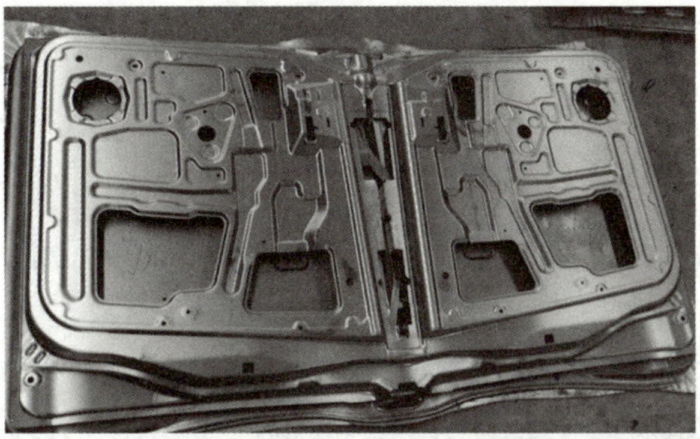

图 3-8　大型冷作模具（汽车冲压模具）

图 3-9　大中型热锻模具（曲轴锻模）

④ 塑料模具钢　塑料模具钢是制造塑料模具用的钢种，常用的有 3Cr2Mo、3Cr2MnNiMo，主要用于制造形状复杂、精密、大型的塑料模具，如图 3-10 所示。

2）高速工具钢　高速工具钢是用于制造高速切削刃具的钢种，简称高速钢，俗称锋钢或白钢，含有较多碳、钨、钼、铬、钒，具有高硬度、高耐磨性和高耐热性。常用的高速钢有 W18Cr4V、W6Mo5Cr4V2 等，用于制造切削速度高且形状较复杂的刃具，如铣刀、铰刀、拉刀、滚刀、麻花钻等，如图 3-11 所示。除制造刃具外，高速工具钢还广泛应用于冷作模具和热作模具。

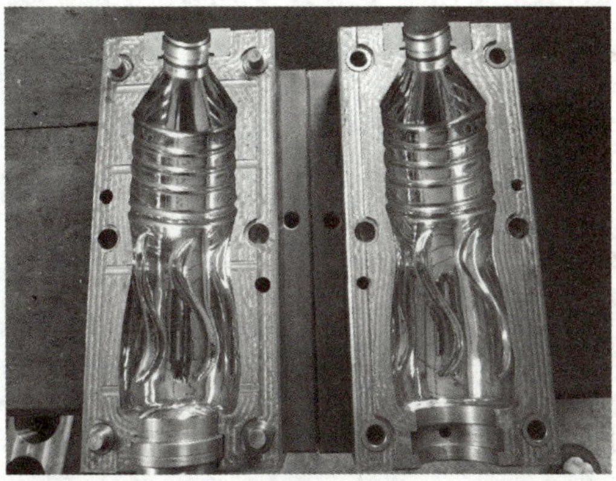

图 3-10　塑料模具

图 3-11　高速钢刃具

高速工具钢牌号与合金工模具钢大致相同，差别是不论 w_C 是否大于 1%，都不标牌号最前面的数字，如 W18Cr4V，实际 w_C 为 0.7%～0.8%，其他含义同合金工模具钢一样。

想一想

牌号 9SiCr、W18Cr4V、Cr12MoV、5CrNiMo 各表示什么含义？碳的质量分数各是多少？

知识卡片 新型合金工具钢

近年来为了提高工具的寿命，适应产业发展，并结合我国矿产资源情况，我国企业相继研制出一些具有高强度、高韧性的工具钢，例如，基体钢，如65Cr4W3Mo2VNb（代号65Nb）；冷作模具钢，如7Cr7Mo3VSi（代号LD1）；热作模具钢，如35Cr3Mo3W2V（代号HM-1）。

（3）特殊性能钢 特殊性能钢是指具有特殊物理、化学、力学性能的钢种，如不锈钢、耐热钢、低温钢及耐磨钢。

1）不锈钢 在自然环境或一定工业介质中具有耐腐蚀性能的钢称为不锈钢。用于制造要求耐腐蚀的零件或工具，如化工管道、阀门、泵、压力容器、反应堆包壳管和回路管道、手术刀和滚动轴承等。常用的不锈钢有12Cr13（S41010）、20Cr13（S42020）、30Cr13（S42030）、06Cr13Al（S11348）、10Cr17（S11710）、06Cr19Ni10（S30408）、06Cr17Ni12Mo2（S31608）等。

知识卡片 304与316不锈钢

304不锈钢是按照美国ASTM标准生产的不锈钢的一个牌号，相当于国家标准牌号06Cr19Ni10，具有良好的耐蚀性、耐热性，低温强度和机械特性，冲压、弯曲等加工性好，可焊接，无磁性。适合用于板式换热器、波纹管、家庭用品（餐具、橱柜、室内管线、热水器、锅炉、浴缸）、医疗器具、建材、化学、食品工业、农业、船舶部件等。304不锈钢是公认的食品级不锈钢。316不锈钢相当于国家标准牌号06Cr17Ni12Mo2，耐腐蚀性更好，可用于制作抗硫酸、磷酸、蚁酸以及醋酸等腐蚀介质的设备。

2）耐热钢 在高温下具有高热稳定性和热强度的特殊钢称为耐热钢，根据性能特点分为抗氧化钢和热强钢。它们主要用于制造工业加热炉、高压锅炉、汽轮机、内燃机、航空发动机、热交换器等在高温下工作的构件和零件。如14Cr11MoV可在500 ℃以下工作，最宜制造汽轮机的叶片；42Cr9Si2用于制造使用温度低于750 ℃的发动机排气阀。

3）低温钢 用于工作温度在0 ℃以下的零件和结构件的钢种称为低温钢。

4）耐磨钢 用于制造高耐磨零件及构件的钢种称为耐磨钢。如ZGMn13（铸钢）耐磨性特别好，并可在冲击与压力条件下工作，用于制作坦克、拖拉机、挖掘机的履带板，破碎机的牙板，铁路道岔等。

想一想

牌号 06Cr19Ni10、42Cr9Si2 各表示什么含义？

3. 铸钢

铸钢是可将熔炼好的钢液直接铸成零件或毛坯的钢种。与铸铁相比，铸钢的力学性能，特别是抗拉强度、塑性、韧性较高，但铸造性较铸铁差。因此，铸钢一般应用于较重要、形状复杂而且要求具有较高综合力学性能的结构件，如机架、缸体、齿轮、连杆等。

铸钢的牌号是用字母“ZG”加两组数字组成。其中，“ZG”是“铸钢”两字汉语拼音首字母；第一组数字表示屈服强度值（MPa）；第二组数字表示抗拉强度值（MPa），如 ZG200-400。

铸造状态使用的合金钢，又称为合金铸钢。低、中合金铸钢主要用来制作一般机械结构件；高合金铸钢有特殊性能，如耐磨铸钢、不锈耐酸铸钢、耐热铸钢、铸造合金工具钢等。

想一想

牌号 ZG200-400 表示什么含义？

知识卡片　碳的质量分数对钢力学性能的影响及钢铁材料的选用

随着钢中碳的质量分数 w_C 的增加，钢的强度和硬度不断升高，塑性、韧性不断降低。当 w_C>0.9% 之后，虽然硬度升高，但强度下降，塑性、韧性继续降低。所以工业上应用的碳钢中 w_C 一般不大于 1.4%。

建筑结构和各种型钢要求好的塑性、韧性，应选用 w_C 较低（w_C<0.25%）的钢材；机械零件要求强度、塑性及韧性都比较好，应选用 w_C= 0.30%～0.55% 的钢材；各种工具要求硬度高、耐磨性好，选用 w_C= 0.77%～1.2% 的钢材。

4. 铸铁

铸铁是碳的质量分数 w_C 大于 2.11% 的铁碳合金的总称，铸铁还含有硅、锰、硫、磷等元素。与钢相比，铸铁抗拉强度、塑性、韧性较低，但却具有优良的铸造性能、耐磨性、减摩性、减振性和可加工性，而且生产工艺简单、加工成本低，因此应用广泛。铸铁不能进行锻造、轧制等压力加工，只能用铸造等工艺方法加工成形，图 3-12 所示为铸铁零件。

铸铁的种类很多，工业上根据铸铁中碳（石墨）的形态，可分为灰铸铁、可锻铸铁、球墨铸铁、蠕墨铸铁等。

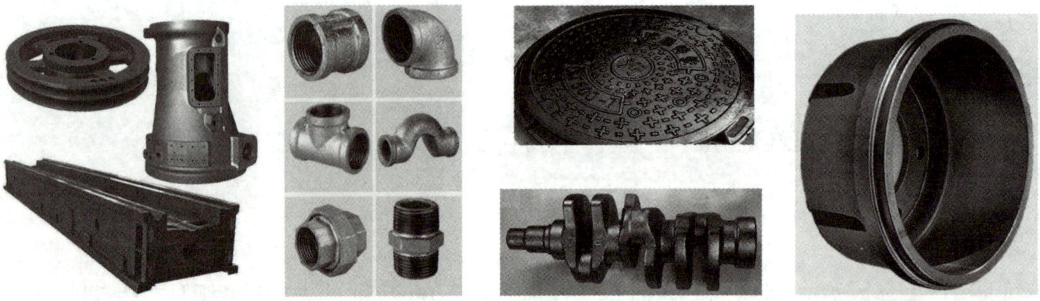

(a) 灰铸铁带轮、箱体和床身 (b) 可锻铸铁管件 (c) 球墨铸铁井盖、曲轴 (d) 蠕墨铸铁制动毂

图 3-12 铸铁零件

（1）灰铸铁 指碳主要以片状石墨形态存在的铸铁，其断口呈灰色，简称灰铁。灰铸铁的牌号由字母 HT+ 数字组成。其中，“HT” 是 “灰铁” 两字汉语拼音首字母，其后的数字表示最小抗拉强度（MPa）。如 HT100 表示最小抗拉强度为 100 MPa 的灰铸铁。

灰铸铁具有高的抗压强度、优良的耐磨性和减振性，低的缺口敏感性（不容易产生应力集中），虽然抗拉强度与塑性远比钢低，但生产工艺简单、价格低廉，广泛地用来制造各种受力不大或以承受压应力为主、要求减振性好的零件，如机床导轨、床身和机架，以及结构复杂的壳体与箱体、承受摩擦的缸体。

想一想

牌号 HT300 表示什么含义？

（2）可锻铸铁 指碳主要以团絮状石墨形态存在的铸铁，俗称玛钢。将白口铸铁进行退火处理使渗碳体分解，可形成团絮状石墨。可锻铸铁的牌号是由字母 KTH（或 KTZ）+ 两组数字组成。其中，“KT” 是 “可铁” 两字汉语拼音首字母；第三个字母代表类别，“H” 表示 “黑心”，“Z” 表示 “珠光体”；其后的两组数字分别表示最小抗拉强度（MPa）和最小伸长率。如 KTH300-06 表示最小抗拉强度为 300 MPa、最小伸长率为 6% 的黑心可锻铸铁。

可锻铸铁强度、塑性及韧性均比灰铸铁高，某些可锻铸铁可与铸钢媲美，但是不能锻造，通常可用于铸造形状复杂、要求承受冲击载荷的薄壁零件，如汽车、拖拉机的前后轮壳、减速器壳、转向节壳、管道弯头等。但由于其生产周期长，工艺复杂，成本高，不少可锻铸铁零件已逐渐被球墨铸铁所代替。

想一想

牌号 KTH650-02 表示什么含义？

知识卡片 白口铸铁

白口铸铁中的碳几乎全部以Fe_3C（渗碳体——一种铁和碳形成的化合物）形式存在，断口呈银白色，由此得名。它具有很大的硬度和脆性、不易加工，除用作少数不受冲击的耐磨零件外，主要用于生产可锻铸铁和作为炼钢原料。

（3）球墨铸铁　指碳主要以球状石墨形态存在的铸铁，简称球铁。为了使石墨呈球形，浇注前需向液态铸铁中加入一定量的球化剂。球墨铸铁的牌号用字母QT+两组数字表示。其中，“QT”是“球铁”两字汉语拼音首字母；其后的两组数字分别表示最小抗拉强度（MPa）和最小伸长率。如QT500-7表示最小抗拉强度为500 MPa、最小伸长率为7%的球墨铸铁。

球墨铸铁既具有灰铸铁的优点，如良好的铸造性、耐磨性、切削加工性及低的缺口敏感性，又具有与中碳钢媲美的抗拉强度、弯曲疲劳强度及良好的塑性与韧性，生产工艺比可锻铸铁简单。所以，生产上已用球墨铸铁代替中碳钢及中碳合金钢（如45钢、42CrMo等）制造发动机的曲轴、连杆、凸轮轴和机床的主轴等。

想一想

牌号QT700-2表示什么含义？

（4）蠕墨铸铁　蠕墨铸铁是指石墨以蠕虫状形态存在的铸铁。蠕墨铸铁的牌号用字母RuT+数字表示。其中，“RuT”是“蠕铁”两字汉语拼音字母；其后的数字表示最小抗拉强度（MPa）。如RuT350表示最小抗拉强度为350 MPa的蠕墨铸铁。

蠕墨铸铁的抗拉强度、塑性、疲劳强度等均优于灰铸铁，某些牌号性能接近低强度的球墨铸铁。此外，这类铸铁的导热性、铸造性、切削加工性均与灰铸铁相近，而优于球墨铸铁。常用于制造在热循环载荷条件下工作的零件，如钢锭模、玻璃模具、柴油机气缸、气缸盖、排气管、制动件等，以及结构复杂、要求高强度的铸件，如液压阀的阀体、耐压泵的泵体等。

想一想

比较四种铸铁强度的大小，了解四种铸铁的显微组织（主要是石墨的形态），从石墨对基体的切割作用的角度，说明四种铸铁强度差别的原因。

知识卡片 合金铸铁

元素硅、锰高于普通铸铁规定含量或含有其他合金元素，具有较高力学性能或某种特殊性能的铸铁，称为合金铸铁。常用的合金铸铁有耐磨铸铁、耐热铸铁、耐蚀铸铁等。

三、钢的热处理

热处理是在固态下通过加热、保温和冷却的方法，改变合金的内部组织，从而获得所需性能的一种工艺方法。主要分为普通热处理和表面热处理。

1. 普通热处理

普通热处理是将工件整体进行加热、保温和冷却，包括退火、正火、淬火和回火四种。

（1）退火　退火是将钢加热到适当的温度（如 45 钢为 820～840 ℃），保温一定时间后，以十分缓慢的速度进行冷却（炉冷、坑冷、灰冷）的一种工艺方法。其目的是改善组织，细化晶粒，降低硬度，改善切削加工性。最常用的退火工艺有完全退火、球化退火和去应力退火等。

（2）正火　正火是将钢加热到适当的温度（如 45 钢为 840～870 ℃），保温后从炉中取出在空气中冷却的一种工艺方法。正火的目的是对普通结构件细化组织，适当提高硬度和强度，作为最终热处理；对低、中碳钢作为预备热处理，改善切削加工性，并做组织准备。

知识卡片 退火与正火的比较

退火与正火加热温度稍有不同，都是对工件的毛坯作预备热处理，为切削加工或淬火等后续工序做组织准备，正火也作为最终热处理用来提高硬度和强度。此外，正火的冷却速度较快、生产周期短，若退火与正火同样能达到零件性能要求时，尽量选用正火。

（3）淬火　淬火是将钢加热到适当的温度（如 45 钢的淬火温度为 820～860 ℃），保温一定时间后快速冷却（一般为油冷或水冷）的一种工艺方法。常用的淬火介质除水、油外还有碱、盐类水溶液。淬火的目的是提高钢的强度、硬度和耐磨性，但塑性和韧性会明显下降。此外，工件淬火后内部有较大的应力，容易产生变形、开裂等缺陷（图 3-13a），为防止变形、开裂，淬火后应及时回火。

（4）回火　回火是将淬火钢重新加热至 727 ℃以下的某一温度，保温一定时间后冷却至室温的一种工艺方法。回火的目的是降低淬火钢的脆性，减小或消除内应力，使组织趋于稳定并获得所需要的力学性能。根据回火温度的不同分为低温回火、中温回火和高温回火三种，图 3-13 所示是几种需要回火的零件。

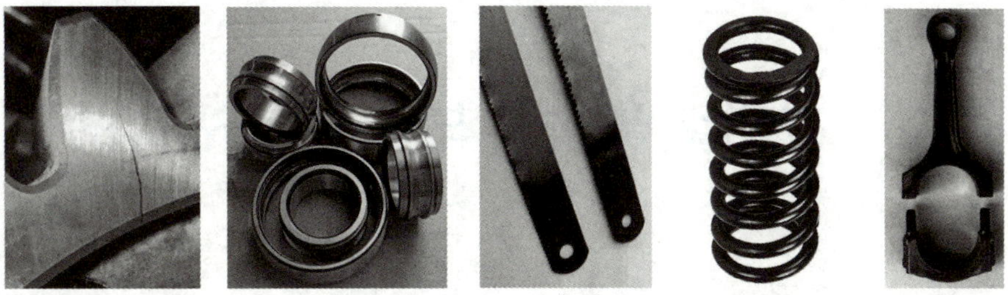

(a) 齿轮淬火裂纹　(b) 轴承　(c) 锯条　(d) 弹簧　(e) 连杆

图 3-13　需要回火的零件

工业上将工件淬火并高温回火的复合热处理工艺称为调质处理（简称调质）。中碳钢和中碳合金钢件，经调质后具有适当的强度与足够的塑性和韧性，即良好的综合力学性能，是轴、齿轮、连杆、螺栓等零件常用的热处理方法。

2. 表面热处理

仅对工件表层一定深度进行的热处理工艺称为表面热处理，主要是通过改变工件表层的组织，或既改变工件表层的组织又改变其化学成分，以改变其表层性能的工艺方法。常用的表面热处理有表面淬火和表面化学热处理两大类。

（1）表面淬火　钢的表面淬火是将工件表面快速加热到淬火温度，然后迅速冷却，使工件表面得到一定深度的淬硬层，而心部仍保持未淬火状态的组织的热处理工艺。表面淬火主要有火焰淬火、感应淬火、激光淬火等。

（2）表面化学热处理　将工件置于某种化学介质中，通过加热、保温和冷却使介质中某些元素渗入工件表层，从而使其表面具有与心部不同性能的热处理方式称为表面化学热处理。主要特点是改变工件表层的化学成分和组织，使工件表层不仅与心部组织不同，而且成分也不同。最常用的方法是渗碳、渗氮和碳氮共渗。

任务实施

图 3-2 所示齿轮油泵从动轴属于轴类零件，其作用是支承齿轮回转。它的中间段与齿轮采用普通平键连接，两端由泵体的内孔支承并在孔内旋转。

（1）材料　作为用来制造轴的材料要具有足够的强度、刚度和良好的切削加工性。常用材料有优质碳素结构钢（如 45 钢）、合金钢（如 40Cr、40MnB、38SiMnMo）等。该从动轴的材料为 45 钢，属于中碳钢。

（2）热处理及硬度要求　为了提高从动轴的力学性能，采用淬火后高温回火的复合热处理方法，即调质处理，并要求布氏硬度为 220 ~ 250 HBW，调质处理后的钢件具有一定的强度、硬度，又有较好的塑性和韧性，即具有良好的综合力学性能，以满足该轴的使用要求。

任务二 有色金属材料与非金属材料的应用

任务目标

1. 了解常用有色金属材料的分类、牌号、性能和应用。

*2. 了解非金属材料和复合材料的特性、分类和应用。

任务描述

自行车是人们日常生活中常用的交通工具。近年来，随着科技水平的不断提高，制造自行车的材料也发生了很大的变化。图 3-14 所示为一辆普通的自行车，试分析链轮、车座、车胎、车架、车圈和车把各零件所用的材料，并说明使用该材料的原因。

图 3-14 自行车

知识准备

一、有色金属材料

工业上通常把除钢铁材料（即黑色金属）以外的其他金属材料统称为有色金属。与钢铁材料相比，有色金属材料具有许多优良特性，如特殊的电、磁、热性能，耐蚀性能，高的比强度（材料强度和密度的比值）等。在机械制造中广泛使用的是铝、铜、钛及其合金等。

1. 铝及铝合金

（1）纯铝 纯铝的特点是密度小、导热性好、导电性好、塑性好，但强度不高，主要用来制作电线、电缆、铝型材、散热器及强度要求不高的日用品。

（2）铝合金　在纯铝中加入合金元素（如铜 Cu、锰 Mn、硅 Si、镁 Mg、锌 Zn 等）形成铝合金，可使其力学性能大大提高，但仍保持其密度小、耐蚀的优点。根据铝合金的成分和工艺特点可将铝合金分为变形铝合金与铸造铝合金两大类。

1）变形铝合金　变形铝合金具有良好的塑性，可通过压力加工（轧、挤、拉等）方法制成型材、棒料、板、管、线、箔等半成品，主要用于制造航空器材、生产线设备骨架、建筑用门窗等。

变形铝合金牌号用四位字符体系（一位数字＋英文大写字母＋两位数字）来表示，第一位数字表示组别，组别按主合金元素划分：2 为铝铜合金、3 为铝锰合金、4 为铝硅合金、5 为铝镁合金、6 为铝镁硅合金（以 Mg_2Si 为强化项）、7 为铝锌合金等；第二位的字母为 A 表示原始合金，为 B 表示原始合金的改型合金。例如，2A01 表示铝铜原始合金，5B05 表示铝镁改型合金。

变形铝合金按性能和用途可分为防锈铝、硬铝、超硬铝、锻铝等。

2）铸造铝合金　铸造铝合金具有良好的铸造性能，可进行各种铸造成形，生产形状复杂的零件毛坯，但力学性能不如变形铝合金，主要分为铝硅合金、铝铜合金、铝镁合金及铝锌合金四种，以铝硅合金应用最多。

铸造铝合金的牌号表示方法：ZAl＋元素符号＋平均质量分数。如 ZAlSi12 表示 w_{Si}=12%、余量为铝的铝硅合金，可制造形状复杂的仪表外壳、抽水机壳体等；ZAlCu5Mn 表示 w_{Cu}=5%、w_{Mn} < 1%、余量为铝的铝铜合金，可制造高温下工作的内燃机气缸头、活塞等。

2. 铜及铜合金

（1）纯铜　纯铜是玫瑰红色的金属，表面形成氧化铜膜后，外观呈紫红色，俗称紫铜，具有优良的导电性、导热性，抗大气腐蚀，塑性很好。工业上纯铜用电解方法提炼，含有极少量杂质，称为加工铜，牌号有 T1、T2、T3，其中“T”是“铜”字汉语拼音首字母，数字表示顺序号，数字越大则纯度越低。纯铜由于强度、硬度低，不宜作受力结构件，主要用于制造电线、电缆、电子元件、散热器、制冷产品中的冷冻蒸发器、接头、阀门等。

（2）铜合金　铜合金是以铜为基体，加入合金元素形成的合金。与纯铜比较，铜合金不仅强度高，而且分别具有某些优良的物理、化学性能，在工业中得到广泛应用。根据主加入的合金元素，铜合金分为黄铜、白铜、青铜三类。黄铜是以锌为主要添加元素的铜合金，白铜是以镍为主要添加元素的铜合金，青铜是除黄铜和白铜外，其余铜合金的总称。根据加工方法不同，又分为压力加工铜合金和铸造铜合金。

1）黄铜　按照化学成分的不同，黄铜又分为普通黄铜和特殊黄铜。

① 普通黄铜　普通黄铜是铜和锌的二元合金。普通黄铜具有优良的耐蚀性能，其牌号用“黄”字汉语拼音首字母 H+ 平均铜的质量分数的百分数表示。如 H68 表示 w_{Cu}=68％、w_{Zn}=32％的普通黄铜。普通黄铜用于制造弹壳、散热器、油管、垫圈、螺母、金属网及艺术品等，常用的牌号有 H90、H80、H70、H62。

② 特殊黄铜 特殊黄铜是除铜与锌外，还加入其他合金元素的黄铜。例如，加入铝 Al、硅 Si、锡 Sn 可提高耐蚀性；加入铅 Pb 可改善切削加工性。如 HPb59-1 表示 w_{Cu}=59%、w_{Pb}=1%，余量为锌的铅黄铜。

黄铜除采用压力加工成形外，亦可采用铸造成形，铸造普通黄铜、特殊黄铜牌号用 ZCu + 元素符号 + 平均质量分数表示，规则与铸造铝合金牌号类似。如 ZCuZn38 表示 w_{Zn}=38%，其余为铜的铸造普通黄铜；ZCuZn16Si4 表示 w_{Zn}=16%，w_{Si}=4%，其余为铜的铸造硅黄铜。

图 3-15a、b、c 所示为黄铜制品。

(a) 黄铜乐器 (b) 黄铜紧固件 (c) 黄铜阀门 (d) 青铜蜗轮 (e) 青铜螺母

图 3-15 铜合金制品

想一想

牌号 H62、ZCuZn40Pb2 表示什么含义？

2）青铜 按成分不同，青铜可分为普通青铜（锡青铜）和特殊青铜（不含锡的青铜）两类，按加工方法不同，又分为压力加工青铜和铸造青铜两类。

① 锡青铜 以锡为主要添加元素的铜合金称为锡青铜。锡青铜的强度、耐磨性、耐蚀性比黄铜好，具有摩擦因数小、无磁性等特点，广泛用于制造轴承、仪表弹簧、蜗轮、泵体等。

② 特殊青铜 按主要添加元素分为铝青铜、铍青铜、硅青铜、铅青铜、锰青铜等。其中以铝青铜应用最普遍，铍青铜性能最优良（铍的元素符号 Be）。

铝青铜比黄铜和锡青铜有更好的耐蚀性，同时具有较高的强度、硬度和较好的塑性，但收缩率比锡青铜大。铝青铜常用来制造在海水和较高温度下工作的高强度耐磨零件，如轴承、齿轮、蜗轮等。

铍青铜有较高的强度、硬度，同时还具有良好的耐蚀性、耐疲劳性、导电性和导热性，是一种综合性能较好的结构材料，主要用于制造各种精密仪器、仪表中的弹性零件和耐蚀、耐磨零件，如钟表齿轮、航海罗盘等。铍青铜价格贵，生产工艺复杂，应用受到限制。

青铜的牌号用“青”字汉语拼音首字母 Q+ 主加元素符号及其平均质量分数的百分数 +

其他元素平均质量分数的百分数组成，如 QSn4-3 表示 w_{Sn}=4%，含其他元素锌 w_{Zn}=3%，其余为铜的锡青铜；QBe2 表示 w_{Be}=2%，其余为铜的铍青铜。铸造青铜的牌号表示方法与铸造黄铜相同。如 ZCuSn10P1 表示 w_{Sn}=10%，w_{P}=1%，其余为铜的铸造锡青铜。

图 3-15d、e 所示为青铜制品。

知识卡片　中国古代青铜器

锡青铜是铸造收缩率最小的非铁金属，所铸造的大型、复杂铸件，形状逼真、变形小。我国古代文物重器很多采用锡青铜铸造。

（1）后母戊鼎是商后期铸品，重 832.84 kg，鼎身铸有精巧的盘龙纹、饕餮纹、蝉纹，线条清晰，工艺精巧。后母戊鼎含铜 84.77%、锡 11.64%、铅 2.79%，如图 3-16a 所示。

（2）越王勾践剑是春秋晚期越国青铜兵器，重 875 g，主要用锡青铜铸成，含有少量的铝和微量的镍、硫。表面铸有精细花纹，剑刃锋利，如图 3-16 b 所示。

(a) 后母戊鼎

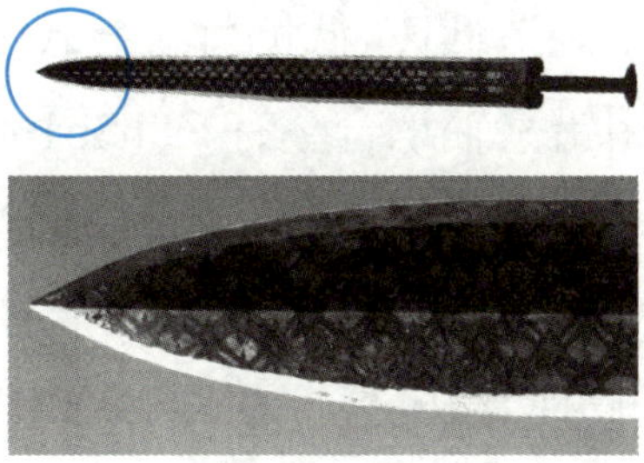

(b) 越王勾践剑

图 3-16　中国古代青铜器

3）白铜　主要用来制造精密机械零件、仪表零件、医疗器材、电阻器、加热器和热电偶等。

3. 钛及钛合金

（1）纯钛　纯钛呈银白色，具有密度小、熔点高，塑性好、比强度高，易于冷加工成形，蚀性好等特点。工业纯钛牌号用“TA”＋顺序号表示，如 TA0、TA1、TA2、TA3、TA4 等，顺序号越大，纯度越低。常用于制作 350 ℃以下工作、强度要求不高的零件及冲压件，如石油化工用热交换器、海水净化装置及船舰零部件。

（2）钛合金　纯钛的强度很低，为提高其强度，常在钛中加入合金元素制成钛合金。常加入的合金元素有铝、锆、钼、钒、锰、铬、铁等。根据退火或淬火状态的组织，将钛合金分为三类：α 型钛合金、β 型钛合金及（α+β）型钛合金，牌号分别用 TA、TB、TC 表示，如 TA5 及以后顺序号为 α 型钛合金；TC4 为（α+β）型钛合金。钛合金主要用于制作航空发动机压气机的部件，火箭、导弹、高速飞机的外壳、结构件等。

4. 滑动轴承合金

在滑动轴承（图 3-17）中，制造轴瓦或内衬的合金称为轴承合金。常用的轴承合金有锡基轴承合金、铅基轴承合金、铝基轴承合金等，其中前两者又称巴氏合金。

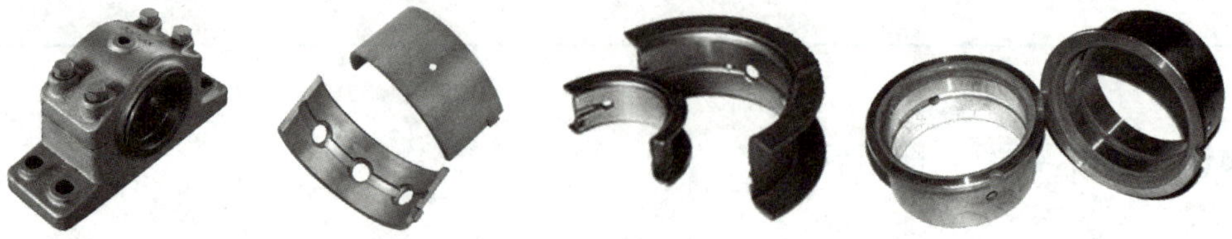

(a) 滑动轴承组件　(b) 轴瓦　(c) 轴瓦　(d) 轴套

图 3-17　滑动轴承

（1）锡基轴承合金　锡基轴承合金是以锡 Sn 为基体，加入少量锑 Sb、铜 Cu 等元素组成的合金，适合于制作重要轴承，如重型动力机械、汽轮机、涡轮压缩机和高速内燃机的滑动轴承。常用锡基轴承合金有 ZSnSb11Cu6、ZSnSb4Cu4。

（2）铅基轴承合金　铅基轴承合金是以铅 Pb 为基体，加入锑 Sb、锡 Sn、铜 Cu 等合金元素组成的合金。适合于制造低速、低负荷或静载中负荷机器的轴承，如汽车、拖拉机曲轴轴承，铁路车辆轴承等。常用铅基轴承合金有 ZPbSb16Sn16Cu2、ZPbSb15Sn10。

（3）铝基轴承合金　铝基轴承合金是以铝为基体，加入锡 Sn、锑 Sb、铜 Cu、镁 Mg、碳 C 等元素组成的合金，适用于高速、重载下工作的轴承，目前在汽车、拖拉机、内燃机车上广泛应用，但铝基轴承合金的膨胀系数较大，抗咬合性不如巴氏合金。常用牌号如 ZAlSn6Cu1Ni1。

做一做

观察日常生活和生产中所使用的有色金属材料与钢铁材料，各有哪些特点？

*二、非金属材料

工业中除大量使用金属材料外，非金属材料在近几十年来也有了迅速的发展，并得到越来越广泛的应用。常用的有塑料、橡胶、陶瓷材料等。

1. 塑料

塑料是以单体为原料，通过加聚或缩聚反应聚合而成的高分子化合物，常按以下方法分类。

（1）按树脂的性质分类　可分为热塑性塑料和热固性塑料。

1）热塑性塑料　这类塑料受热软化或熔融，可塑造成型，冷却后成型固化，此过程可反复进行而基本性能不变。这类塑料的特点是力学性能较高，成型工艺简单，耐热性、刚性较差，使用温度低于 120 ℃。常用品种有聚乙烯（PE）、聚氯乙烯（PVC）、聚苯乙烯（EPS）、聚丙烯（PP）、ABS 塑料、聚酰胺（PA，尼龙）等，如图 3-18a、b、c 所示。

2）热固性塑料　这类塑料加热时软化，可塑造成型，一经固化，再加热将不再软化，也不溶于溶剂，只能塑制一次。这类塑料的特点是有较好的耐热性和抗蠕变性，受压时不易变形，但强度不高，成型工艺复杂，生产率低。常用品种有酚醛塑料（PF，电木、胶木，图 3-18d）、氨基塑料（UF）、环氧树脂（EP）、有机硅树脂（SI）等。

知识卡片　热塑性塑料与热固性塑料的区别方法

点燃塑料，热塑性塑料会燃烧发软甚至熔化，而热固性塑料不会燃烧也不会软化。

（2）按塑料使用范围分类　可分为通用塑料、工程塑料和特种塑料。

1）通用塑料　通用塑料是指那些产量大、用途广、价格低的常用塑料，主要包括聚乙烯、聚氯乙烯、聚苯乙烯、聚丙烯、酚醛塑料和氨基塑料等。它们的产量占塑料总产量的 75% 以上，主要用于制造日常生活用品、包装材料和一般小型机械零件。

2）工程塑料　工程塑料是指在工程中作结构材料的塑料，这类塑料一般具有较高的强度或具备耐高温、耐蚀、耐磨性等良好性能，因而可代替金属作某些机械构件，但其产量较小、价格较高。常用的工程塑料有聚碳酸酯、聚酰胺、聚甲醛、聚砜、ABS 塑料、聚甲基丙烯酸甲酯（有机玻璃）、聚四氟乙烯、环氧树脂等。工程塑料制品如图 3-18 所示。

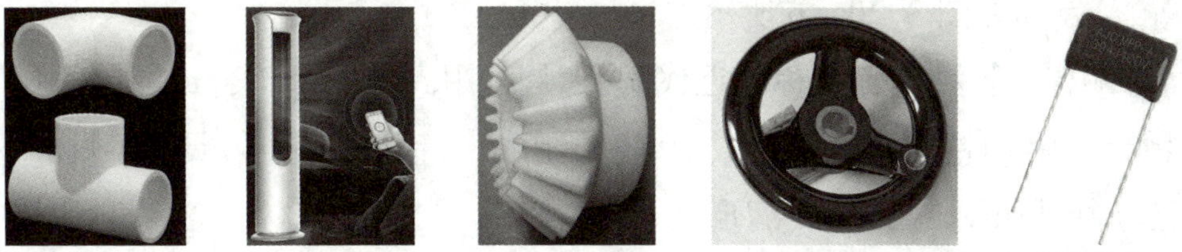

(a) PP 热熔管件　(b) ABS 空调外壳　(c) 尼龙齿轮　(d) 酚醛塑料手轮　(e) 树脂涂装

图 3-18　工程塑料制品

3）特种塑料　塑料通过各种措施加以改性和增强，得到具有特殊性能的特种塑料，如医用塑料、耐高温塑、导磁塑料、导电塑料等。这类塑料产量少、价格贵，只用于特殊需要的场合。

（3）塑料的性能及应用　塑料具有密度小、电绝缘性好、比强度高、耐蚀性好、耐磨和自润滑性好，还具有透光、隔热、消音、吸振等优点，但也存在强度低、耐热性差、容易蠕变和老化等缺点。现已有几百种工程塑料在工业生产中被广泛应用，主要用于绝缘材料、建筑材料等。

2. 橡胶

橡胶是一种具有高弹性的有机高分子材料，一般橡胶在 -40～80 ℃范围内具有高弹性，某些特种橡胶在 -100 ℃的低温和 200 ℃高温下都保持高弹性。橡胶还具有优良的伸缩性、良好的储能能力和耐磨、隔声、阻尼、绝缘等性能。广泛用于制作密封件、减振件、传送带、轮胎和电线护套等橡胶制品，如图 3-19 所示。

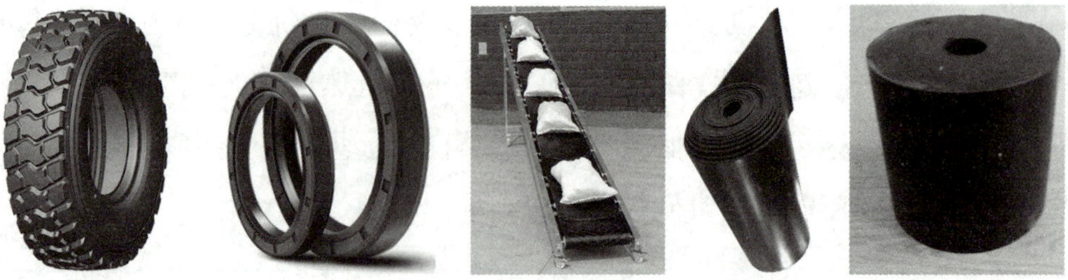

(a) 轮胎 (b) 密封圈 (c) 传送带 (d) 绝缘橡胶板 (e) 橡胶弹簧

图 3-19 橡胶制品

橡胶按原料来源分为天然橡胶和合成橡胶两大类;按应用范围又分为通用橡胶和特种橡胶两大类。通用橡胶是指用于制造轮胎、工业用品、日常生活用品的橡胶;特种橡胶是指在特殊条件(如高温、低温、酸、碱、油、辐射等)下使用的橡胶。

3. 陶瓷材料

陶瓷是一种无机非金属固体材料。其特点是高硬度、高耐磨性、高抗压强度、高熔点、高化学稳定性、耐高温、耐腐蚀,但抗拉强度低,脆性大。此外,大多数陶瓷可作绝缘材料,有的可作半导体材料、压电材料、热电和磁性材料,在工业上的应用日益广泛。

陶瓷材料的分类方法很多。按原料来源不同,可将陶瓷分为普通陶瓷和特种陶瓷。

(1) 普通陶瓷 普通陶瓷又称为传统陶瓷,以天然硅酸盐矿物(如长石、黏土和石英等)为原料,经原料加工、成形、烧结而成,主要制品有日用餐具、卫浴、建筑装饰材料、电气绝缘材料、耐酸砖等,其制品如图 3-20a、b 所示。

(2) 特种陶瓷 特种陶瓷又称为近代陶瓷,是采用高纯度人工合成的原料(如氧化物、氮化物、碳化物等),利用精密控制工艺成形、烧结制成。特种陶瓷一般具有某些特殊性能,以适应各种需要,其制品如图 3-20c、d、e 所示。

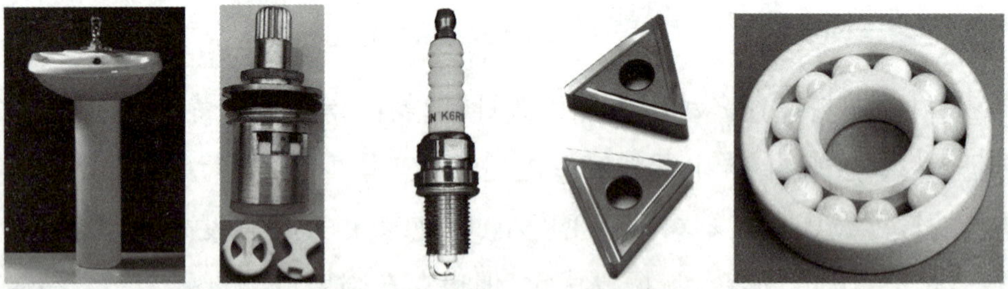

(a) 陶瓷面盆 (b) 水龙头阀芯 (c) 火花塞 (d) 金属陶瓷刀片 (e) 陶瓷轴承

图 3-20 陶瓷制品

三、复合材料

复合材料是指由两种或两种以上不同性质的材料,通过不同的工艺方法人工合成的多相材料。一般由基体材料和增强材料两部分组成,通常强度高、脆性大的材料作增强材料,强度低、韧性好的材料作基体材料。因此复合材料不仅具有各组成材料的优点,而且还可以获得单一材料所不具备的优良综合性能，如高的比强度、较好的疲劳强度和耐腐蚀、耐热、耐磨性，同时还有一定的减振性，是一种大有发展前途的新型工程材料。

复合材料按基体材料的不同可分为金属基和非金属基两大类。非金属基复合材料又分为树脂基复合材料（如玻璃钢，图3-21a）和陶瓷基复合材料（如混凝土）两类。

复合材料按增强材料的几何形状可分为纤维增强复合材料（如V带，图3-21b）、叠层复合材料（如钢塑复合管，图3-21c）、颗粒增强复合材料（如金属陶瓷，图3-20d）三类。

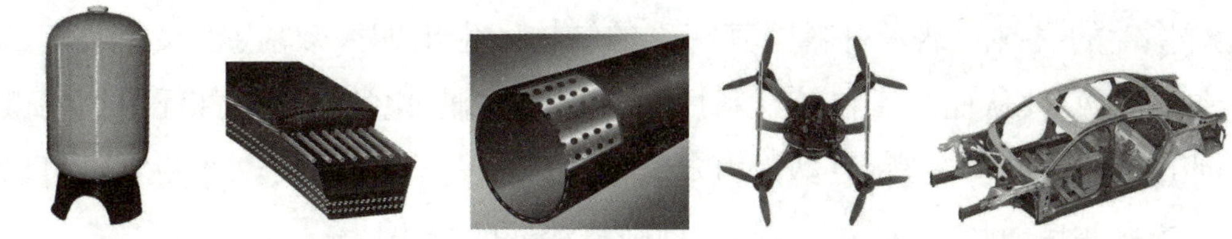

(a) 玻璃钢容器　(b) V带　(c) 钢塑复合管　(d) 飞行器旋翼　(e) 碳纤维复合材料

图3-21　复合材料制品

做一做

非金属材料在日常生活中应用十分普遍（如瓷碗、自行车车胎等）。找一找，还有哪些地方用到非金属材料？

任务实施

自行车的结构虽然简单，但是制造所用材料品种繁多，有钢铁材料、有色金属材料，还有非金属材料。图3-14所示自行车各个部分所用材料简要分析如下：

（1）链轮　链轮是一种要求耐磨性很高的零件。链传动工作时，链轮轮齿受力的作用，链与链轮之间有冲击和摩擦，故链轮应有一定的强度和高的耐磨性。该自行车的链轮选用40钢（优质碳素结构钢），经淬火、回火处理，以获得较高的硬度和耐磨性。

（2）车座与车胎　这两部分既要耐磨，又要有一定的缓冲能力，而橡胶是一种具有高弹性的有机高分子材料，还有优良的伸缩性、良好的储能能力和耐磨性能。该自行车的内、外胎分别采用的是丁基橡胶和顺丁橡胶，车座用的是氯丁橡胶，可以满足使用要求。

（3）车架、车圈和车把　这三者主要起支承作用，需要承受一定的载荷，因此要具有足够的强度和刚度，同时要求重量轻、美观。为满足这些要求，三者采用铝合金材料，因为铝合金材质具有重量轻、不易生锈的优点，力学性能不比普通的碳钢差，所以广泛用于制造自行车车圈、汽车轮毂、气泵外壳等。

任务拓展

*功能材料简介

功能材料是指以特殊的电、磁、声、光、热、力、化学及生物学等性能作为主要性能指标的一类材料。功能材料类别较多,现介绍以下三种。

1. 纳米材料

纳米材料是指在三维空间中至少有一维尺度处于纳米范围(一般为 1 ~ 100 nm),并由此具有某些新特性的材料。纳米材料因其特殊的结构产生出四大效应:小尺寸效应、量子效应、表面效应和界面效应,从而具有传统材料所不具备的物理、化学特性。如无摩擦的微型纳米轴承在运动时几乎没有摩擦和磨损;纳米电动机的长度比火柴杆还短;纳米机器人可以进入体内发现并精准杀死变异细胞、细菌和病毒,清理肺最深处的尘土。

2. 超导材料

超导现象指材料的电阻随温度降低而减小并最终出现零电阻,且具有抗磁性的现象,这类材料被称为超导材料。应用举例:① 电力输送与储存,使用零电阻的超导体输电,大大减少了电能损耗。② 磁流体发电,具有效率高、起动快、环境污染小、结构简单、便于制造等优点。③ 磁悬浮列车(图 3-22a),具有低噪声、低能耗、无污染、安全舒适和高速高效的特点。④ 超导计算机,用超导传输线来完成计算机中元器件之间的信号传输,具有无损耗和低色散的特点。

3. 形状记忆材料

形状记忆材料是指具有如下特殊性能的一类材料:将具有某种初始形状的制品进行变形后,通过加热等手段处理时,制品又恢复到初始形状。例如,用形状记忆材料制成碗状月面天线,经压缩后装到运载火箭上,发射到月球表面后,通过太阳能加热而恢复原形,成为正常工作的碗状月面天线(图 3-22b)。

(a) 磁悬浮列车　　(b) 碗状月面天线

图 3-22 新型工程材料应用

阅读材料

增强环保意识——可降解塑料的启示

塑料因轻便价廉及众多性能优点，在许多领域被广泛应用，但是使用后的塑料如果处理不当就会对环境造成严重污染。可降解塑料为我们解决了这一难题。

可降解塑料是指在生产过程中加入一定量的添加剂（如淀粉、改性淀粉或其他纤维素、光敏剂、生物降解剂等），使其稳定性下降，使用后在自然环境条件下能降解成对环境无害物质的塑料。其品种有光降解塑料、生物降解塑料、光－氧化/生物全面降解塑料、二氧化碳基生物降解塑料、热塑淀粉树脂降解塑料等。

不仅仅是塑料，其他材料（如废旧金属）也要进行回收利用，一方面可节约资源，另一方面可以减少对环境的危害；对废旧玻璃、陶瓷等，更要作好回收利用或无害化处理。

项目四

螺　　纹

项目介绍

在机械设备中,带有螺纹的零件到处可见,其用途主要有两类,一是利用螺纹将各种零部件按一定的要求连接起来,即螺纹连接;二是利用螺旋机构实现传动,把回转运动变为直线运动,即螺旋传动。如图 4-1 所示,减速器箱座与箱盖使用螺栓连接,箱座使用地脚螺栓固定在基础上,数控机床、千斤顶、千分尺、活扳手等都能见到螺旋传动的应用。

本项目学习螺纹连接及螺旋传动的基本知识,并学习螺纹连接的拆卸方法。

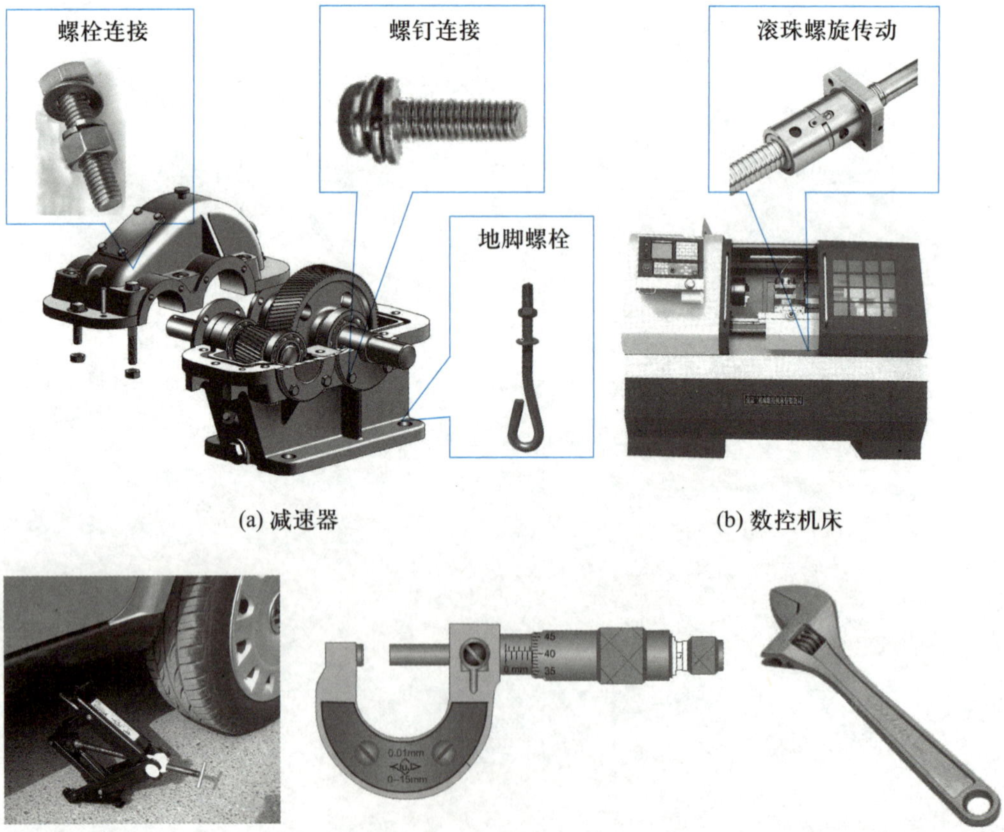

(a) 减速器　(b) 数控机床

(c) 千斤顶　(d) 千分尺　(e) 活扳手

图 4-1　螺纹的应用

任务一　螺纹连接的拆卸和装配

任务目标

1. 认识螺纹的形成、种类及主要参数，了解常见的螺纹连接件。
2. 掌握螺纹连接的基本形式和应用特点。
3. 掌握螺纹连接的预紧、防松和拆卸的方法。

任务描述

如图 4-1a 所示，减速器箱座与箱盖使用螺栓连接，端盖与箱座、箱盖使用螺钉连接。试拆卸和装配这些连接，并分析拆卸和装配这些连接时可能出现的问题及解决方法。

知识准备

一、螺纹

1. 螺纹的形成与种类

在圆柱或圆锥表面上，沿螺旋线所形成的具有相同剖面的连续沟槽和凸起称为螺纹，一般将其称为“牙”。螺纹是机械零件上常用的一种结构。

在圆柱或圆锥外表面上形成的螺纹称为外螺纹（图 4-2a、c），在内孔表面上形成的螺纹称为内螺纹（图 4-2b、d），内、外螺纹一般成对使用。

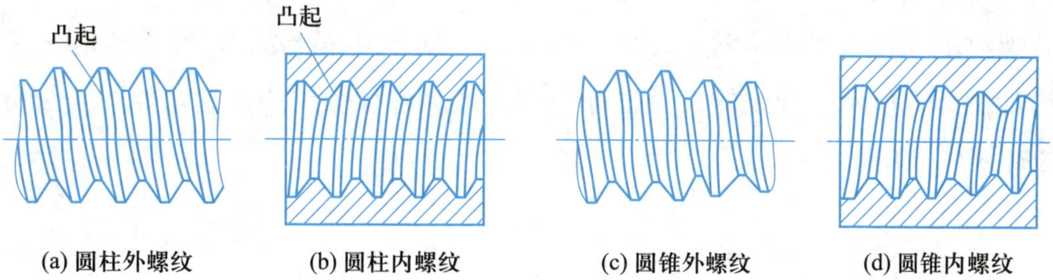

图 4-2　螺纹

根据牙型的不同（螺纹形成的剖面形状），螺纹可分为普通螺纹、管螺纹、矩形螺纹、梯形螺纹和锯齿形螺纹等，如图 4-3 所示。前两种主要用于连接，后三种主要用于传动。

根据螺旋线的数目，螺纹可分为单线（图 4-4a）、双线（图 4-4b）和多线螺纹（图 4-4c 所示为三线）。按螺旋线旋绕方向不同，螺纹分为逆时针旋入的左旋螺纹（图 4-5a）和顺时针旋入的右旋螺纹（图 4-5b），其中右旋螺纹较为常用。外螺纹旋向判别的直观方法：将螺纹轴线竖直放置，可见螺纹牙由左向右升高时为右旋，反之为左旋。

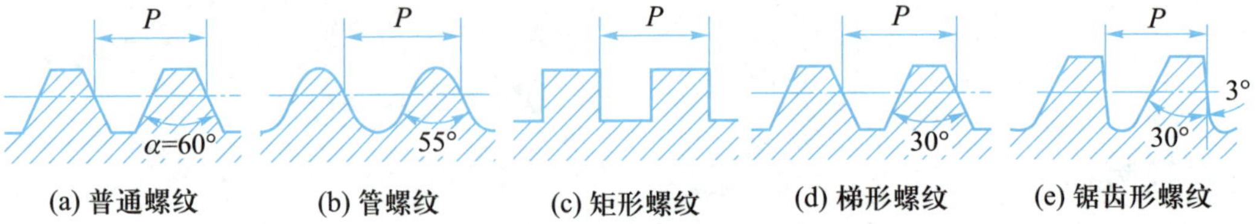

图 4-3 螺纹的牙型

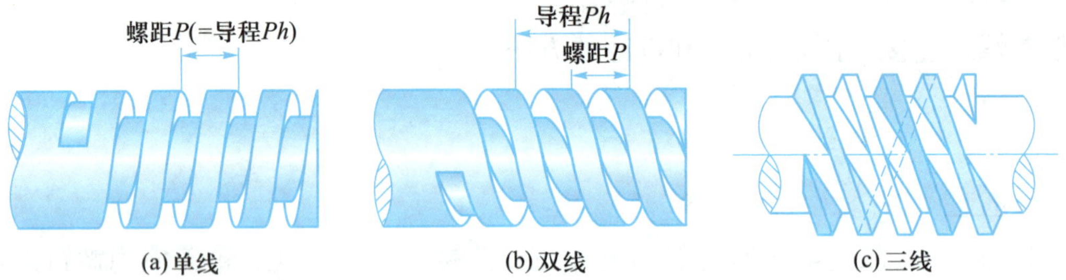

图 4-4 螺纹的线数

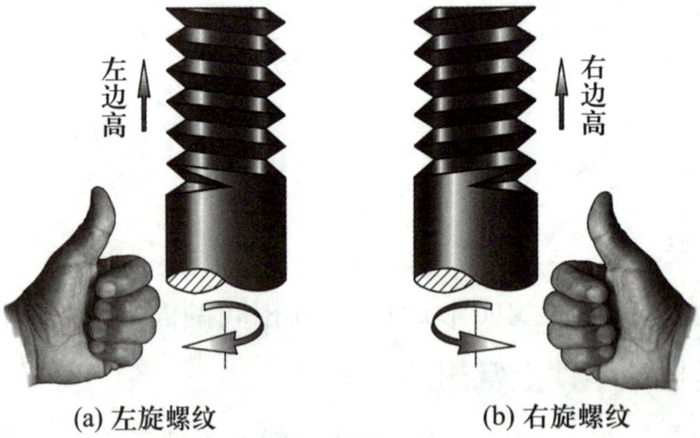

图 4-5 外螺纹的旋向及判别

2. 螺纹的主要参数

普通螺纹的主要参数有大径（d、D）、小径（d_1、D_1）、中径（d_2、D_2）、牙型角 α、螺距 P、导程 Ph 等，如图 4-6 所示。螺纹的大径也称公称直径。各种螺纹的牙型角如图 4-3 所示，最常用的普通螺纹牙型角 α=60°。

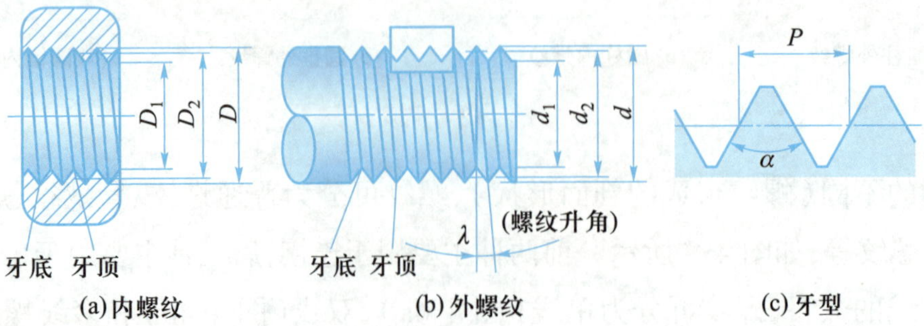

图 4-6 圆柱螺纹的主要参数

螺距 P 是指相邻两牙在中径线上对应两点间的轴向距离。导程 Ph 是指同一螺旋线上相邻两牙在中径线上对应两点间的轴向距离。若螺纹线数为 n，导程与螺距的关系为

$$Ph=nP$$

内、外螺纹的牙型、大径、旋向、线数和螺距一致才能互相旋合。

想一想

观察图 4-4、图 4-6 所示的螺纹，分别说明其牙型、螺纹的线数及旋向。

二、螺纹连接的形式

螺纹连接是一种可拆卸连接，具有结构简单、固定可靠、拆装方便的特点，在机器中广泛应用。螺纹连接的基本形式、特点和应用见表 4-1。

表 4-1 螺纹连接的基本形式、特点和应用

形式	图示	特点	应用
螺栓连接	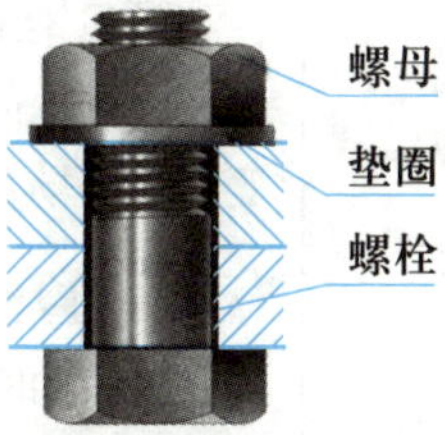	结构简单，装拆方便，成本低，应用广泛	用于两被连接件厚度不大且均能加工通孔的场合
双头螺柱连接	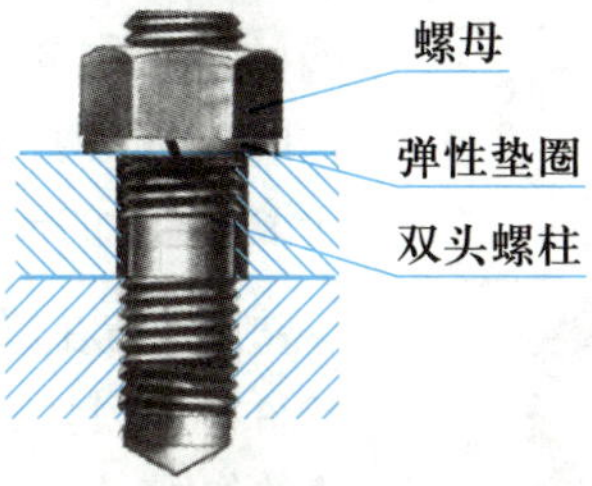	双头螺柱的两端均有螺纹，旋入端拧入被连接件之一的螺纹孔中，装上另一个被连接件后，加垫圈并用螺母紧固。拆卸时，只需拧下螺母，故被连接件上的螺纹不易损坏	用于被连接件之一太厚或受结构限制不便加工通孔，且需经常拆卸的场合
螺钉连接		螺钉（或螺栓）穿过一个被连接件上的通孔而直接拧入另一个被连接件的螺纹孔内并紧固，结构比双头螺柱连接简单、紧凑。若经常拆卸，被连接件上的螺纹易损坏	用于被连接件之一较厚，不便加工通孔，且不必经常拆卸的场合
紧定螺钉连接	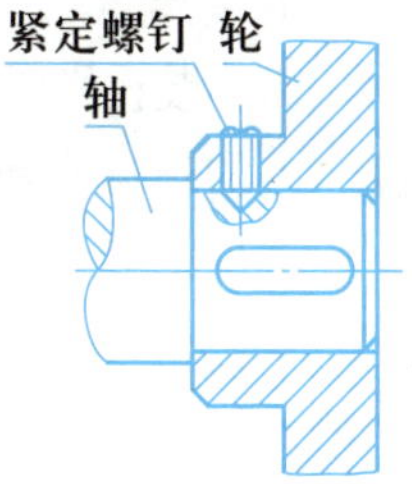	紧定螺钉拧入一个被连接件上的螺纹孔，并用其末端顶住另一零件的表面或顶入相应的凹坑中	用于固定两被连接件的相互位置，并可传递不大的力或转矩

做一做

观察自行车及我们周围的日常用品使用了哪些螺纹连接？属于什么形式？

三、螺纹连接件

螺纹连接件的类型很多，其结构形式和尺寸多数已标准化。表4-2列出部分常用标准螺纹连接件。

表 4-2 常用标准螺纹连接件

名称	图示	结构特点和应用
六角头螺栓		种类很多，应用最广，精度分为A、B、C三级，通用机械制造中多用C级。螺栓杆部可制出一段螺纹或全螺纹
地脚螺栓	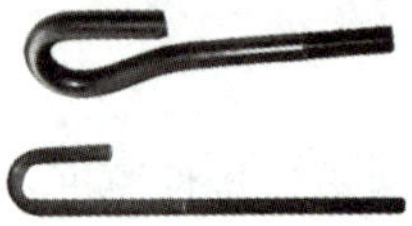	用于在混凝土基础上固定设备机座或机架
双头螺柱		螺柱两端都制有螺纹，两端螺纹可相同或不同。一端用于旋入螺纹孔中，旋入后不再拆卸，另一端用于安装螺母以固定其他零件
开槽沉头螺钉		螺钉头部形状有圆柱头、盘头、沉头等，用于要求结构紧凑的场合
开槽圆柱头螺钉		
内六角圆柱头螺钉		能承受较大的扳手力矩，连接强度高，可代替六角头螺栓，用于要求结构紧凑的场合
紧定螺钉		常用的末端形状有锥端、平端和圆柱端，用于固定两机件的相对位置
六角螺母		根据螺母厚度不同，分为标准和薄两种。螺母的制造精度和螺栓相同，分为A、D、C三级，分别与相同级别的螺栓配用
六角开槽螺母	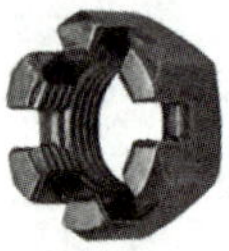	与开口销配用起防松作用，工作可靠；用于振动、变载荷等场合
圆螺母		圆螺母常与止动垫圈配用，装配时将垫圈内舌插入轴上的槽内，而将垫圈的外舌嵌入圆螺母的槽内，螺母即被锁紧，常用于滚动轴承的轴向固定
止动垫圈		
平垫圈		垫圈放置在螺母和被连接件之间，起保护支承表面等作用
标准型弹簧垫圈		放置在螺母下面用来防止螺母松动，适用于装拆频繁的部位
吊环螺钉		装在机器或大型零部件的顶盖或外壳上，便于起吊重物

四、螺纹连接的预紧

1. 螺纹连接预紧

螺纹连接装配时一般都要拧紧，使连接螺纹在承受工作载荷之前，预先受到力的作用，这就是螺纹连接的预紧，拧紧时预加在螺纹连接件上的力称为预紧力。预紧的目的是为了增加螺栓头、螺母、垫圈和被连接件之间的摩擦力，使连接牢固可靠。要合理控制预紧力的大小，预紧力太小，连接达不到紧固要求；预紧力太大，连接件容易过载断裂。

2. 螺纹连接预紧和装拆工具

螺纹连接预紧和装拆常用工具有螺钉旋具（如一字螺丝刀、十字螺丝刀、快速旋具以及弯头旋具）和扳手（图 4-7）等。对于预紧力无明确要求的螺纹连接，可以使用普通扳手、电动扳手或气动扳手拧紧，凭操作者的经验、手感去判断预紧力是否适当；有预紧力要求的螺纹连接，采用控制转矩法、控制转角法、控制螺栓伸长法，保证准确的预紧力。

(a) 普通扳手　(b) 电动扳手　(c) 气动扳手

图 4-7　扳手

知识卡片　控制螺栓预紧力的方法

控制转矩法是用力矩扳手预紧使预紧力达到要求值，常用定力矩扳手、测力矩扳手预紧，如图 4-8 所示。控制转角法是将螺母拧紧消除间隙后，再将螺母扭转一定的角度使预紧力达到要求。控制螺栓伸长法是用加力的方法将螺栓拉到规定的伸长量使预紧力达到要求。

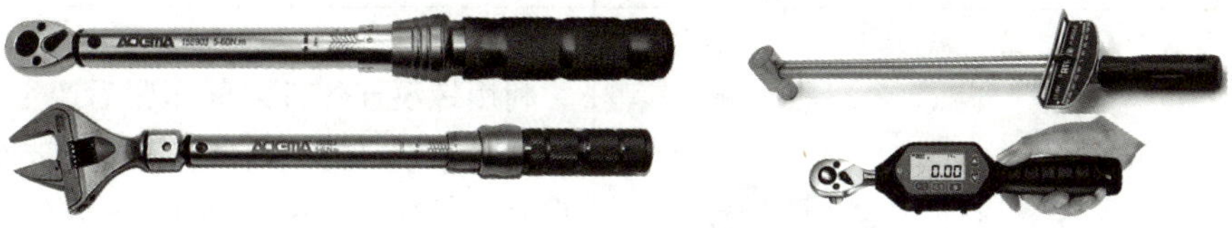

(a) 定力矩扳手　(b) 测力矩扳手

图 4-8　力矩扳手

3. 成组螺纹连接件的预紧

成组螺纹连接件预紧时除了要拧紧力合适外，还必须有正确的拧紧顺序，如图 4-9 所示，一般按先中间、后两边、对角交替的顺序逐次拧紧，通常分 2 或 3 次拧紧到所需要的预紧力矩。

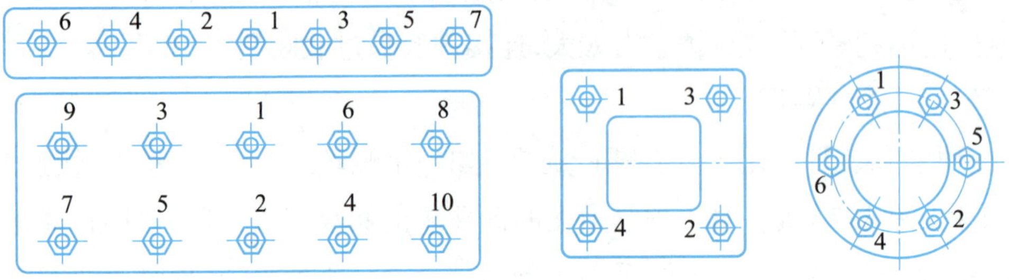

(a) 条形工件　　(b) 方形工件　　(c) 圆形工件

图 4-9　螺钉（或螺母）的拧紧顺序

五、螺纹连接的防松

1. 松脱的原因

连接螺纹具有一定的自锁性，拧紧螺母后，在静载荷和工作温度变化不大时，螺纹连接不会自动松脱。如果温度变化较大或承受冲击、振动或变载荷作用，连接可能失去自锁作用而松脱，影响正常工作，甚至造成事故。因此，为了防止连接松脱、保证连接安全可靠，必须采取有效的防松措施。

2. 防松的措施

防松的根本在于防止螺纹副的相对转动。常用的防松方法按工作原理可分为三类，见表 4-3。

表 4-3　螺纹连接的防松方法、特点及应用

类型		结构形式	特点及应用
摩擦防松	双螺母	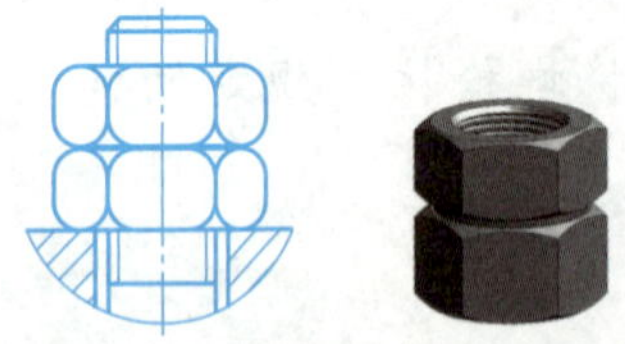	两螺母对顶拧紧后，使旋合螺纹间始终受到附加的压力和摩擦力的作用。结构简单，但轴向尺寸较大，适用于平稳、低速和重载的固定装置上的连接
	弹簧垫圈		利用螺纹连接件之间压紧后产生的摩擦力防松，同时垫圈斜口的尖端抵住螺母与被连接件的支承面也有防松作用。结构简单，使用方便，但在冲击、振动的工作条件下，防松效果较差，一般用于不重要的连接

续表

<table>
<tr><th colspan="2">类型</th><th>结构形式</th><th>特点及应用</th></tr>
<tr><td>摩擦防松</td><td>尼龙圈锁紧螺母</td><td>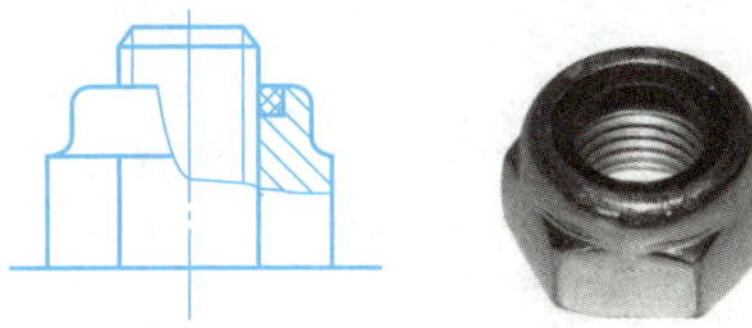</td><td>螺母中嵌有尼龙圈，拧上后尼龙圈内孔被胀大，压紧旋合螺纹防松。结构简单，防松可靠，但拧紧时阻力较大，且装拆后防松性能降低</td></tr>
<tr><td rowspan="3">机械防松</td><td>开口销与六角开槽螺母</td><td></td><td>六角开槽螺母拧紧后，将开口销穿入螺栓尾部小孔和螺母的槽内，并将开口销尾部掰开与螺母侧面贴紧。适用于较大冲击、振动的高速机械中运动部件的连接</td></tr>
<tr><td>六角螺母止动垫圈</td><td>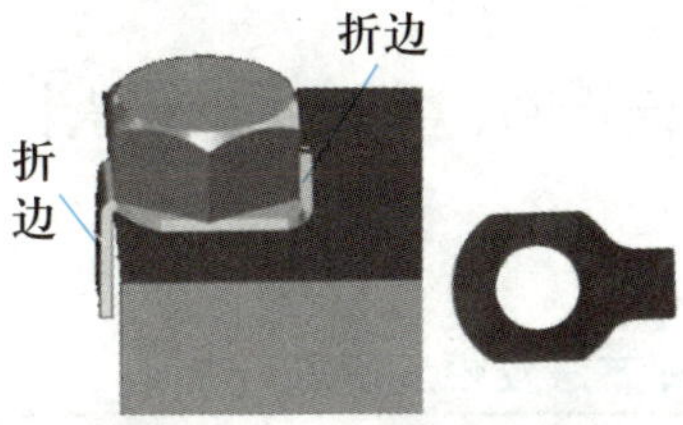
</td><td>螺母拧紧后，将止动垫圈耳部分别向螺母和被连接件的侧面折弯贴紧，即可将螺母锁住。该方法结构简单，使用方便，防松可靠</td></tr>
<tr><td>串联钢丝</td><td>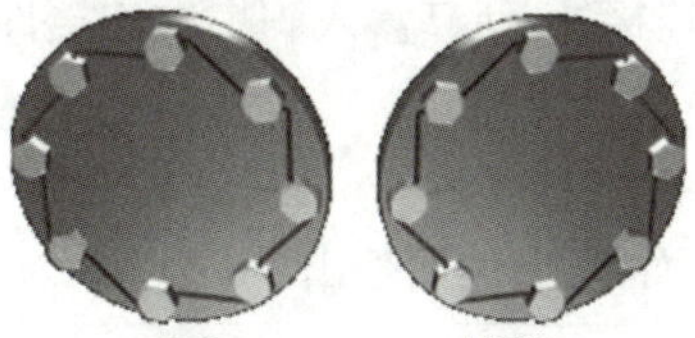
</td><td>用低碳钢钢丝穿入各螺钉头部的孔内，将各螺钉串联起来，使其相互制动。使用时必须注意钢丝的穿入方向。适用于螺钉组连接，防松可靠，但装拆不便</td></tr>
<tr><td rowspan="2">破坏螺纹副的运动关系防松</td><td>冲点和点焊</td><td>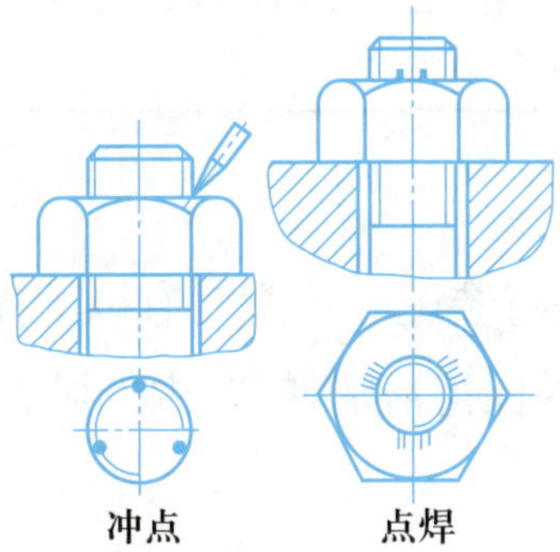
</td><td>在螺栓杆末端与螺母的旋合缝处冲点或点焊。这种防松方法可靠，但拆卸后连接件不能再使用</td></tr>
<tr><td>黏结</td><td>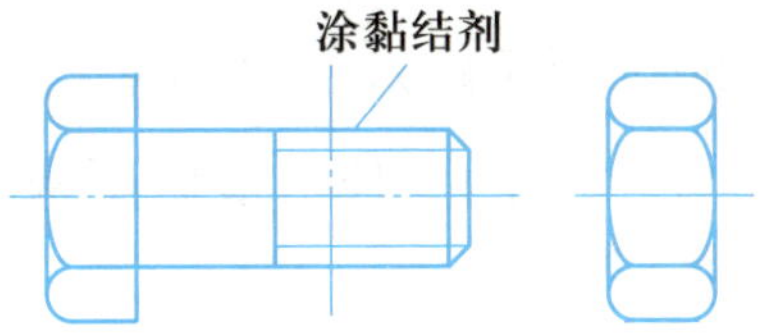
</td><td>在旋合螺纹间涂以液体黏结剂，拧紧螺母后，黏结剂硬化、固着，防止螺纹副的相对运动。防松效果良好，且有密封作用，但不便拆卸</td></tr>
</table>

做一做

比较螺纹连接的三种防松方法，分析它们有何优、缺点。

任务实施

1. 螺纹连接的拆卸

如图 4-1a 所示，减速器箱座与箱盖使用螺栓连接，端盖与箱座、箱盖使用螺钉连接。要拆卸这些连接，首先要选择工具，观察拆装螺纹连接件的扳手空间，正确选用扳手规格，按顺序拆卸，并将拆卸零件按顺序摆放在零件存放盘内，边拆卸边观察连接结构及螺纹防松的方法，做好记录。

如螺纹连接件外形受损、生锈腐蚀严重或者螺栓折断，会使拆卸变得十分困难，这时就应采取相应措施，见表 4-4。

表 4-4 受损螺纹连接的拆卸方法及相应措施

损坏形式	拆卸方法及相应措施
连接件形状完好，但锈蚀严重	① 用松锈润滑剂（或煤油）滴入螺纹连接处，使其渗入到螺纹连接件的锈蚀部分，使铁锈松软后再实施拆卸 ② 可先拧紧一点，再反向拧松，反复多次直到拧开 ③ 敲击螺钉、螺母，使其锈蚀部分振动而松开，然后拧出
连接件形状已破坏，螺钉断在孔中	① 在螺钉中心钻一个尽可能大的孔，在孔中打入一锥状多棱钢钎，然后转动钢钎拧出断裂的螺钉；或在孔中攻反向螺纹，用反向螺钉或丝锥拧出 ② 用直径接近螺纹小径的钻头钻孔，然后用丝锥再重新攻螺纹；或用钻头把整个螺钉钻除，重新加工出比原螺纹直径稍大的螺纹孔，配装新螺钉

2. 螺纹连接的装配

前面拆卸过的螺栓连接、螺钉连接，按原位置进行装配。装配时有以下注意事项：

（1）与螺母或螺钉相接触的表面应为加工面、并保持清洁，螺孔内的脏物应当清理干净。

（2）用扳手拧紧时，必须对拧紧力矩加以控制。

（3）在装配过程中必须保证装配工具和零件有活动的空间。图 4-10a 所示结构不能容纳扳手活动，这样的螺母无法装拆，图 4-10b 所示结构装拆空间合理。

（4）双头螺柱可先用两个螺母旋在螺纹上，用两个扳手将双螺母锁紧（图 4-11a）；再用扳手按顺时针方向扳动上螺母，将双头螺柱锁紧在机体上（图 4-11b）；最后用两个扳手将双螺母松开。

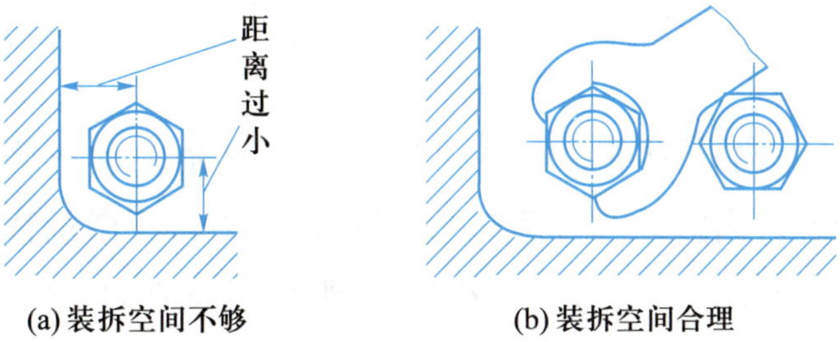

图 4-10　扳手空间

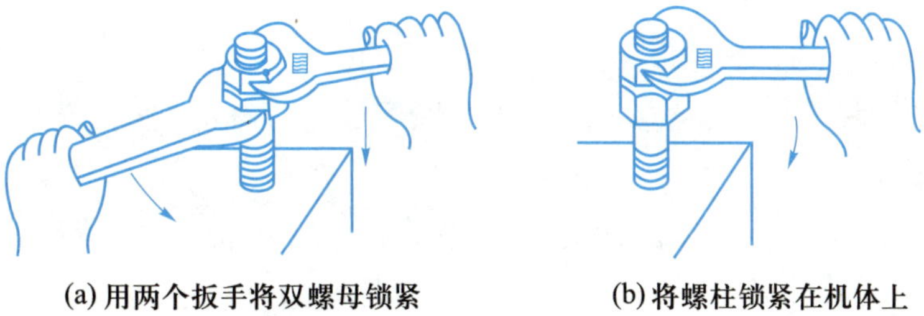

图 4-11　双头螺柱锁紧在机体上的方法

任务拓展

普通螺栓与高强度螺栓

国家标准规定螺栓、螺柱、螺钉按材料的力学性能等级分为 9 级，分别为 4.6、4.8、5.6、5.8、6.8、8.8、9.8、10.8 和 12.9（详见 GB/T 3098.1—2010）。以 4.6 为例，其含义为：4 表示紧固件的公称抗拉强度为 400 MPa，6 表示屈服强度与公称抗拉强度之比为 0.6，即其屈服强度为 400 MPa × 0.6=240 MPa。8.8 级及以上螺栓材质为低碳合金钢或中碳钢并经热处理（淬火、回火），通称为高强度螺栓。其余通称为普通螺栓，常用 Q215、Q235 低碳钢制造。性能等级刻制在螺栓头部。

螺母的性能等级分为 7 级，分别为 04、05、5、6、8、10 和 12（详见 GB/T 3098.2—2015）。选用时须注意所用螺母的性能等级应不低于与其相配螺栓的性能等级。

高强度螺栓多用于桥梁、钢轨、高压及超高压设备的连接中，为保证连接可靠，往往给螺栓施加很大预拉力，使连接构件间产生挤压力，从而使垂直于螺杆方向有很大摩擦力。

** 任务二　螺旋传动分析与计算

任务目标

1. 熟悉螺旋传动的类型、特点及应用形式。
2. 掌握螺旋传动移动、转动方向的判定方法及有关计算。

任务描述

微调镗刀是精密镗削内孔的重要刀具，图 4-12a 所示是差动螺旋传动式微调镗刀加工 ϕ60 mm 内孔的工作情况。当转动调节螺杆时，可以使镗刀得到微量移动，从而改变镗孔的直径。如图 4-12b 所示，若两螺旋副均为单线右旋，螺距分别为 P_1=1.75 mm、P_2=1.5 mm，调节螺杆圆周刻度共分了 50 格。试计算螺杆每转过 1 格，镗刀的位移是多少？

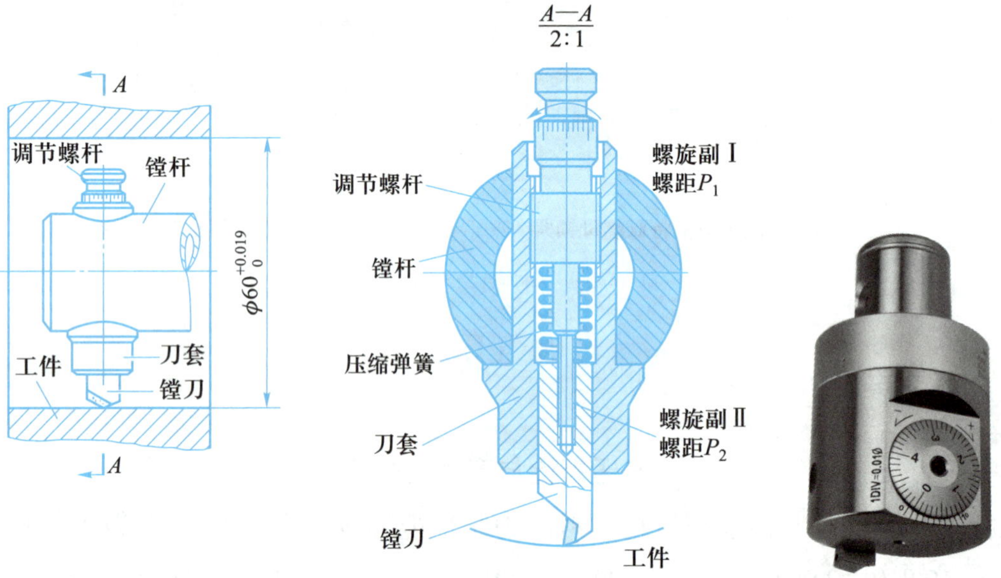

(a) 微调镗刀镗削内孔　(b) 微调镗刀结构　(c) 微调镗刀实物

图 4-12　差动螺旋传动式微调镗刀

知识准备

两个公称直径、螺距、线数、牙型角等相等，旋向相同的内、外螺纹互相旋合，便组成了螺旋副。螺旋传动利用螺杆、螺母组成的螺旋副来实现传动要求，该机构也称为螺旋机构，如图 4-13a 所示（图 4-13b 所示为螺旋机构的运动简图）。一般情况下，螺旋机构将旋转运动变为直线运动，同时传递动力。如图 4-13c 所示，将螺杆轴向固定，按图所示方向旋转螺杆，则螺母向左移动。

螺旋传动具有结构简单、工作连续、平稳、承载能力强、传动精度高、易于自锁等优点；但也有摩擦损耗大，传动效率低等缺点。螺旋传动广泛应用于各种机械和仪器中。

图 4-13d 所示的螺旋机构，将螺杆轴向固定，如向左推螺母，无论推力有多大，螺杆也不会转动，这就是螺旋机构的自锁现象。

螺旋机构按摩擦性质的不同，可分为普通螺旋机构（滑动螺旋机构）、滚珠螺旋机构（滚动螺旋机构）。

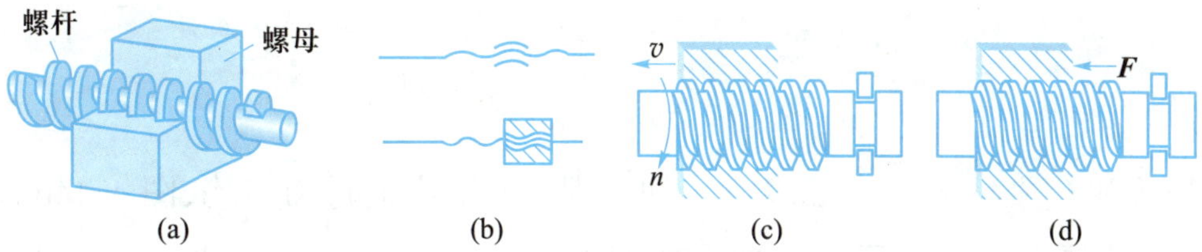

图 4-13　螺旋机构及其自锁

一、普通螺旋机构

1. 单螺旋机构的应用形式

单螺旋机构的应用形式及工作原理见表 4-5。

表 4-5　单螺旋机构的应用形式及工作原理

应用举例		应用形式	工作原理
车床尾座	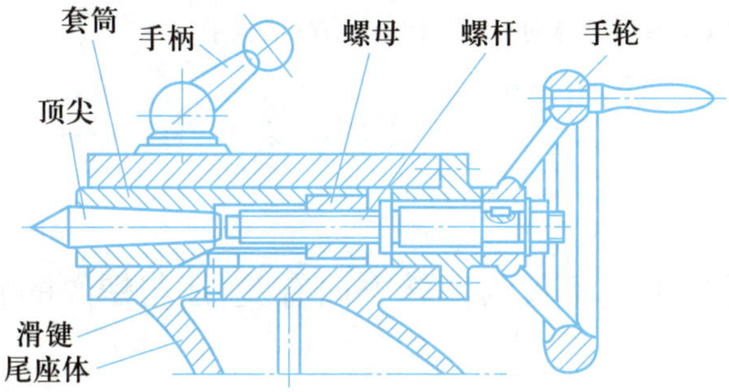	螺杆回转，螺母作直线运动	螺母、套筒、顶尖装配为一体，在尾座体孔内只能移动不能转动（受滑键限制）；螺杆与手轮装配为一体只能转动，不能轴向移动。转动手轮使螺杆回转时，螺母带动顶尖作直线运动
管钳	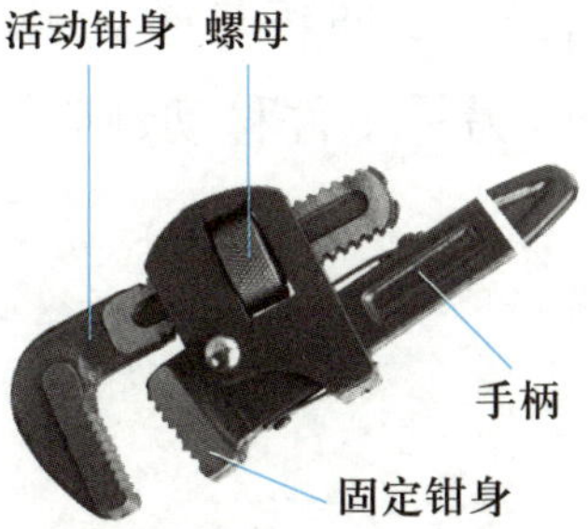	螺母作回转运动，螺杆作直线运动	固定钳身与手柄为一体，活动钳身上带有螺杆，只能轴向移动，不能转动，螺母由于方孔两侧的限制不能轴向移动。转动螺母，螺杆（活动钳身）作直线移动，与固定钳身分离或合拢，从而夹紧或放松工件
台虎钳	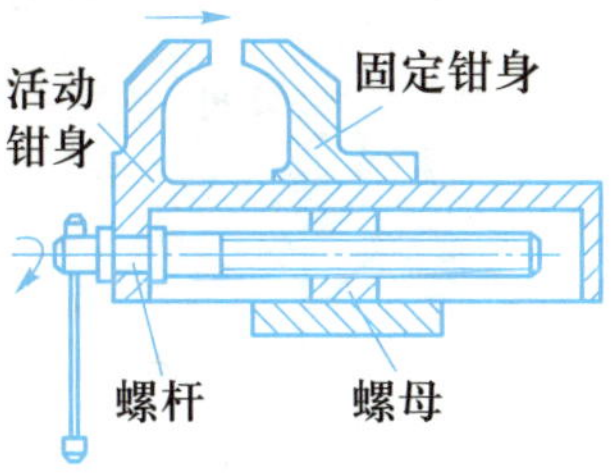	螺母固定不动，螺杆作回转运动	螺杆上装有活动钳身，螺母与固定钳身连接在工作台上，当转动螺杆时带动活动钳身左右移动，与固定钳身分离或合拢，从而夹紧或放松工件

想一想

螺旋压力机（图 4-14a）、车床刀架（加工螺纹时的纵向进刀机构，图 4-14b）和活扳手（图 4-14c）分别属于什么应用形式的螺旋机构？

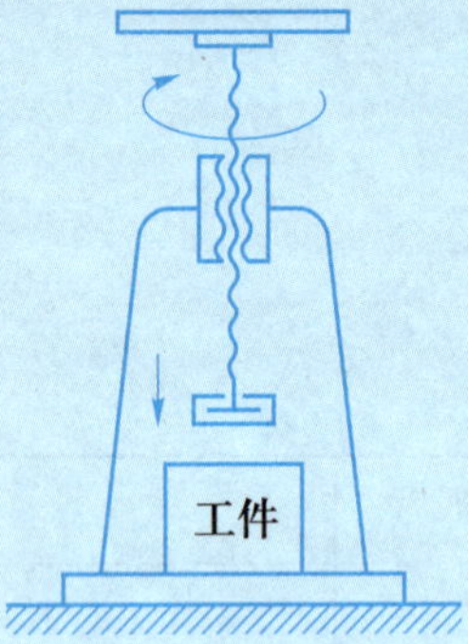

(a) 螺旋压力机

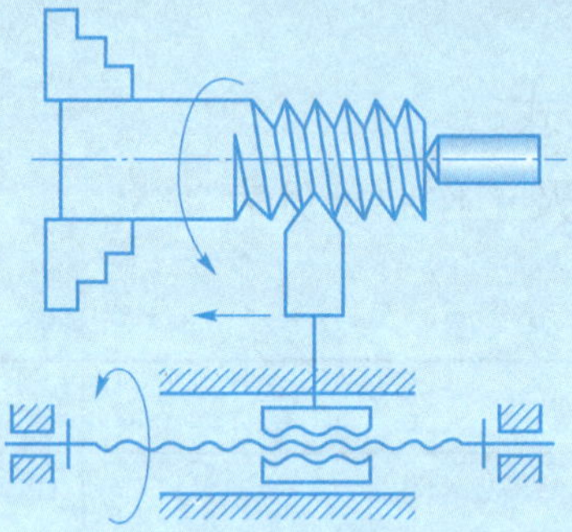

(b) 加工螺纹时的纵向进刀机构

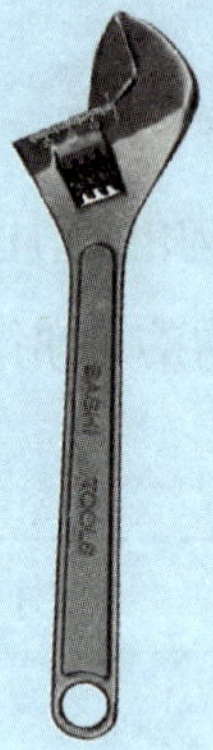

(c) 活扳手

图 4-14 判别螺旋传动的应用形式

2. 直线移动方向的判定

对于螺旋机构，螺杆（或螺母）直线移动的方向不仅与回转方向有关，还与螺纹的旋向有关。判定方法如下：

（1）手的姿势 右旋螺纹用右手，左旋螺纹用左手。手握空拳，四指指向与螺杆（或螺母）回转方向相同，大拇指与螺杆轴线平行。

（2）结果 若螺杆或螺母中有一个是完全固定的，另一个回转并移动，则其移动方向与大拇指指向相同（图 4-15a）；若螺杆或螺母中一个件回转，另一个件移动，则其移动方向与大拇指指向相反（图 4-15b）。

(a)

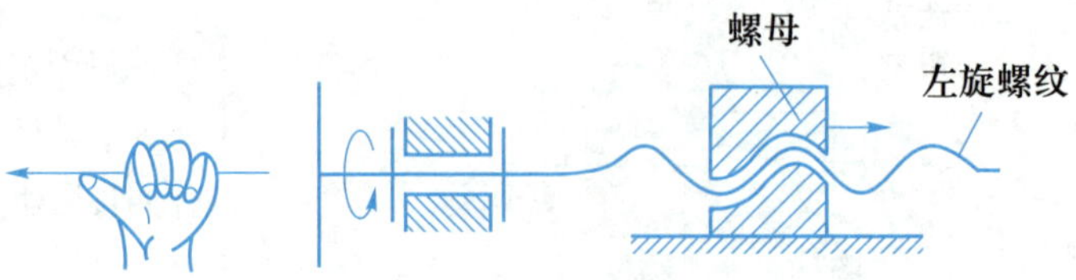

(b)

图 4-15 螺杆或螺母移动方向的判定

3. 直线运动距离计算

螺杆（或螺母）的移动距离与螺纹的导程有关。螺杆相对螺母每回转一圈，螺杆（或螺母）移动一个等于导程的距离。因此，移动距离等于回转圈数与导程的乘积，即

$$L=NPh$$

式中　L——螺杆（或螺母）的移动距离，mm；

N——回转圈数；

Ph——螺纹导程，mm。

4. 双螺旋机构

螺杆上有两段螺距不同的螺纹，分别与两个螺母组成两个螺旋副，称为双螺旋机构。图 4-16 所示的双螺旋机构中，固定螺母兼作机架，螺杆转动时，一方面相对固定螺母（机架）移动，同时又带动不能回转的活动螺母相对螺杆移动。按两螺旋副中螺纹旋向的不同，双螺旋机构可分为差动螺旋机构和复式螺旋机构。

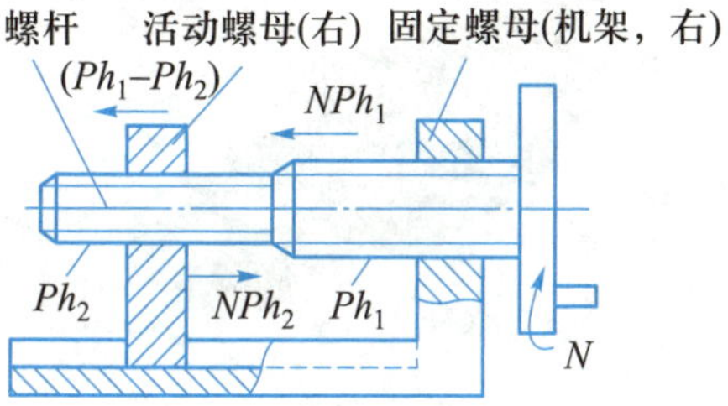

(a) 差动螺旋机构

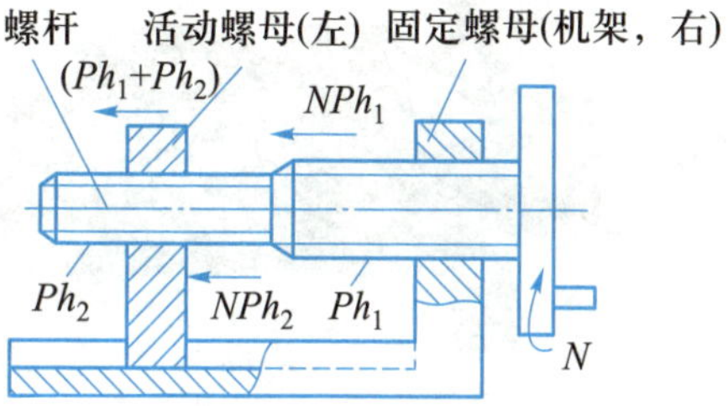

(b) 复式螺旋机构

图 4-16　双螺旋机构

（1）差动螺旋机构　螺杆上两段螺纹旋向相同。如图 4-16a 所示，设固定螺母和活动螺母的旋向同为右旋，当沿图示方向回转螺杆时，螺杆相对机架向左移动 $L_1=NPh_1$，而活动螺母相对螺杆向右移动 $L_2=NPh_2$，活动螺母实际移动距离为

$$L=L_1-L_2=N(Ph_1-Ph_2)$$

如计算结果为正值，活动螺母实际移动方向与螺杆移动方向相同；如计算结果为负值，实际移动方向与螺杆移动方向相反。可见，当 Ph_1、Ph_2 值接近时，移动量很小。差动螺旋机构多用在各种微调机构中，如微调镗刀、分度机构等。

（2）复式螺旋机构　螺杆上两段螺纹旋向相反。如图 4-16b 所示。

设固定螺母旋向仍为右旋，活动螺母的螺纹旋向为左旋，则沿图示方向回转螺杆时，螺杆相对机架左移 $L_1=NPh_1$，活动螺母相对螺杆亦左移 $L_2=NPh_2$，活动螺母实际移动距离为

$$L=L_1+L_2=N(Ph_1+Ph_2)$$

可见，活动螺母的移动距离增大（实际移动方向与螺杆移动方向相同），用于需快速移动的装置中，如绘图用的弹簧分规、电线杆钢索拉紧装置用的花篮螺栓（图 4-17）。

(a) 弹簧分规　　(b) 花篮螺栓

图 4-17　复式螺旋机构的应用

二、滚珠螺旋机构

滚珠螺旋机构是在具有螺旋槽的螺杆和螺母之间,连续填装钢球作为滚动体的螺旋机构,俗称滚珠丝杠。滚珠螺旋机构按其滚珠的循环方式不同,分为外循环和内循环两类。

如图 4-18a 所示,外循环是通过外接弯管(返回通道)实现滚动体的循环;如图 4-18b 所示,内循环是通过螺母中的反向器(返回通道)实现滚动体的循环。

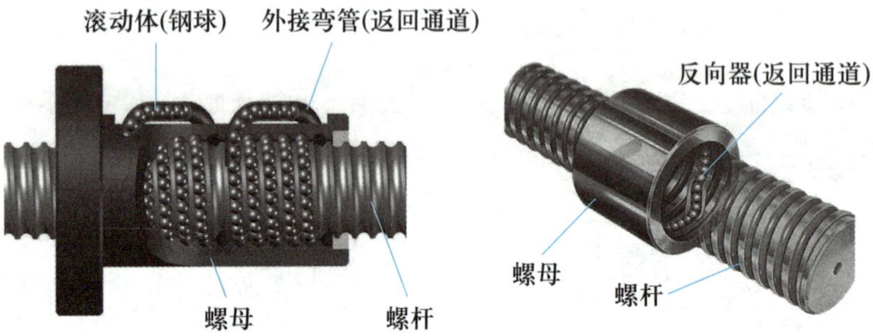

(a) 外循环　　(b) 内循环

图 4-18　滚珠螺旋机构

滚珠螺旋机构具有滚动摩擦阻力小、传动效率高、起动力矩小、传动灵活、平稳、工作寿命长等优点,但其结构复杂,外形尺寸较大,抗冲击性差,不具备自锁功能,制造成本较高。目前主要应用于精密传动的数控机床以及自动控制装置、升降机构和精密测量仪器等。

做一做

参考图 4-19,列举我们所见过的螺旋机构,并说明其所属的类型(普通螺旋机构、差动螺旋机构、复式螺旋机构、滚珠螺旋机构)。

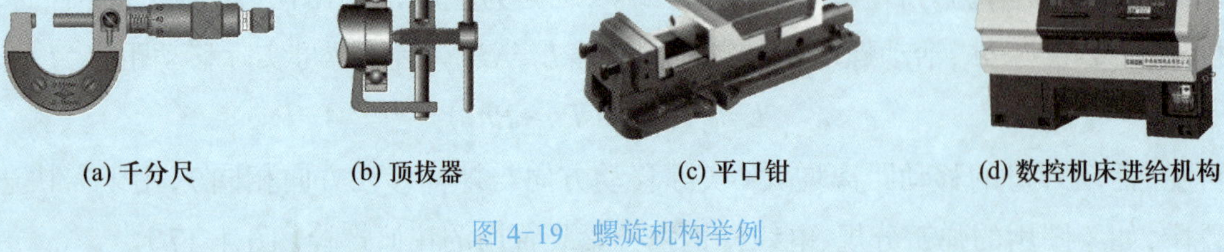

(a) 千分尺　　(b) 顶拔器　　(c) 平口钳　　(d) 数控机床进给机构

图 4-19　螺旋机构举例

任务实施

如图 4-12b 所示，两螺旋副均为单线右旋，属于差动螺旋机构。当螺杆沿图示方向回转 1 格（N=1/50）时，螺杆相对刀套（固定螺母）向下移动 $L_1=NPh_1$，而镗刀（活动螺母）相对螺杆向上移动 $L_2=NPh_2$，镗刀实际移动距离为

$$L=L_1-L_2=N(Ph_1-Ph_2)=N(P_1-P_2)=\frac{1}{50}(1.75-1.5)\text{mm}=0.005\ \text{mm}$$

即螺杆每转过 1 格，镗刀仅仅移动 0.005 mm，计算结果为正值，镗刀实际向下移动（镗孔直径增大 0.01 mm）。显然，该镗刀能方便地实现微量移动以改变镗孔的直径。

阅读材料

一颗螺钉给了我们什么启示

螺钉为工业产品中不可或缺的必需品，如照相机、眼镜、钟表、手机等使用极小的螺钉；计算机、电视、空调、乐器、家具等使用中等大小的螺钉；至于工程（如建筑、桥梁、线塔等）中则使用大型螺钉；交通器具（如飞机、火车、汽车等）则大小螺钉并用。

一副眼镜有几个螺钉，一辆汽车上有几千个螺钉。与眼镜、汽车相比，螺钉显得非常其貌不扬，但其作用不可估量，每一颗都有自己独立的作用，不可缺少。

在国家大家庭中，我们每一个人犹如一颗螺钉，紧紧地与这个大家庭连在一起；也像小小螺钉一样，每个人都在为大家庭发挥着自己的作用，肩负着自己的责任和义务，享受着社会赋予的权利，也为社会的和谐、平安默默地奉献。

项目五

联轴器、离合器和制动器

项目介绍

在图 5-1a、b 所示的螺旋传动机构中，电动机轴与螺杆轴之间由联轴器连接，联轴器与轴之间又采用键连接。图 5-1c 所示的机械压力机中，大齿轮与曲轴之间由离合器连接，根据工作需要实现两者间的接合或分离，而曲轴左端又安装有制动器，根据工作需要使其停止转动。上述的联轴器、离合器、制动器及键连接在机械设备中有着广泛的应用。

本项目学习联轴器、离合器和制动器的类型、结构、功用，以及常见键连接、销连接的类型和应用。

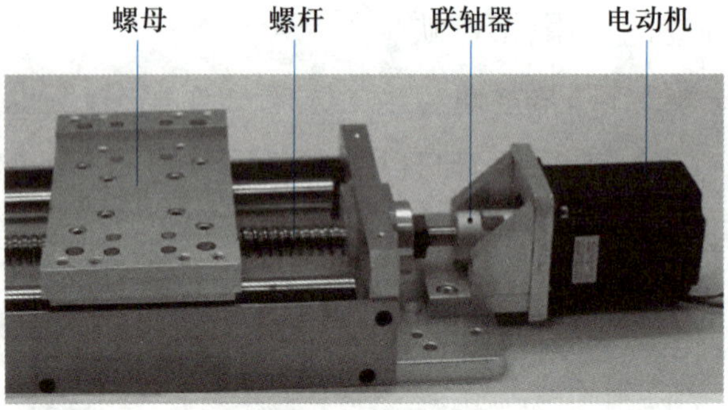

(a) 联轴器的应用

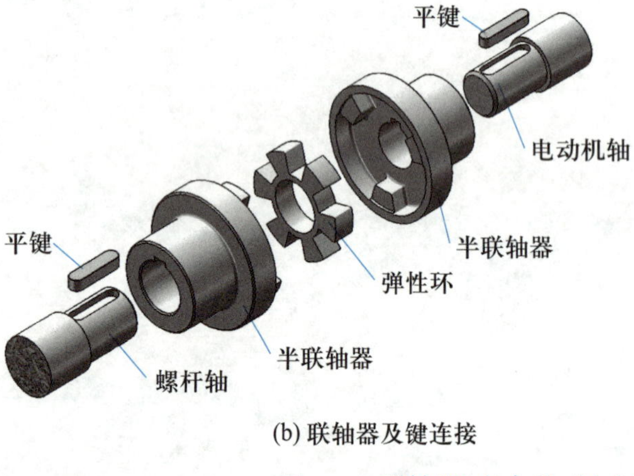

(b) 联轴器及键连接

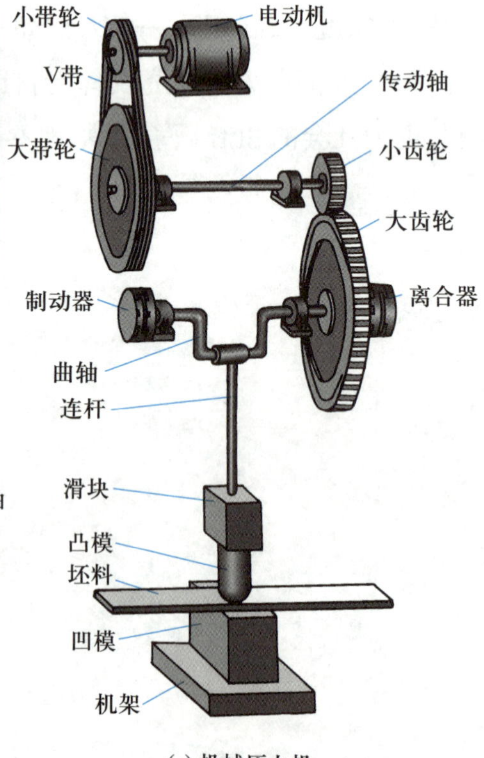

(c) 机械压力机

图 5-1　联轴器、离合器、制动器及键连接的应用

任务一　键连接的拆卸和装配

任务目标

1. 熟悉各种键的类型以及平键的标记。
2. 掌握键、销连接的作用及应用特点。

任务描述

图 5-2 所示的电动机轴上安装有 V 带轮，电动机轴与 V 带轮之间用普通型平键连接。试拆卸和装配电动机轴上的 V 带轮及键连接。

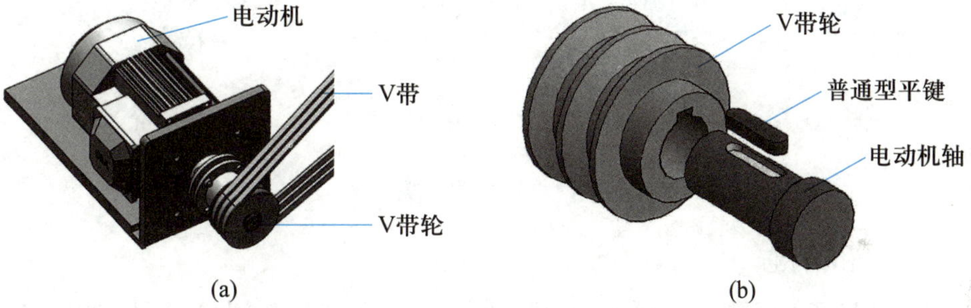

图 5-2　电动机轴

知识准备

键是一种标准零件，通常用来实现轴与轮毂之间的周向固定以传递转矩，有的还能实现轴上零件的轴向固定或轴向滑动的导向功能。键连接是一种可拆连接，其类型主要有松键连接（平键连接、半圆键、花键连接）和紧键连接（楔键连接、切向键连接）。

一、平键连接

1. 普通型平键

根据端部形状不同，普通型平键可分为 A 型（圆头）、B 型（方头）和 C 型（单圆头）三种，如图 5-3 所示。其标记示例如下：

键　GB/T 1096　键 C 12×8×60

表示单圆头平键（C 型，A 型不标出“A”），b=12 mm，h=8 mm，L=60 mm。

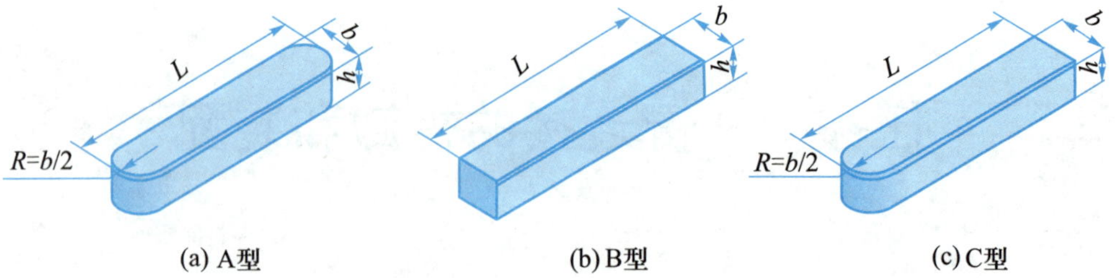

图 5-3 普通型平键的分类

图 5-4 所示为普通型平键连接。键的两侧面是工作面，键的上表面和轮毂的键槽底面间则留有间隙。平键连接具有结构简单、装拆方便、对中性较好等优点，应用广泛。这种键连接不能承受轴向力，因而对轴上的零件不能起到轴向固定的作用。

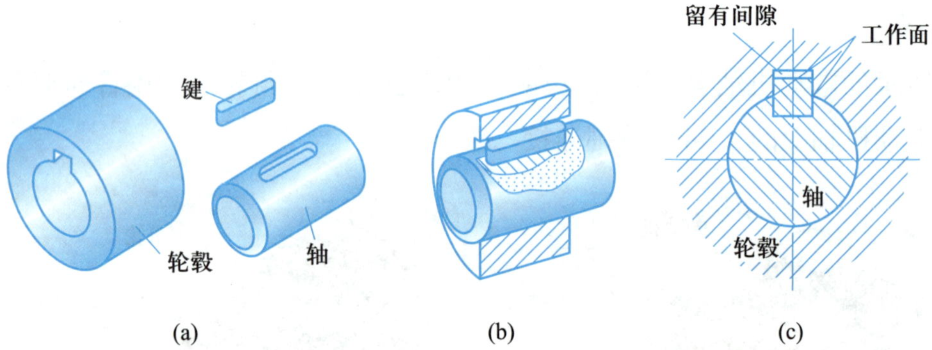

图 5-4 普通型平键连接

2. 导向型平键和滑键

导向型平键比普通型平键长，分为 A 型（圆头）和 B 型（方头）两种，如图 5-5a 所示。用螺钉固定在轴上的槽中，与轮毂槽配合较松，因此轴上零件能作轴向滑动，为便于拆卸，键中部有起键螺孔。导向型平键两侧面为工作面，用于轴上零件轴向移动量不大的场合，如图 5-5b 所示，主要用于变速箱中滑移齿轮的连接。

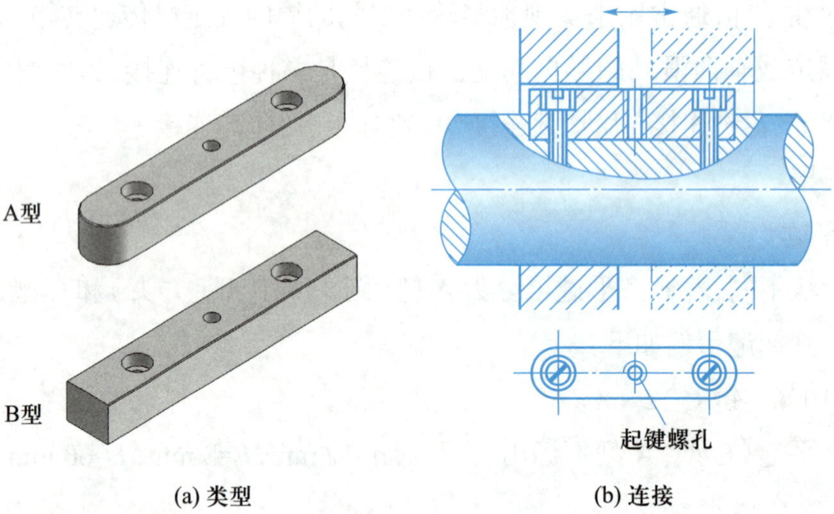

图 5-5 导向型平键连接

滑键固定在轮毂上，由轮毂带动其在轴上的键槽中作轴向滑移，键长不受滑动距离的限制，用于轴上零件轴向移动量较大的场合，滑键连接如图 5-6 所示。

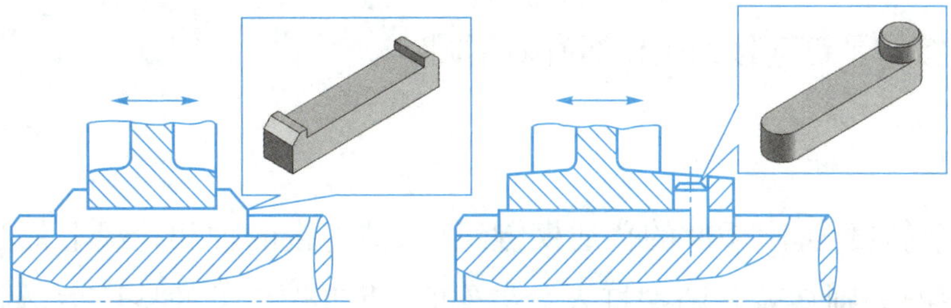

图 5-6　滑键连接

二、半圆键连接

如图 5-7 所示，半圆键呈半圆柱形，键在键槽中可以摆动，以适应轮毂键槽底面的位置，工作时依靠两侧面来传递转矩。半圆键的优点是装配方便，尤其适用于锥形轴端与轮毂的连接；缺点是轴上键槽较深，对轴的强度削弱较大，故一般只用于轻载静连接中。

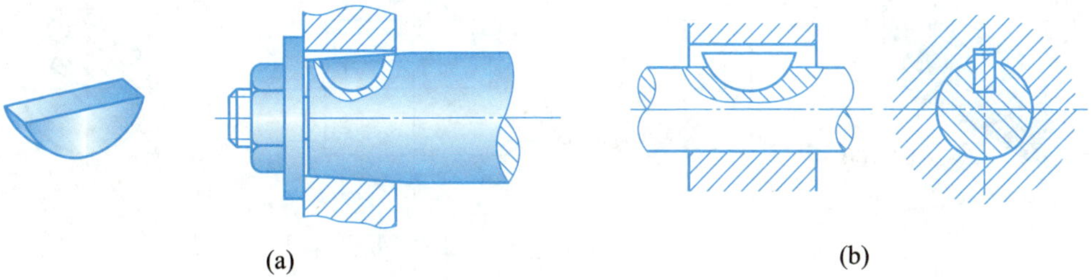

图 5-7　半圆键连接

三、楔键连接和切向键连接

1. 楔键连接

楔键分为普通楔键和钩头楔键，键的上表面相对底面具有 1∶100 的斜度，如图 5-8 所示。钩头楔键的钩头仅供拆卸用，适用于不能从另一端把键打出的场合。如图 5-9 所示，楔键的上、下面为工作面，装配时需打入键槽中，工作时，靠键的楔紧作用来传递转矩，同时还可以承受单向的轴向载荷，对轮毂起到单向的轴向固定作用。其缺点是键楔紧后轴与轮毂产生偏心和偏斜，连接的对中性差。因此主要用于毂类零件的定心精度要求不高和低转速的场合。

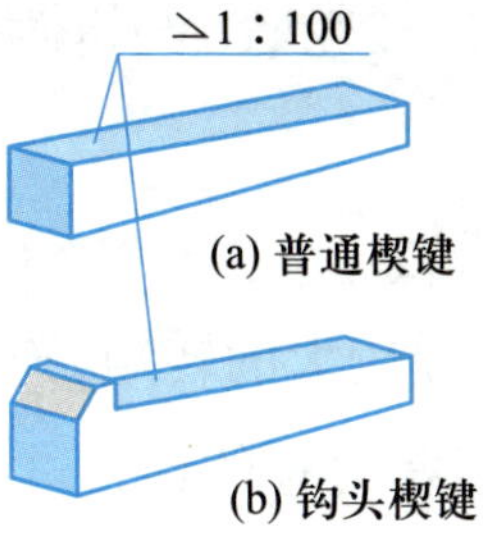

图 5-8　楔键

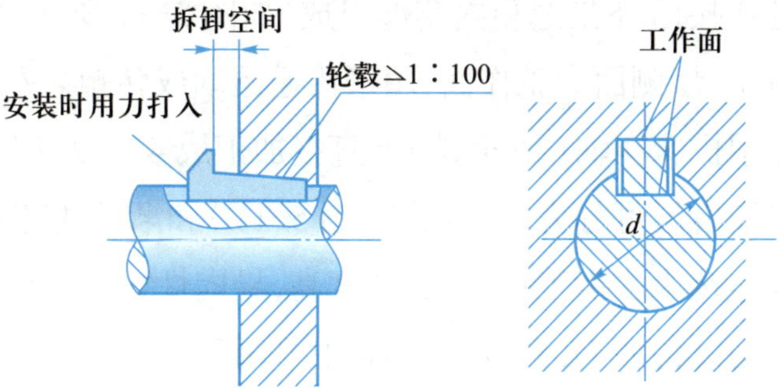

图 5-9　钩头楔键连接

做一做

比较楔键连接与平键连接的工作面有何不同?

2. 切向键连接

切向键由两个斜度为 1 : 100 的普通楔键组成,被连接的轴和轮毂上都制有相应的键槽。装配时,把一对楔键分别从轮毂两端打入。工作时,靠工作面上的挤压力、轴与轮毂间的摩擦力来传递转矩,如图 5-10 所示。用一对切向键只能传递单向转矩;若要传递双向转矩必须用两对切向键,两者间的夹角为 120° ~ 135°且反向装配。切向键连接常用于精度要求不高、转速低、传递转矩较大且轴径较大的场合。

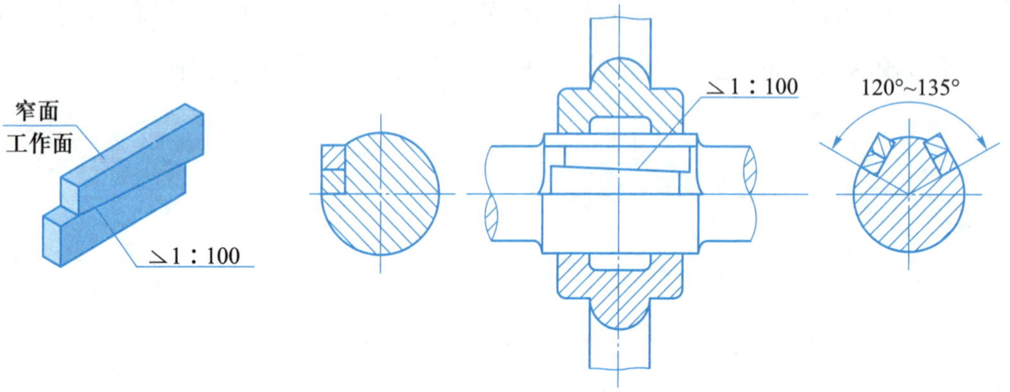

(a) 切向键 (b) 单切向键连接 (c) 双切向键连接

图 5-10 切向键连接

做一做

比较楔键连接与切向键连接的特点有何不同。

四、花键连接

花键连接由外花键和内花键组成,如图 5-11 所示,由多个键齿与键槽在轴和轮毂孔的周向均布而成,齿侧面为工作面,用来传递运动或转矩。花键可看作轴(或轮毂)与键为一体,一般采用专用机床在轴(或轮毂)上直接加工成 4 ~ 12 个键齿。

花键按齿形可分为矩形花键(图 5-11)和渐开线花键,均已标准化。

花键连接为多齿工作,定心精度高,导向性好,承载能力强,能传递较大的转矩,连接可靠,但是需专用设备加工,制造成本高,主要用于定心精度高、载荷大或经常滑移的连接。

花键连接应用广泛,如汽车变速箱、机床主轴箱中的变换齿轮与轴采用花键连接。

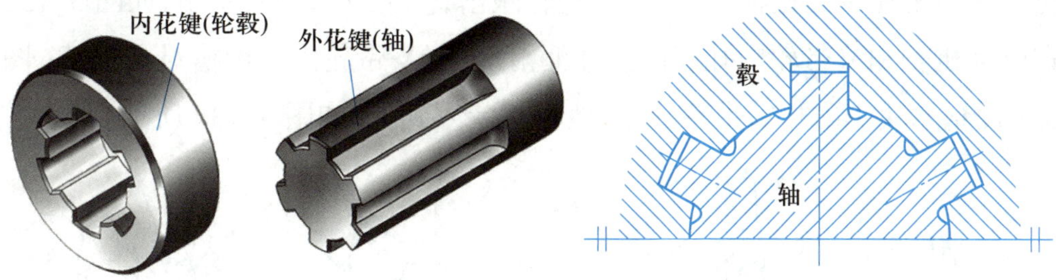

图 5-11　矩形花键连接

做一做

比较矩形花键和普通型平键的相似与不同之处。

任务实施

1. 拆卸 V 带轮、平键

(1) 用尺子量一下 V 带轮在轴上的位置，记住 V 带轮与前端盖之间的距离 t，如图 5-12a 所示。

(2) 装上拉具，拉具有两脚和三脚，各脚之间的距离要调整好，如图 5-12b 所示。

(3) 拉具的螺杆顶端要对准电动机轴的中心孔(在此处加点润滑油)，转动螺杆，使 V 带轮慢慢地脱离电动机轴，如图 5-12c 所示。

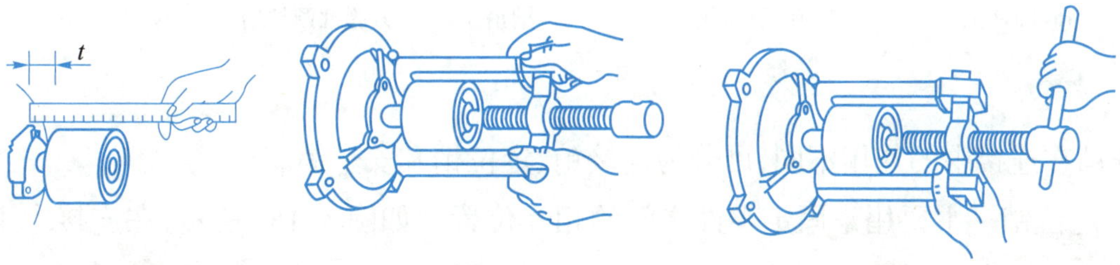

(a) 测量距离　(b) 装拉具　(c) 用拉具拆卸

图 5-12　拆卸 V 带轮和平键

(4) 从电动机轴上卸下平键。

注意事项：如果 V 带轮一时拉不下来，切忌硬卸，可在 V 带轮内孔和电动机轴结合处加入松锈润滑剂(或煤油)，稍等渗透后，再用拉具将 V 带轮缓慢拉出。拆卸过程中，不能用手锤直接敲击 V 带轮，以免造成 V 带轮碎裂、轴变形等损伤。

2. 装配 V 带轮、平键

(1) 先用细砂布把电动机轴、V 带轮内孔砂磨光滑，如图 5-13a 所示。

（2）将平键装配在轴的键槽中，用铜棒轻轻敲击，使平键与槽底紧贴，如图 5-13b 所示。

（3）在电动机轴和V带轮内孔表面加注润滑油，将V带轮内孔键槽对准平键（图 5-13c），用铜棒（或手锤垫木块）敲击 V 带轮，慢慢地将其装入到位，如图 5-13d 所示。

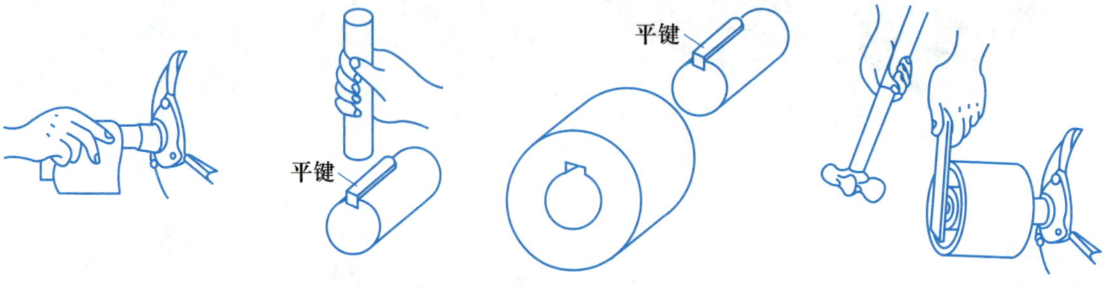

(a) 砂磨光轴和内孔　(b) 将平键装配在键槽中　(c) 键槽与键对准　(d) V带轮装配到位

图 5-13　装配 V 带轮和平键

任务拓展

销 连 接

销有多种类型，如圆柱销、圆锥销、槽销、弹性圆柱销和开口销等，如图 5-14 所示。圆锥销有 1∶50 的锥度。销是一种标准件，在使用时可依据标准选用。

(a) 圆柱销　(b) 圆锥销　(c) 槽销　(d) 弹性圆柱销　(e) 开口销

图 5-14　销

根据销在连接中的作用不同，可分为连接销、定位销和安全销。

（1）定位销　主要用来固定零件之间的相互位置。如图 5-15a 所示，在连接中不受载荷或只承受较小载荷，使用数量不少于两个。

定位销常用有锥度的圆锥销，可多次拆装不影响其定位精度，也可将圆柱销依靠过盈配合固定在孔中，但这样不能多次拆装，适用于不经常拆卸的场合。

（2）连接销　连接销用于连接，可传递不大的载荷。如图 5-15b 所示，在工作中承受剪切和挤压作用。可采用圆柱销或圆锥销作为连接销。

（3）安全销　作为安全装置中的过载剪断元件，在传递动力或转矩过载时，连接销先被切断，以保护机器中其他零部件不受损坏。图 5-16 所示为常用的安全销形式，为了确保安全销被剪断而不提前发生挤压破坏，通常可在安全销上加一个销套。

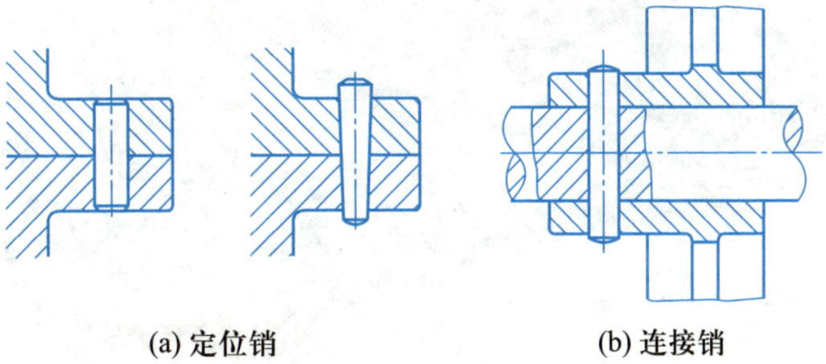

图 5-15　销连接

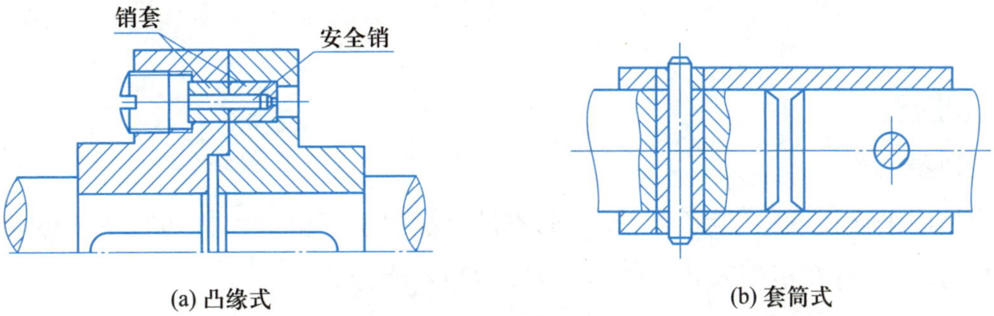

图 5-16　安全销

任务二　联轴器、离合器和制动器的应用

任务目标

1. 熟悉联轴器、离合器和制动器的类型以及功用。
2. 了解常见的联轴器、离合器和制动器的结构及应用特点。

任务描述

图 5-17 所示为一款手动挡、后轮驱动轿车。为实现轿车的变速、传动和制动，使用了离合器、联轴器和制动器。试分析轿车的传动路线，找出联轴器、离合器和制动器的位置，说明它们所起的作用。

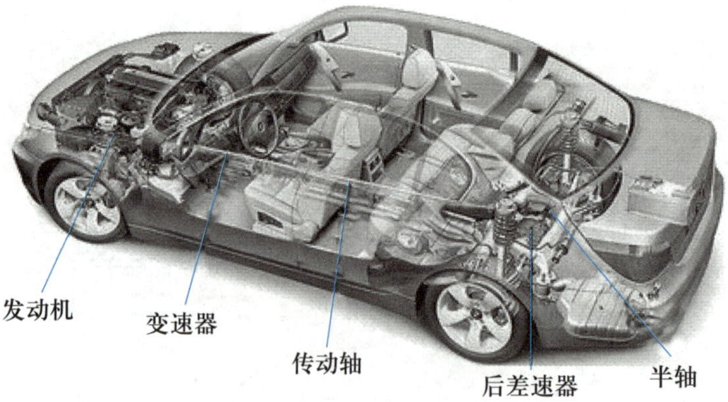

图 5-17　轿车中的联轴器、离合器和制动器

知识准备

一、联轴器

联轴器是用来连接两根轴或轴与回转的零件，使它们一起回转，传递转矩和运动的一种装置。连接的两轴，只有在机器停止工作后，经过拆卸才能分离。

用联轴器连接的两轴，由于制造和安装误差、受载后的变形以及温度变化等因素的影响，往往不能保证严格的对中，两轴间会产生一定程度的相对位移（如轴向位移、径向位移、角位移）。因此联轴器除了能传递所需的转矩外，还应在一定程度上具有补偿两轴间相对位移的能力。

常用联轴器按结构和功用不同分为刚性联轴器、挠性联轴器，挠性联轴器又分为无弹性元件和有弹性元件两种。刚性联轴器不能补偿两轴间的相对位移，其类型、结构及应用特点见表 5-1；挠性联轴器能补偿两轴间的相对位移，其类型、结构及应用特点见表 5-2。

表 5-1　常用刚性联轴器的类型、结构及应用特点

类型	简图	结构及应用特点
凸缘联轴器	 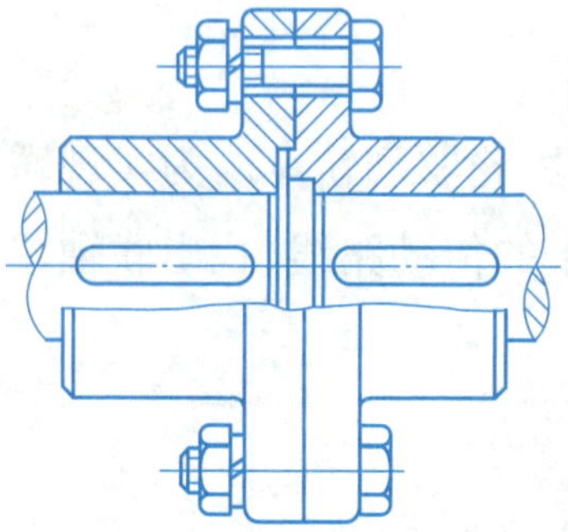	利用两个半联轴器上的凸缘与凹槽相嵌合而对中，用螺栓把两半联轴器连成一体，结构简单，成本低，可传递较大的转矩，适用于两轴的对中性好、载荷平稳的场合

续表

类型	简图	结构及应用特点
套筒联轴器	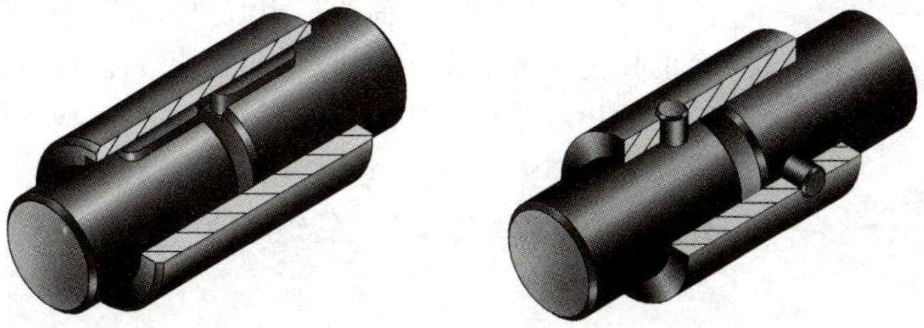	利用公共套筒和键、销等连接两轴。结构简单，径向尺寸小，容易制造，但其装拆不方便，常用于两轴直径较小、对中精度高、低速、轻载、工作平稳的场合

表 5-2　常用挠性联轴器的类型、结构及应用特点

类型		简图	结构及应用特点
无弹性元件	万向联轴器	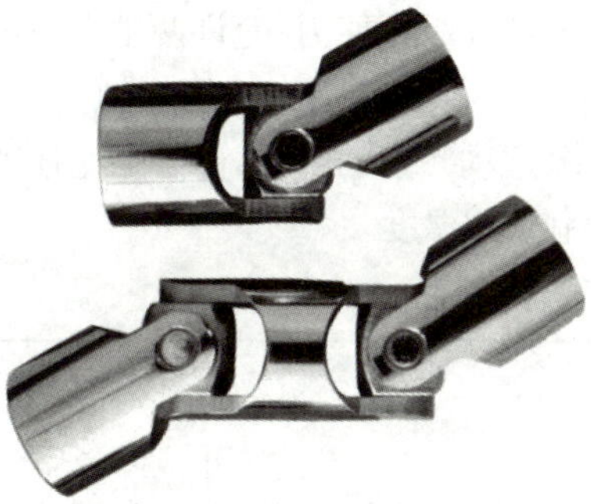	由两个具有叉状端部的万向接头和十字销组成，可以补偿两轴之间的角位移，适用于两轴相交成一定角度的传动，两轴的角位移（角度偏移）可达 35°～45°，但主、从动轴瞬时转速不等；成对使用可使主、从动轴瞬时转速相等
	十字滑块联轴器		由两个在端面上开有凹槽的半联轴器和一个两面带有凸牙的中间盘（十字滑块）组成。因凸牙可在凹槽中滑动，故可补偿安装及运转时两轴间的相对位移。其结构简单，尺寸紧凑，但易磨损，不耐冲击，适用于传递转矩不大、转速较低、无急剧冲击的场合
	滚子链联轴器		利用一条公用的双排链同时与两个齿数相同的并列链轮啮合来实现两个半联轴器的连接，一般都将联轴器密封在罩壳内。其结构简单、尺寸紧凑、质量小、装拆方便、维修容易、价廉，并具有一定的补偿能力和缓冲性能，但因相配件间存在间隙，不宜用于正反向传动、起动频繁或立轴传动，也不宜用于高速传动

续表

类型		简图	结构及应用特点
有弹性元件	弹性套柱销联轴器	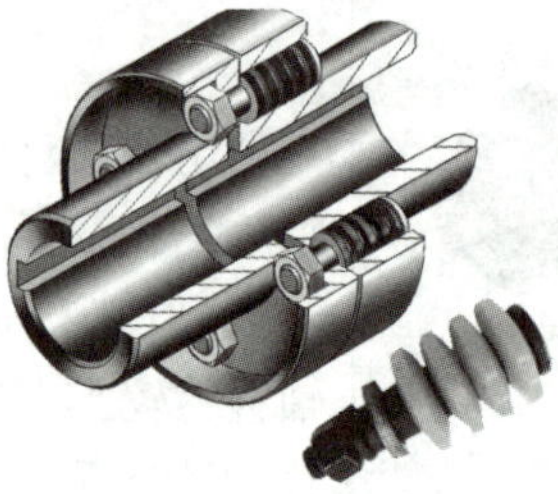	在结构上和凸缘联轴器很相似，只是用套有橡胶弹性套的柱销代替了连接螺栓，传动时能缓冲、吸振，可补偿两轴的相对位移。其制造容易、装拆方便、成本较低，但弹性套易磨损，寿命较短，适用于连接载荷平稳、需正反转或起动频繁的传递中小转矩的轴
	弹性柱销联轴器		两个凸缘半联轴器用具有弹性的柱销（用尼龙材料制成）连接而成。其特点与弹性套柱销联轴器很相似，但传递转矩的能力很强，结构更为简单，安装、制造方便，耐久性好，有缓冲和吸振能力，允许两轴有一定的轴向位移及少量的径向位移、角位移，适用于轴向窜动较大、正反转换向较多、起动频繁的场合，由于尼龙柱销对温度较敏感，故应限制使用温度
	梅花形弹性联轴器	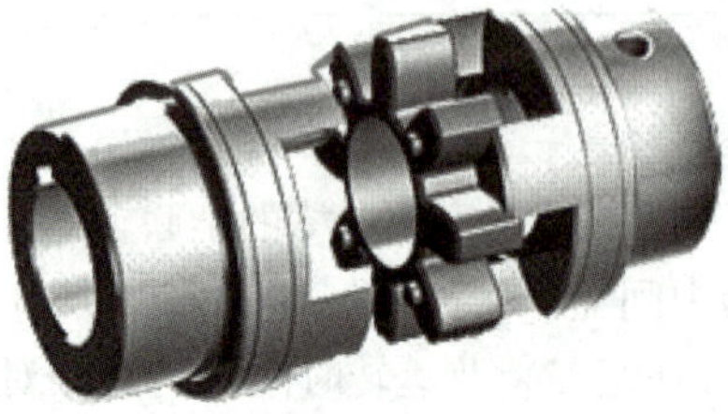	将梅花形弹性环装在两个形状相同的半联轴器的凸爪之间，可通过弹性环的弹性变形补偿两轴的相对位移，并实现减振缓冲。其结构简单，维护方便，径向尺寸小，重量轻，工作稳定可靠，具有良好的减振、缓冲性能和较大的轴向、径向和角向补偿能力，适用于中高速，中等转矩，正反转换向较多，起动频繁的场合

做一做

比较凸缘联轴器与弹性套柱销、弹性柱销联轴器在结构和应用上有何不同。

想一想

刚性联轴器与弹性联轴器在应用上的主要区别是什么？

*二、离合器

与联轴器相同，离合器主要用来连接主、从动轴，使其一起转动并传递转矩。与联轴器不同的是离合器能在转动中随时接合和分离两轴。另外，离合器也可用于过载保护等，通常用于操纵机械传动系统的起动、停止、换向及变速。常用的离合器有牙嵌离合器和摩擦式离合器等。

1. 牙嵌离合器

牙嵌离合器由端面带牙的两半离合器组成，通过啮合的齿来传递转矩，如图 5-18 所示。工作时，通过操纵一侧的半离合器作轴向移动，实现离合器的接合和分离。常用牙型有矩形、三角形、梯形、锯齿形等。牙嵌离合器结构简单，接合后无相对滑动，尺寸小，但接合时有冲击，因此不能在转速较高时进行接合。图 5-19 所示的牙嵌电磁离合器，一般采用三角形牙或梯形牙，两半离合器的接合用电磁力来实现，并使用弹簧复位（分离）。

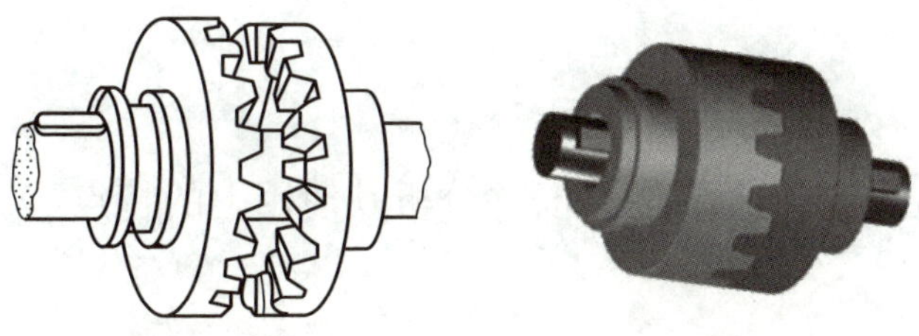

图 5-18　牙嵌离合器

图 5-19　牙嵌电磁离合器

2. 摩擦式离合器

摩擦式离合器用主动摩擦盘转动时，由主、从动盘的接触面间产生的摩擦力来传递转矩，有单盘式和多片式两种结构。

（1）单盘摩擦式离合器　如图 5-20 所示，单盘摩擦式离合器主要有主、从动圆盘（摩擦盘）组成，从动圆盘在轴上可轴向移动，利用主、从动圆盘接触面产生的摩擦力来传递运动或转矩。

（2）多片摩擦式离合器　如图 5-21 所示，一组外摩擦片用花键与外套筒连接，一组内摩擦片用花键与内套筒连接。当滑环左移时，拨动曲臂压杆，将内、外摩擦片压紧，使离合器接合。另外，内、外摩擦片的压紧也可以用电磁力实现。

与牙嵌离合器相比，摩擦式离合器有下列优点：在任何转速下两轴都可以接合或分离，且过程平稳，冲击、振动较小；过载时可发生打滑，以保护重要零件。其缺点为：外廓尺寸较大；在接合、分离过程中要产生滑动摩擦，故发热量较大，磨损也较大。为了散热和减轻磨损，可以把摩擦式离合器浸入油中工作。

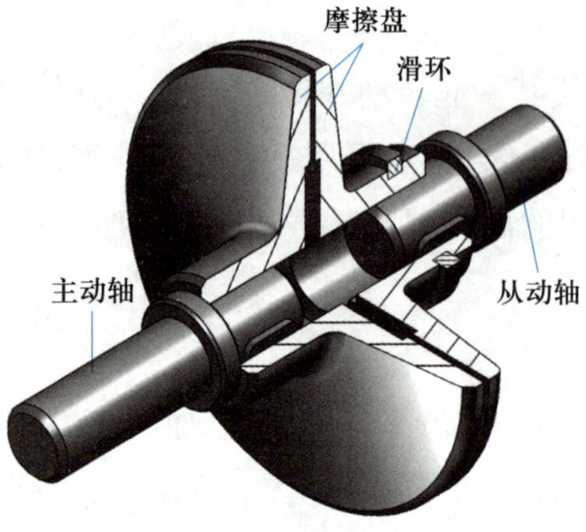

图 5-20 单盘摩擦式离合器

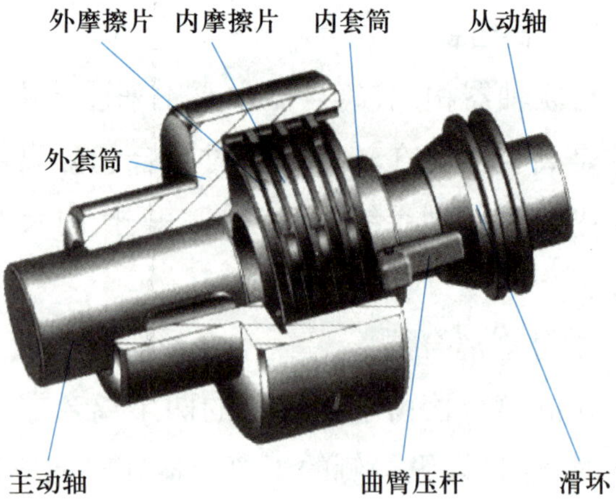

图 5-21 多片摩擦式离合器

单盘摩擦式离合器结构简单，但其传递转矩小；多片摩擦式离合器传递转矩的能力大幅度增大。如 CA6140 普通车床 I 轴上安装有多片摩擦式离合器，用以实现电动机转动时主轴频繁的正转、反转及停转。

做一做

比较牙嵌式离合器与摩擦式离合器在工作原理上的不同，并分析其使用上的特点。

** 三、制动器

制动器是具有使运动部件减速、停止或保持停止状态等功能的装置，俗称刹车闸。按制动力矩产生方式分摩擦制动器和非摩擦制动器（如磁粉制动器、电磁涡流制动器以及水涡流制动器等），常用的摩擦制动器有带式制动器、盘式制动器、内张式制动器、外抱式制动器，其中后二者属于鼓式制动器等。

（1）带式制动器　带式制动器由制动轮、制动带和制动杆等组成，如图 5-22 所示。当驱动力 F 作用在制动杆上时，制动带便抱住制动轮，靠带与轮之间的摩擦力实现制动。带式制动器结构简单，制动效果好，易调节，适合于中、小载荷的机械及人力操纵的场合，如自行车的后闸和 CA6140 型普通车床主轴的制动均采用了带式制动器。

（2）内张式制动器　如图 5-23 所示，两个制动蹄分别通过两个支承销与机架铰接，外表面装有摩擦片，制动鼓与车轮固连。当油液进入液压缸后，推动左、右两个活塞向外张开，驱动制动蹄压紧在制动鼓的内表面，从而实现制动。油路卸压后，弹簧的拉力使两制动蹄与制动鼓分离而松闸。这种制动器结构紧凑，广泛应用于各种车辆以及结构尺寸受限制的机械中。

（3）外抱式制动器　由制动鼓和两个制动臂及两个制动蹄组成，如图 5-24 所示。在弹簧力的作用下，制动臂和制动蹄抱住制动鼓，处于制动状态；当松闸器通电后，在电磁力作用下顶杆上移，推杆松开两边的制动蹄，制动鼓便能自由运转。松闸器也可以用人力、液压、气压操纵。

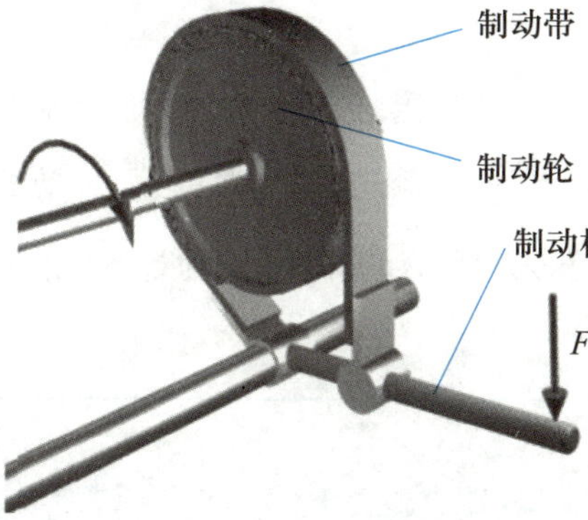

图 5-22　带式制动器

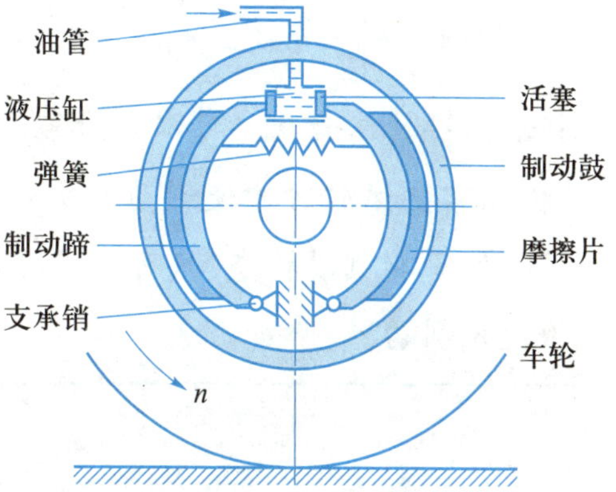

图 5-23　内张式制动器

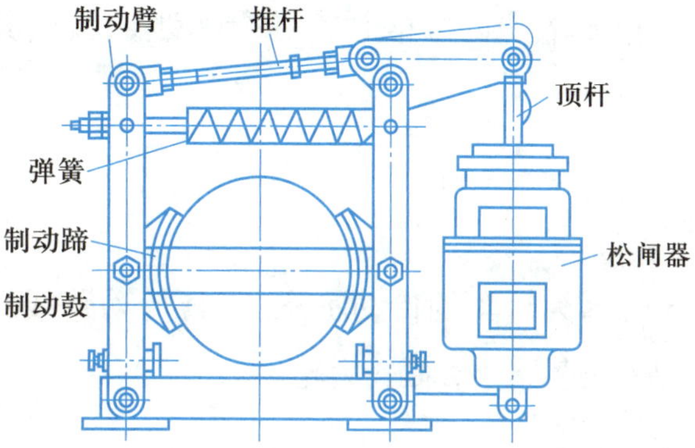

图 5-24　外抱式制动器

这种制动器在起重运输等设备中应用较广，如起重机的刹车装置。

（4）盘式制动器　盘式制动器也称为碟式制动器。如图 5-25 所示，通过液压系统把压力施加到制动钳上，使制动摩擦片与随车轮转动的制动盘产生摩擦实现车轮制动。因盘式制动器是敞开式的，产生的热量可以很快散去，制动性能稳定，现在已广泛应用于轿车上。

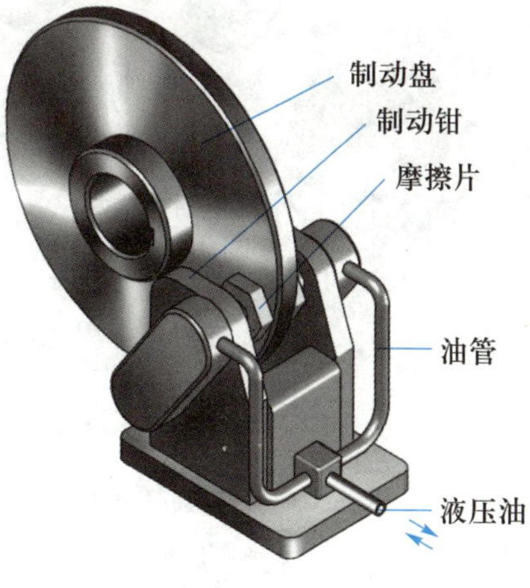

图 5-25　盘式制动器

知识卡片 常闭式制动器和常开式制动器

制动器按其工作状态可以分为常闭式和常开式。常闭式制动器在未操纵时处于制动状态,当机构需要运转时才使制动器松开,如图 5-24 所示的外抱式制动器。常开式制动器在未操纵时处于非制动状态,只有需要时才使它制动,如图 5-22 所示的带式制动器和图 5-25 所示的盘式制动器。

做一做

观察自行车、电动自行车上采用的制动器,说明其所属的类型。

任务实施

图 5-26 所示为轿车的传动示意图,其传动路线:发动机→离合器→手动变速箱→联轴器(传动轴)→后差速器→半轴→后轮。

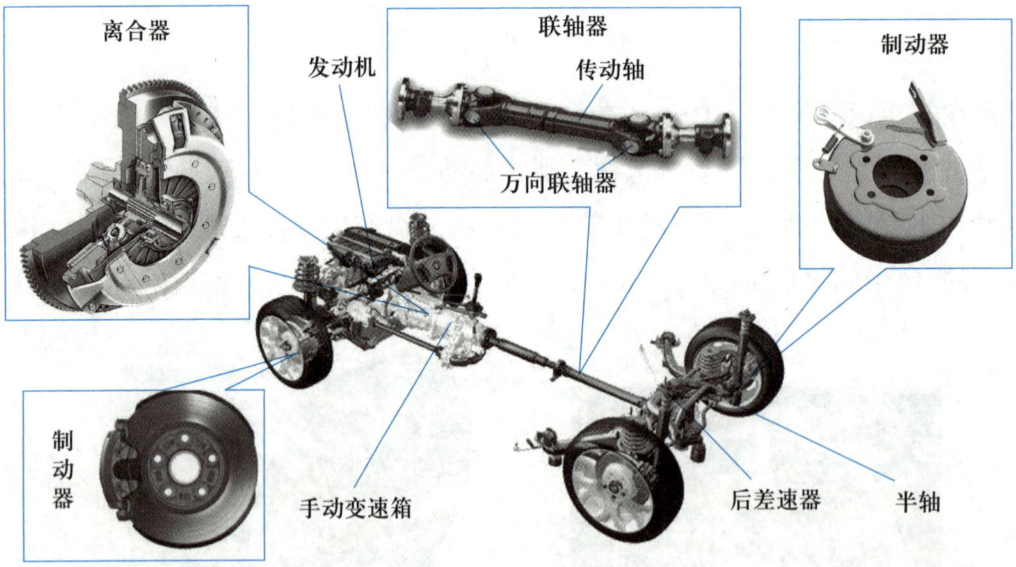

图 5-26 轿车的传动示意图

(1)离合器装在发动机与手动变速箱之间,负责将发动机的动力传送到手动变速箱。在变速箱换挡时要求离合器分离;换挡完成后离合器接合,使发动机驱动汽车前进。需要停车时要求离合器分离,在发动机不熄火时也能实现停车。

(2)由手动变速箱输出的动力经传动轴传送至后差速器,进而将动力传输至后轮。传动轴与变速箱输出轴、传动轴与后差速器轴一般成一个小角度，它们之间使用万向联轴器连接。

（3）在前轮和后轮上都装有制动器，其作用是制动时利用摩擦力矩阻止车轮转动，以达到减速、停车的目的。制动器一般为盘式制动器、内张式制动器。

阅读材料

桥梁和纽带的作用——联轴器、键工作的启示

图 5-1 中，电动机轴与螺杆轴之间由联轴器连接；图 5-2 中，电动机轴与 V 带轮之间用普通型平键连接。它们的共同特点是不彰显自己，心甘情愿地起桥梁和纽带作用，确保机构正常工作。

作为一名优秀学生，我们也需要有像联轴器、键一样的品质和作用。当同学之间发生矛盾时，你能够替他们调解，起到这样的桥梁沟通作用吗？在我们的生活中，很多矛盾和冲突的出现，不是因为双方有根本的对立，而是因为沟通、协调没有做好，这就需要有人充当桥梁和纽带，帮助化解矛盾和冲突。

项目六

带传动和链传动

项目介绍

机械设备中广泛使用带传动和链传动，它们通过中间挠性件传递运动和动力，适用于两轴中心距较大的场合。如在汽车发动机、自行车、拖拉机中，带传动和链传动都有广泛的应用，如图 6-1 所示。

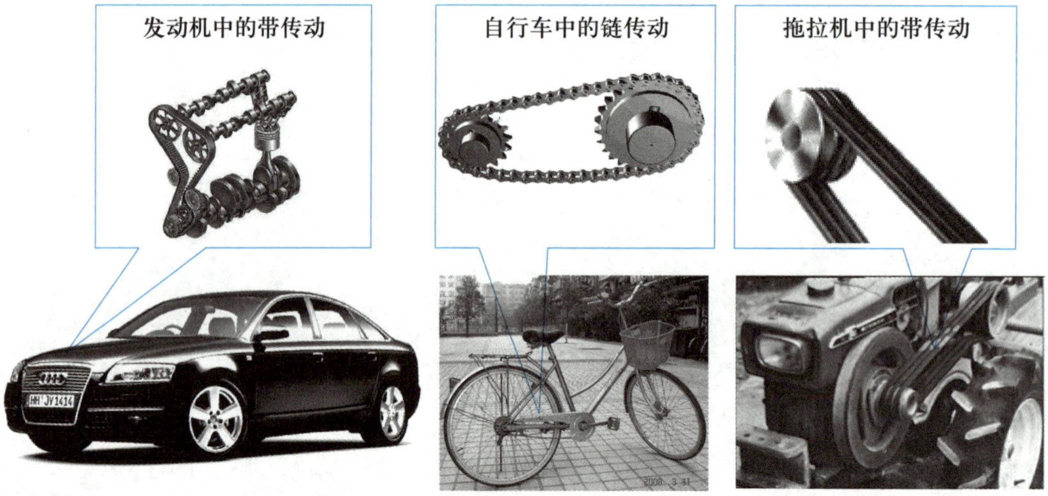

图 6-1　带传动和链传动的应用

本项目学习带传动和链传动的工作原理、特点、类型、传动比、安装与维护等。

任务一　带传动的应用

任务目标

1. 认识带传动的工作原理、特点、类型和应用，会计算带传动的传动比。
2. 了解普通 V 带的结构与标准及 V 带轮的结构与材料。

3. 了解带传动的失效形式。

4. 掌握带传动的张紧和安装、维护方法。

任务描述

图 6-2 所示的 CA6140 型卧式车床的 V 带传动中，电动机通过带传动将运动和动力传递给主轴箱左侧的带轮。在工作中发现，刀具不切削工件时主轴转动正常，当刀具切削工件时，主轴转速时快时慢，甚至停转。如果上述故障原因出现在带传动环节，请检查带传动的工作情况，分析产生故障的原因，并提出解决的方法和措施。

图 6-2　CA6140 型卧式车床的 V 带传动

知识准备

一、带传动的工作原理、特点及应用

1. 带传动的工作原理

带传动由主动轮、从动轮和紧套在两轮上且具有挠性的传动带及机架组成，如图 6-3 所示，它依靠带与带轮之间的摩擦或啮合，在两轴间传递动力和运动。

2. 带传动的特点

(a) 平带传动　(b) V带传动　(c) 同步带传动

图 6-3　带传动

带传动的主要优点：

（1）带具有良好的弹性，能吸振、缓冲，传动平稳，噪声小。

（2）过载时，带与带轮会出现打滑，具有安全保护作用，防止零件损坏。

（3）结构简单，制造成本低，安装和维护方便，且适用于两轴中心距较大的场合。

带传动的主要缺点：

（1）不能保证准确的传动比，抗过载能力差。

（2）传动效率较低，使用寿命较短，易老化。

（3）轮廓尺寸较大，结构不够紧凑，不宜用于高温场合。

3. 带传动的应用

带传动的类型较多，应用范围非常广，无论是在精密机械，还是在工程机械、矿山机械、化工机械、交通运输、农业机械中，都得到了广泛使用，特别是在汽车工业、家用电器和办公机械以及各种新型机械装备中使用相当普遍。由于带传动的效率和承载能力较低，故不适用于大功率传动，工作速度一般为 5 ~ 30 m/s，传动比一般小于 7。

二、带传动的类型

按照工作原理的不同，带传动可分为摩擦型带传动和啮合型带传动（图 6-4e）。在摩擦型带传动中，根据传动带的横截面形状的不同，又可以分为平带传动（图 6-4a）、V 带传动（图 6-4b）、圆带传动（图 6-4c）和多楔带传动（图 6-4d）。

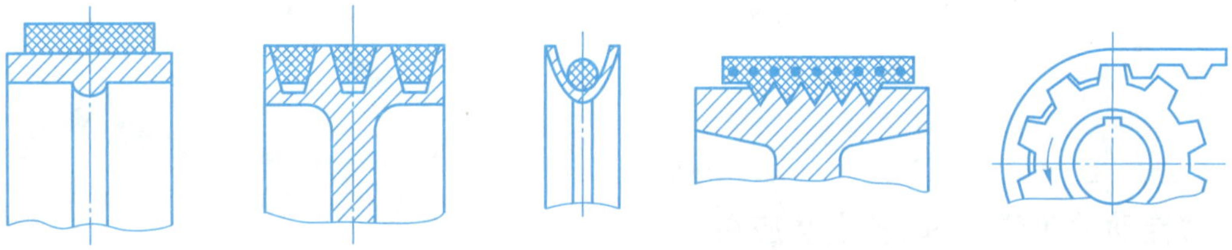

(a) 平带　(b) V带　(c) 圆带　(d) 多楔带　(e) 同步带

图 6-4 带传动的类型

（1）平带传动　平带传动结构简单，带轮通常为圆柱形或鼓形，传动效率高，多用于传动中心距较大的场合，如图 6-4a 所示。

（2）V 带传动　V 带横截面呈等腰梯形，带轮上也做出形状相同的槽。传动时 V 带的两个侧面与轮槽相接触作为工作面，在相同的张紧力下，传动能力大约是平带的 3 倍，这是 V 带传动最大的优点，另外，V 带传动允许的传动比大，所以 V 带传动比平带传动应用更广泛，如图 6-4b 所示。

V 带传动类型最多，有普通 V 带、窄 V 带和联组 V 带等多种类型，如图 6-5 所示，其中普通 V 带应用最为广泛。

（3）圆带传动　圆带断面呈圆形，可以自由弯曲，带轮的直径可以做得很小，轮槽做成半圆形，如图 6-4c 所示。圆带没有芯体，结构简单，但传动功率很小，常用于缝纫机、真空吸尘器以及小型机床、精密机械的机械传动中。

(a) 普通V带　(b) 窄V带　(c) 联组V带

图 6-5　V 带的类型

（4）多楔带传动　多楔带兼有平带柔性好和 V 带摩擦力大的优点，并解决了多根 V 带长短不一而使各带受力不均的问题，如图 6-6 所示。多楔带主要用于传递功率较大同时要求结构紧凑的场合。

（5）同步带传动　同步带传动是通过带内表面上等距分布的横向齿和带轮上的相应齿槽的啮合来传递运动，属啮合型带传动，亦称齿形带。与摩擦型带传动比较，同步带传动的带轮和传动带之间没有相对滑动，能够保证严格传动比；但同步带传动对中心距及其尺寸稳定性要求较高。主要用于要求传动比准确的中小功率传动中，如计算机、打印机、数控机床和纺织机械等。

同步带的齿形有梯形齿（图 6-7a）和圆弧齿（图 6-7b）两种，圆弧齿同步带齿根应力集中小，寿命长，传递功率比梯形齿高 1.2 ~ 2 倍。

图 6-6　多楔带

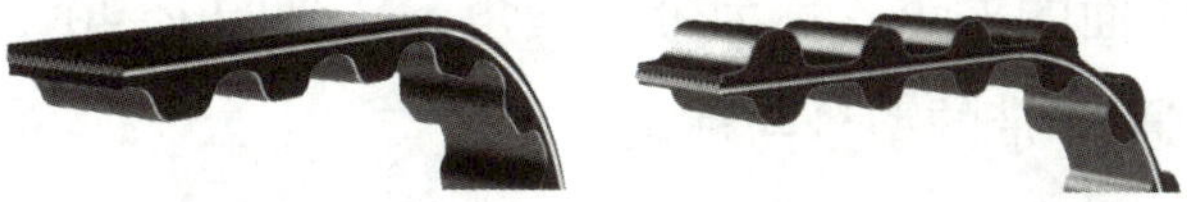

(a) 梯形齿　(b) 圆弧齿（双面）

图 6-7　同步带的齿形

三、带传动的传动比

带传动的传动比是主动轮与从动轮转速之比，也等于从动轮基准直径和主动轮基准直径之比，用公式表示为

$$i_{12}=\frac{n_1}{n_2}=\frac{d_{d2}}{d_{d1}}$$

式中　n_1、n_2——主动轮、从动轮的转速，r/min；

d_{d1}、d_{d2}——主动轮、从动轮的基准直径，mm。

做一做

主动轮转速 1 440 r/min、从动轮转速 500 r/min，带传动的传动比是多少？

四、V 带的结构与标准

1. 普通 V 带的结构

普通 V 带是用多种材料制成的无接头环形带，根据其结构分为包边 V 带和切边 V 带两种，如图 6-8 所示。包边 V 带由胶帆布（顶布）、顶胶、缓冲胶、抗拉体、底胶等部分组成（GB/T 1171—2017）。

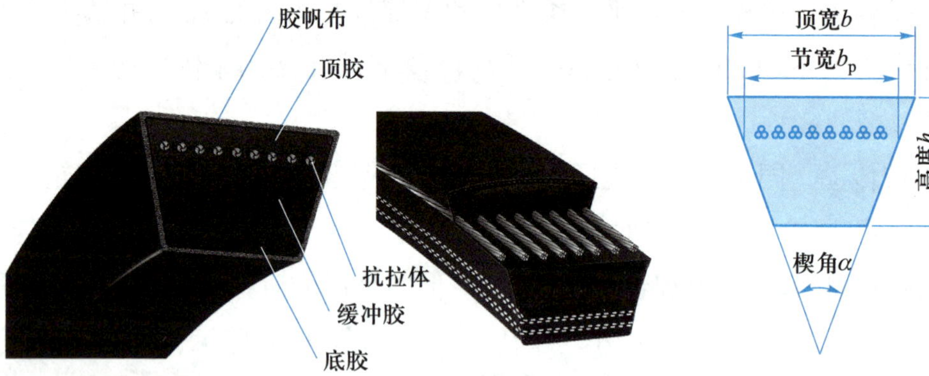

(a) 包边V带　(b) 普通切边V带　(c) V带横截面

图 6-8　普通 V 带的结构

普通 V 带具有对称的梯形横截面，几何尺寸有顶宽 b、节宽 b_p 和高度 h 如图 6-8c 所示，带两侧工作面的夹角 α 称为带的楔角。V 带的 α=40°，高度与节宽之比 h/b_p 约为 0.7。

2. 普通 V 带的型号与标记

根据国家标准（GB/T 11544—2012），普通 V 带按截面尺寸自小到大共分 Y、Z、A、B、C、D、E 七种型号，见表 6-1。Y 型 V 带的截面积最小，E 型的截面积最大。截面积越大，其传递的功率也越大。Y 型、Z 型 V 带主要用于打字机、切纸机等办公设备，洗衣机、榨汁器、吸尘器等家用电器。一般机械使用 A、B、C、D、E 型，其中 D、E 型为重型带，用于大型机械。

表 6-1　普通 V 带的截面尺寸（摘自 GB/T 11544—2012）

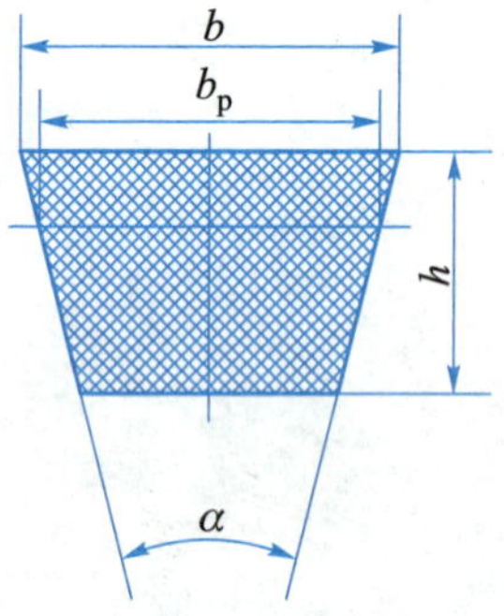

型　别	Y	Z	A	B	C	D	E
节宽 b_p/mm	5.3	8.5	11	14	19	27	32
顶宽 b/mm	6	10	13	17	22	32	38
高度 h/mm	4	6	8	11	14	19	25
楔角 α	40°						

普通 V 带的标记通常压印在 V 带外表面上，标记的组成为

型号　基准长度　标准编号

例如：A 1430　GB/T 1171，表示基准长度为 1 430 mm 的 A 型普通 V 带。

知识卡片　基准宽度、基准直径、基准长度

当V带绕过带轮时产生弯曲，外层受拉伸长，内层受压缩短，必有一长度不变的中性层。中性层面称为节面，其宽度称为节宽，用 b_p 表示；轮槽中与节宽相应的槽宽称为轮槽的基准宽度，用 b_d 表示；带轮在此处的直径称为基准直径，用 d_d 表示。普通V带在规定的张紧力下位于测量带轮基准直径上的周长称为基准长度（也称节线长度），用 L_d 表示，它是V带的公称长度，用于带传动的几何尺寸计算。普通V带基准长度系列见表6-2（以A型为例）。

表6-2　普通V带基准长度系列（A型，摘自GB/T 11544—2012）　mm

基准长度 L_d 的基本尺寸	630	700	790	890	990	1 100	1 250	1 430	1 550	1 640	1 750	1 940
	2 050	2 200	2 300	2 480	2 700							

3. 窄V带

窄V带是一种新型V带，其 α 也等于40°，高度与节宽之比约为0.9。窄V带型号分为SPZ、SPA、SPB、SPC、9N、15N、25N七种，横截面尺寸由小到大。与普通V带传动相比，窄V带传动具有传动能力更大、效率更高、结构更紧凑、使用寿命更长等优点。目前，窄V带已广泛应用于高速、大功率且结构要求紧凑的机械传动中。标记示例：SPA　1250　GB/T 12730。

五、V带轮的结构与材料

V带轮由轮缘、轮辐（或腹板）、轮毂三部分组成，如图6-9所示。轮缘是带轮的外缘，毂是带轮与轴配合的内圈部分，轮缘与轮毂连接的部分称为轮辐。在轮缘上有梯形槽，槽型应与所选的V带型号相对应，槽型截面如图6-10所示。槽角 φ（轮槽两侧面的夹角）比V带的楔角 α 略小，规定有32°、34°、36°和38°四种。

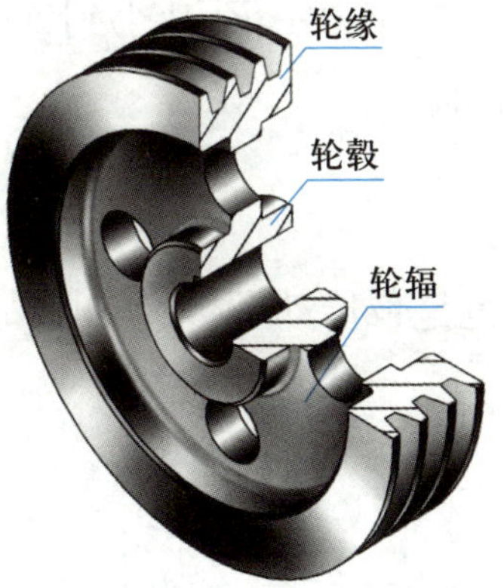

图6-9　V带轮的结构

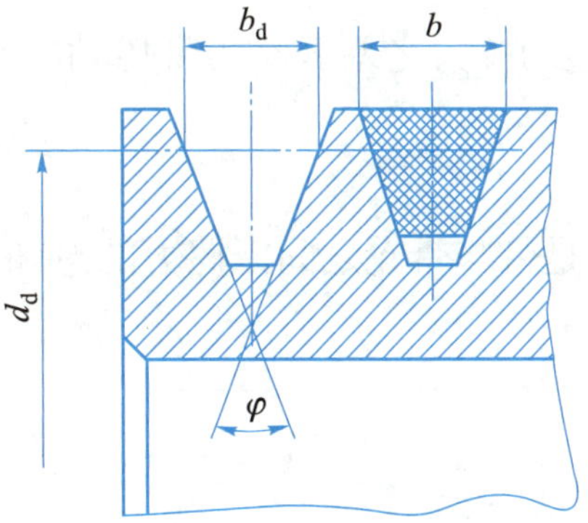

图6-10　槽型截面

想一想

带轮的槽角为什么要比V带的楔角小（从带弯曲变形分析，参考图2-36）？

V 带轮的结构形式与基准直径有关。当 V 带轮基准直径 $d_d \leqslant 2.5d$ 时（d 为安装带轮的轴直径），可采用实心式（图 6-11a）；当 $d_d \leqslant 300$ mm 时，可采用腹板式（图 6-11b）或孔板式（图 6-9）；当 $d_d > 300$ mm 时，可采用椭圆轮辐式（图 6-11c）。

(a) 实心式　(b) 腹板式　(c) 椭圆轮辐式

图 6-11　V 带轮的结构形式

带轮的材料常采用灰铸铁、钢、铝合金或工程塑料等，最常用的是灰铸铁。当转速较低时，多用灰铸铁 HT150 或 HT200；当转速较高时，宜采用球墨铸铁、铸钢或钢板焊接结构；小功率带轮可用铝合金或工程塑料。汽车、农业机械的辅助传动装置和家用电器中常用钢板冲压带轮或旋压带轮。

六、带传动工作能力分析

1. 紧边与松边

具有挠性的闭合环形带以一定的张紧力紧套在主、从动轮上，由于张紧力的作用，带与带轮的接触面之间就产生了正压力。如图 6-12a 所示，当传动带静止时，带上、下两边承受相等的拉力，称为初拉力 F_0；当原动机带动主动轮运转时，传动带与主、从动带轮的接触面间便产生了摩擦力，使得传动带上、下两边的拉力不再相等。带卷入主动轮的一边被拉紧，称为紧边，拉力由 F_0 增大到 F_1；带卷出主动轮的一边被放松，称为松边，拉力由 F_0 减小到 F_2，如图 6-12b 所示。传动带两边的拉力之差 F 称为带传动的有效拉力，即

$$F=F_1-F_2$$

实际上，F 是带与带轮之间摩擦力的总和 F_f，同时也是带传动所传递的圆周力。

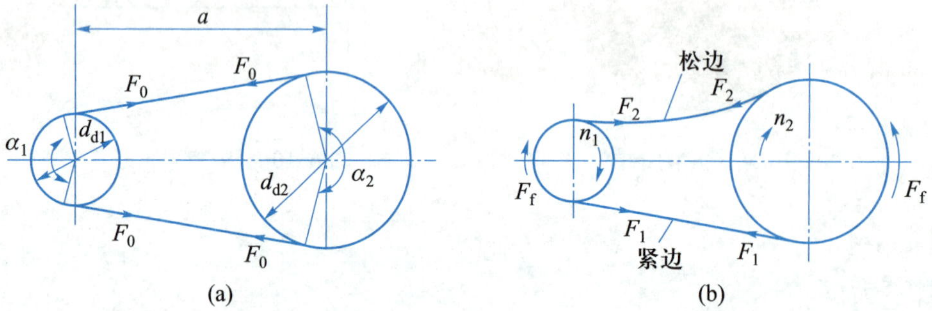

(a)　(b)

图 6-12　带传动的包角与受力分析

2. 打滑

在一定的初拉力 F_0 作用下，带与带轮接触面间摩擦力的总和有一极限值（最大静摩擦力），这个极限值就决定了带传动的传动能力。在其传动能力范围内，有效拉力 F（即摩擦力 F_f）随工作阻力的增大而增大，当工作负载超过带与带轮接触面间的最大静摩擦力时，带与带轮将发生明显的相对滑动，这种现象称为打滑。带打滑时从动轮转速急剧下降，传动失效，同时带的磨损加剧，温度升高，寿命下降，这是应当避免的。

3. 包角

包角是带与带轮接触的圆弧对应的圆心角，如图 6-12a 所示的 α_1 和 α_2 分别为主动轮和从动轮的包角。包角的大小反映了带与带轮的轮缘表面间接触圆弧的长度，带的承载能力与带轮的包角大小有关。同等条件下，包角越大，接触圆弧越长，接触面产生的摩擦力总和就越大；反之，摩擦力总和就越小。

大带轮的包角总是大于小带轮的包角，故打滑主要发生在小带轮上，所以带传动的传动能力取决于小带轮的包角。为了保证传动能力，要求小带轮包角 $\alpha_1 \geqslant 120°$。

4. 失效形式

带传动的主要失效形式：带在带轮上打滑，不能传递运动和动力；带由于疲劳产生脱层、撕裂和拉断；带的工作面磨损。

想一想

传动带打滑一定有害吗？

七、带传动的安装与维护

1. 张紧力与张紧方法

（1）张紧力　由前述可知，张紧力 F_0 越大，带与带轮间的摩擦力越大，带的传动能力越大。但张紧力过大，不仅增大了带轮轴的受力，同时也使带过早伸长而降低其使用寿命。因此，张紧力应控制在适当的范围内，在中等中心距的带传动中，一般能用大拇指按下 10 ~ 15 mm 则认为张紧力是合适的，如图 6-13 所示。

（2）张紧方法　带工作一段时间以后，由于带的蠕变、带与轮槽的磨损，使带产生松弛现象，导致张紧力逐渐减小，易发生打滑，使带传动的承载能力下降，因此就需要采取措施重新使带张紧。常用的张紧方法如下：

1）调整中心距　图 6-14a 所示为移动式张紧装置，适用于水平或倾斜不大的传动；图 6-14b 所示为摆动式张紧装置，适用于垂直或接近垂直的传动，需要定期进行张紧。

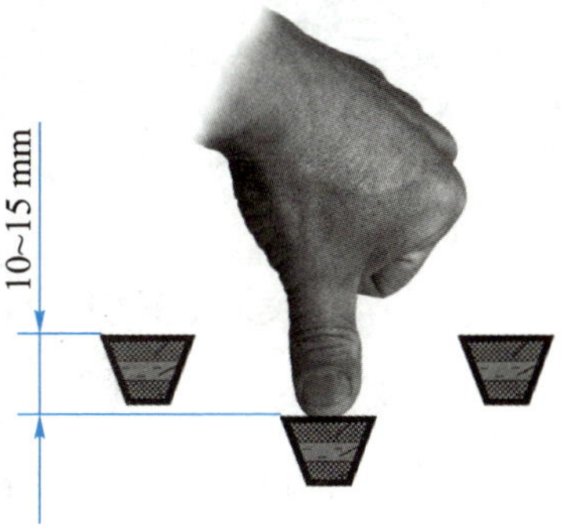

图 6-13　V 带张紧力的控制

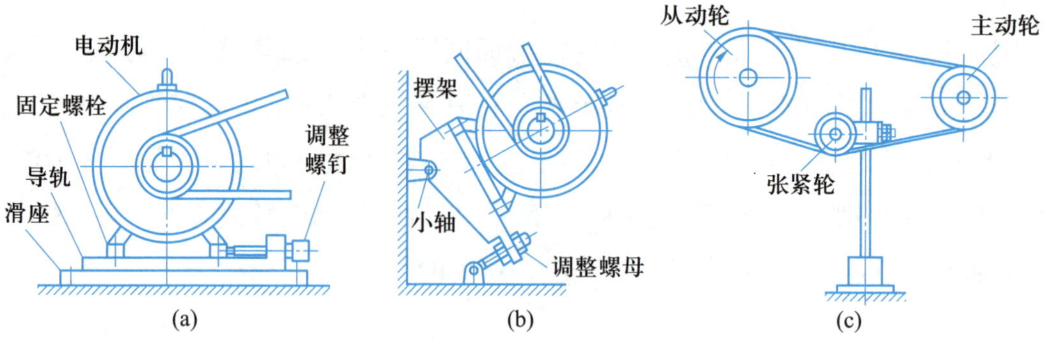

图 6-14 带传动张紧装置

想一想

图 6-14 所示的各张紧装置如何调节以实现 V 带的张紧？

2）采用张紧轮装置 当中心距不可调时，可采用张紧轮装置，如图 6-14c 所示。张紧轮一般放置在松边的内侧、尽量靠近大带轮处，以免减少小带轮上的包角；如果中心距过小，可以将张紧轮设置在带的松边外侧、靠近小带轮处，但这会使带产生反向弯曲，降低带的疲劳寿命。

想一想

张紧轮为什么不放置在紧边？

2. 安装与维护

为保证带传动能正常工作，延长带的使用寿命，必须正确安装带和带轮，并合理使用及维护。

（1）按要求选取带的型号、基准长度和根数。应先将中心距缩小，把带套在带轮上后再慢慢拉紧，使带松紧适当，并保持适度张紧力。

想一想

怎样检查带的张紧力？

（2）安装时，主动带轮与从动带轮的轮槽要对正，两轮的轴线要保持平行，否则会引起带的扭曲及带的过早磨损，还会使轴承承受附加载荷，如图 6-15 所示。

（3）带的型号与轮槽的型号要相对应，要保证带的断面在轮槽中的正确位置，即带应与带轮的外缘平齐，如图 6-16 所示。

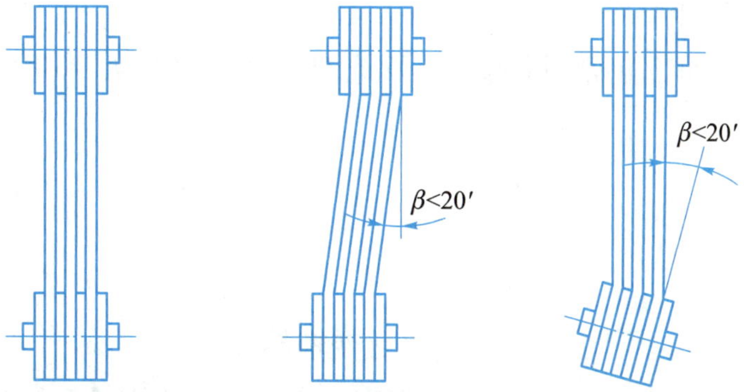

(a) 两带轮理想正确位置　(b) 带轮安装实际位置的允许误差

图 6-15　V 带和带轮的安装

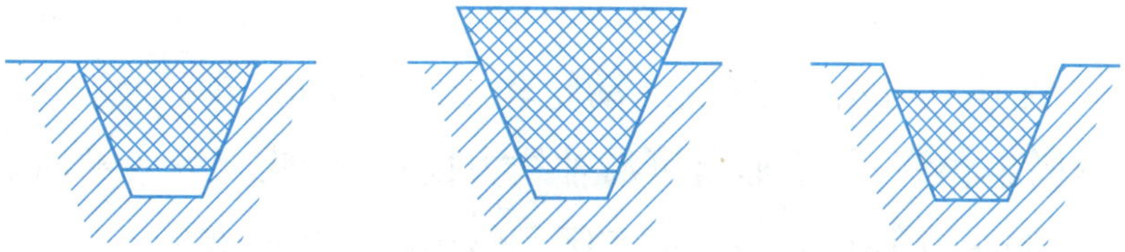

(a) 正确　(b) 不正确　(c) 不正确

图 6-16　V 带在轮槽中的位置

（4）成组使用的 V 带，其长短不能相差过大，在使用过程中要对带进行定期检查，并及时调整或更换。更换时，新旧 V 带不要同时使用，否则会使带受力不均匀。

（5）为了保证安全生产，带传动应加防护罩。

（6）严防油、酸、碱及有机溶剂等对 V 带的腐蚀，同时应尽量避免日光暴晒和雨水浸淋。

任务实施

1. 检查带传动的工作情况

拆去车床挂轮箱上的带防护装置，观察带传动情况，发现机床不切削时电动机上的小带轮、主轴箱左侧的大带轮转动正常；当刀具切削工件时小带轮转动正常，但大带轮转速时快时慢，甚至停转；还发现 V 带温度较高，说明带传动出现打滑。

2. 分析 V 带出现打滑的原因

原因可能是：① 张紧力不够；② V 带使用时间久了出现老化，摩擦因数降低；③ 接触面有油脂或其他润滑物质附着。

3. 解决的方法、措施

（1）用大拇指按压一根 V 带，如挠度较大（大于 15 mm），说明 V 带的张紧力不够，应找出电动机下端的调节装置进行调节，使中心距变大，增加张紧力。

（2）如挠度较小（小于 10 mm），观察 V 带，如发现带工作表面的磨损严重、脱层、撕裂、毛边，说明 V 带使用时间久了出现老化，或 V 带表面有油脂或其他润滑物质附着，应更换 V 带

（注意要把同一组带全部更换）。

（3）如以上两方面都正常，说明加工所选的切削用量过大，使用切削力超出了车床的负荷，应减小切削用量。

任务拓展

无级变速器

无级变速器是能使传动比在一定范围内连续变化的变速器，应用在汽车变速上就是没有具体的挡位概念，能够使发动机的动力进行无间断的传递，且操控方便，近年来应用广泛。

如图 6-17 所示，变速部分由主动轮、从动轮和金属带组成。每个轮都由两个锥形盘组成为一体，一个锥形盘固定，另一个锥形盘可沿轴线方向移动，两部分的锥面形成 V 形槽，当两个锥形盘间的距离改变时，金属带在轮上的实际回转半径发生改变。

主、从动轮轴间的距离是固定的，金属带的周长是固定不变的。当主动轮锥形盘间的距离较宽、从动轮锥形盘间的距离较窄时，如图 6-17a 所示，金属带在主动轮上的回转半径小于在从动轮上的半径，属于减速传动，相当于汽车低速挡行驶；反之，相当于高速挡行驶，如图 6-17b 所示。

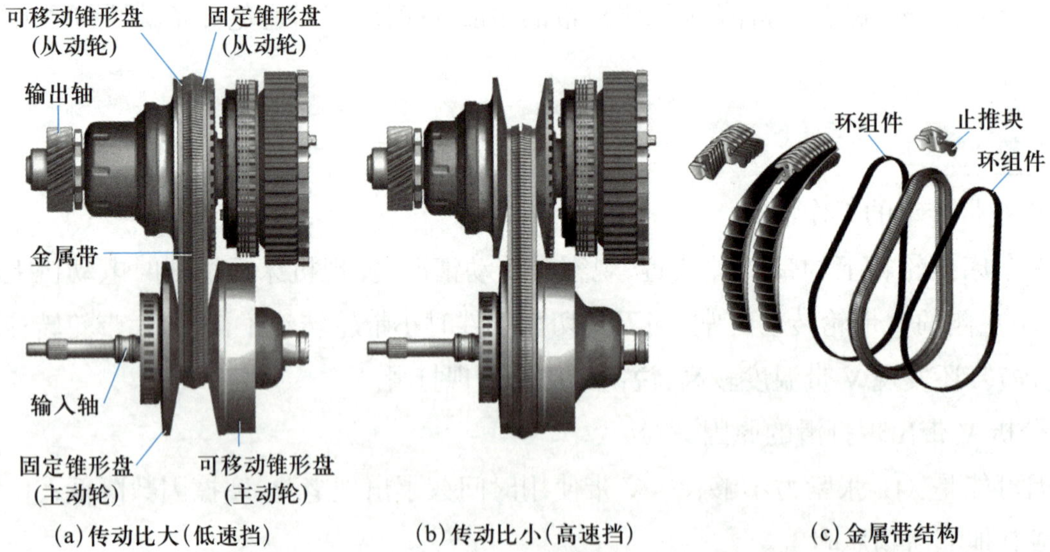

图 6-17 无级变速器

由于两个锥形盘间的轴向距离可以无级变化，金属带在轮上的回转半径也是连续变化的，从而实现无级变速传动。但金属带是在两侧轮挤压力的作用下而实现动力传递的，能力有限，目前只能应用在中、小功率的车辆上。

任务二　链传动的应用

任务目标

1. 认识链传动的工作原理、类型、特点和应用，会计算链传动的平均传动比。
2. 了解链传动的失效形式。
3. 了解滚子链及链轮的结构。
4. 掌握链传动的张紧和安装、维护方法。

任务描述

自行车是我们日常的交通工具。如图 6-18 所示，自行车的运动和动力是通过链传动实现的，链传动长期工作后，会出现跳齿或脱链现象。检查链传动的工作情况，分析产生的原因，并提出解决的方法和措施。

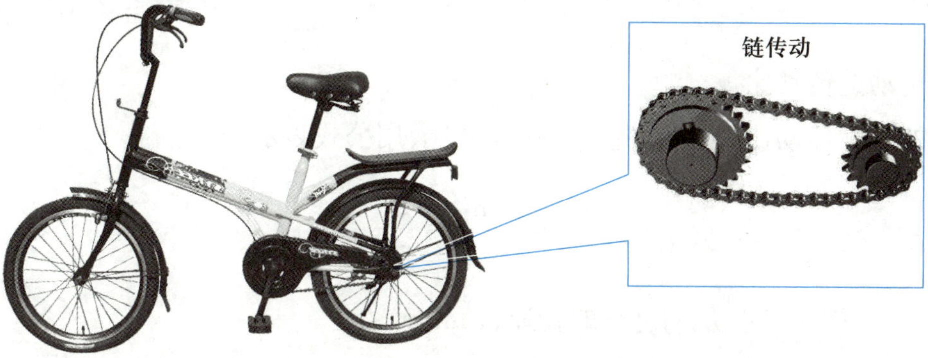

图 6-18　自行车链传动

知识准备

一、链传动的工作原理、特点与应用

链传动是一种挠性传动，由链条、主动链轮和从动链轮组成，通过链轮轮齿与链条链节的啮合来传递运动和动力，如图 6-19 所示。链传动兼有带传动、齿轮传动的特点，主要优点是：

（1）没有打滑现象，平均传动比准确，传动效率较高。

（2）承载能力大，过载能力强，且不需要很大的张紧力，作用于轴上的压力小。

（3）制造、安装精度要求较低，可以在较恶劣的条件（高温、多尘、潮湿以及有污染等）下工作。

（4）轴间距大，结构简单、紧凑。

链传动的主要缺点是：

（1）只能用于平行轴间的传动。

（2）瞬时传动比不恒定，运转时有振动、冲击和噪声，传动平稳性差。

（3）成本高，易磨损，易伸长，磨损后易发生跳齿和脱链。

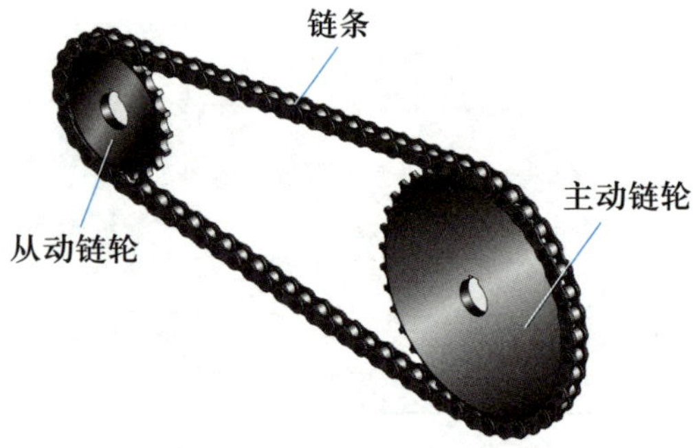

图 6-19 链传动

因此，链传动主要用于平均传动比要求准确、两轴平行且轴间距较大、低速重载、工作条件恶劣、润滑良好、不宜采用带传动和齿轮传动的场合。例如，在摩托车上应用链传动，其结构大为简化，使用更方便可靠；挖掘机使用链传动，虽然受到土块、泥浆和瞬时过载的影响，但依然能很好地工作。

做一做

列举出几个带传动和链传动使用的场所，并比较它们的相同点和不同点。

二、链传动的传动比

链传动的平均传动比 i_{12} 就是链轮的转速之比，用公式表示为

$$i_{12}=\frac{n_1}{n_2}=\frac{z_2}{z_1}$$

式中 n_1、n_2——主动链轮、从动链轮的转速，r/min；

z_1、z_2——主动链轮、从动链轮的齿数。

三、链的类型

链的系列和品种很多，常用的链按照用途分为三大类：

（1）传动链 传动链主要用来传递动力和运动，如图 6-19 所示，应用最为广泛。

（2）输送链 用于链式输送机中移动重物，如图 6-20a、b 所示。

（3）起重链 主要用于起重机械中提升重物，起牵引和悬挂重物的作用，如图 6-20c 所示。

链根据结构的不同又可以分为短节距精密滚子链（简称滚子链）、齿形链等类型，如图 6-21 所示。其中滚子链结构简单，不易磨损，常用于传动系统的低速级，一般传递的功率在 100 kW 以下，链速不超过 15 m/s，推荐使用的最大传动比为 8；齿形链应用较少。

(a) 链斗式提升机　(b) 链式输送机　(c) 链式电动葫芦

图 6-20　输送链与起重链的应用

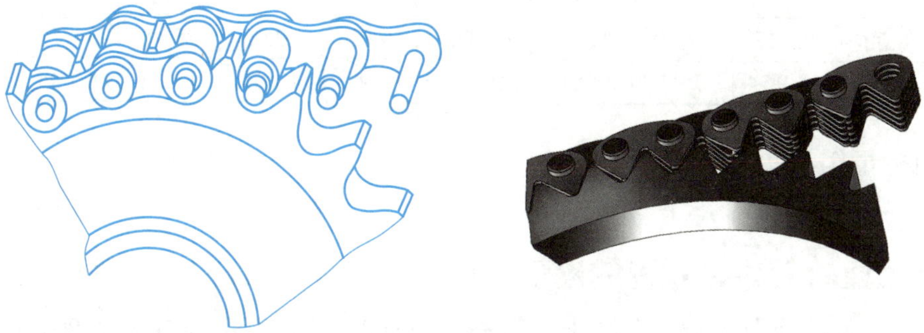

(a) 滚子链　(b) 齿形链

图 6-21　滚子链和齿形链

*四、滚子链与链轮结构

滚子链属于标准件，国家标准中对滚子链的结构、型号和系列等做了规定。

1. 滚子链的结构与标准

滚子链由若干链节构成，如图 6-22a 所示。链节由内链板、外链板、销轴、套筒和滚子等组成。其中，内链板与套筒采用过盈配合组成内链节，外链板与销轴采用过盈配合组成外链节，而滚子与套筒、套筒与销轴均采用间隙配合。当内、外链板相对挠曲时，套筒可绕销轴自由转动。滚子是套在套筒上的，工作时，滚子沿链轮齿廓滚动，这样就可减轻齿廓的磨损。链的磨损主要发生在销轴与套筒的接触面上，因此，内、外链板间应留少许间隙，以便润滑油渗入销轴和套筒的摩擦面间。

链上相邻销轴的轴间距称为节距，用 p 表示，它是链传动最主要的参数，节距越大，链传动各零件的结构尺寸也越大，承载能力也越强，但传动越不平稳，重量也随之增大，当需要传递大功率而又要求传动结构尺寸较小时，可采用小节距的双排链（图 6-22b）或多排链，为避免受力不均，最多为四排链。

滚子链已经标准化，分为 A、B 两个系列。表 6-3 列出了滚子链的链号与节距、滚子直径。

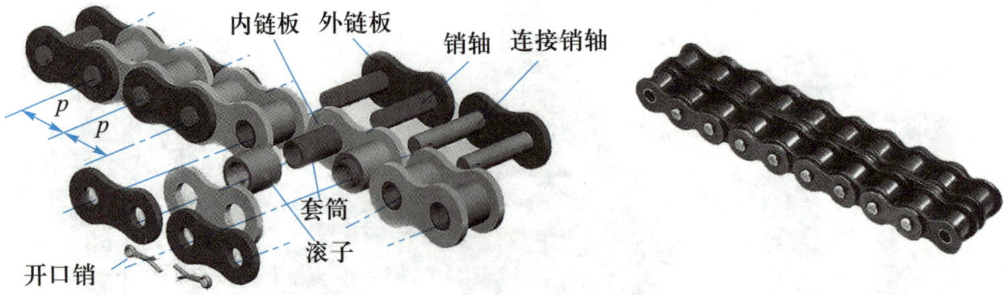

(a) 单排链 (b) 双排链

图 6-22 滚子链的结构

表 6-3 滚子链的链号与节距、滚子直径（摘自 GB/T 1243—2006） mm

链号	05B	06B	08A	08B	10A 10B	12A	12B	16A 16B	20A 20B	24A	24B
节距 p	8.00	9.525	12.70	12.70	15.875	19.05	19.05	25.40	31.75	38.10	38.10
滚子直径 d_1	5.00	6.35	7.92	8.51	10.16	11.91	12.07	15.88	19.05	22.23	25.40

滚子链的标记组成为

链号 - 排数 标准编号

例如：20A-2 GB/T 1243—2006，表示链号为 20A（节距为 31.75 mm 的 A 系列）、双排的滚子链。生产实际中，常在滚子链的标记中加入链节数，上述滚子链若为 80 节，则标记为 20A-2-80 GB/T 1243—2006。

2. 滚子链的接头形式

滚子链的接头形式如图 6-23 所示。当链节数为偶数时，正好内、外链板相接，接头处可用开口销或弹性锁片将连接销轴固定，如图 6-23a、b 所示，一般前者用于大节距，后者用于小节距；当链节数为奇数时，需采用图 6-23c 所示的过渡链节。由于过渡链节的链板是弯曲的，工作时要受附加弯矩的作用，因此应尽量采用偶数链节。

(a) 开口销 (b) 弹性锁片 (c) 过渡链节

图 6-23 滚子链的接头形式

做一做

观察自行车链条，讲述其结构和接头形式、张紧方法。

3. 滚子链轮的结构和材料

（1）链轮的结构　链轮不是标准件，滚子链轮的结构如图 6-24 所示，链轮上的齿形按国家标准 GB/T 1243—2006 中规定的参数制造。

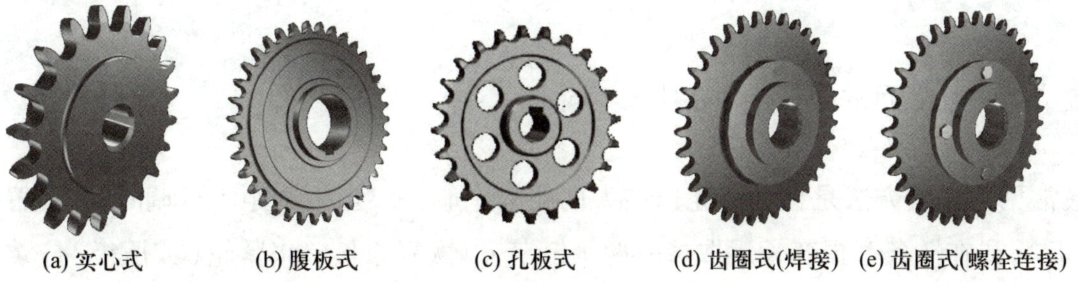

图 6-24　滚子链轮的结构

（2）链轮的材料　链传动的主要失效形式是链条元件的疲劳破坏或因套筒和销轴磨损而使链节距过度伸长。一般链传动中，换二、三次链条才换一次链轮。链传动工作时，链与链轮之间有冲击和摩擦，故链轮轮齿应有足够的耐磨性和强度。因为小链轮啮合次数多、冲击大、磨损严重，所以应该选择比大链轮更好的材料。

无剧烈振动和冲击的链轮可以选用 40 钢、50 钢等并经淬火、回火处理；承受动载荷及传递较大功率的链轮，应采用 15Cr、20Cr 并经渗碳加淬火、回火处理；使用优质链条的重要链轮，要采用 35SiMn、40Cr 等并经淬火、回火处理。

五、链传动的安装与维护

1. 链传动的布置

链传动的布置应遵循以下原则：

（1）大、小链轮的轴线要平行，各链轮在同一平面内，且使链条在同一铅垂面内运动。图 6-25 所示为用水平尺和直尺检查链轮的安装情况。

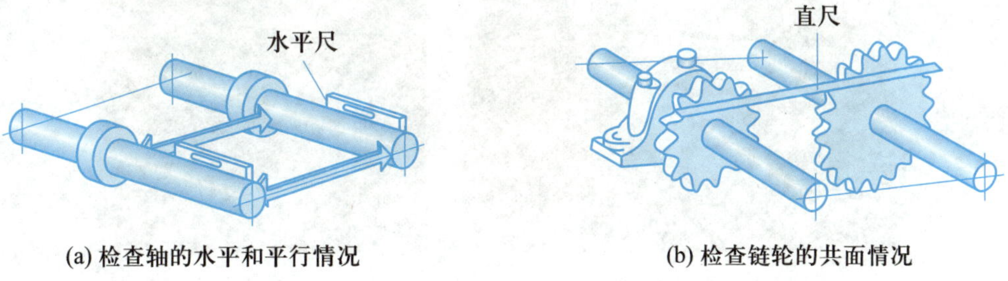

图 6-25　用水平尺和直尺检查链轮的安装情况

（2）两链轮的轴心连线最好是水平或与水平面的夹角小于 45°。尽量避免上下布置，以防链节磨损后因伸长造成下边链轮与链条的啮合不良，造成脱链。

（3）链传动一般应使紧边在上、松边在下。否则，松边下垂，有可能无法从小链轮上脱出，反而会被卷入。

2. 链传动的张紧

链传动张紧的目的主要是避免在链垂度过大时产生啮合不良和振动现象。

想一想

链传动的张紧目的与带传动有什么不同?

最常见的张紧方法是移动链轮以增大两轮的中心距。当中心距不可调时,可设置张紧轮(或压板),或在链条磨损变长后取掉一两个链节,以恢复原长。张紧轮(或压板)应装在靠近主动链轮的松边上,有自动张紧(图 6-26a、b)和定期张紧(图 6-26c)两种。

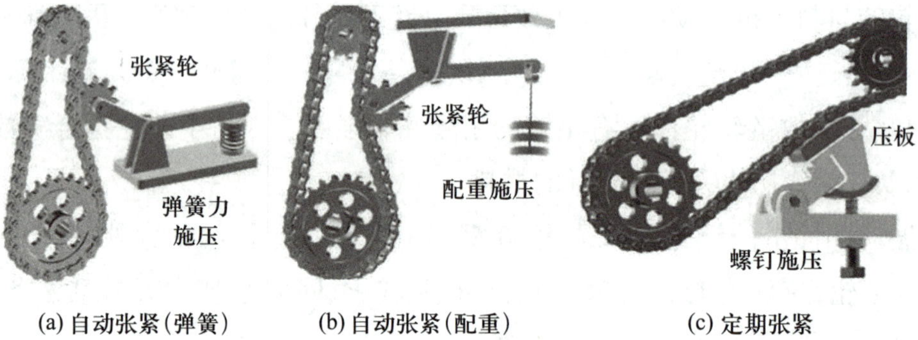

图 6-26 链传动张紧

做一做

说出图 6-27 所示两种自行车链传动的张紧方法,指出实现张紧的具体位置。

图 6-27 自行车链传动的张紧

3. 链传动的润滑

链传动的润滑至关重要。合适的润滑能显著降低链的磨损,缓和冲击,提高工作能力,延长使用寿命。链传动的润滑方式见表 6-4。

表 6-4　链传动的润滑方式

方式	简图	润滑方式	供油量
人工润滑	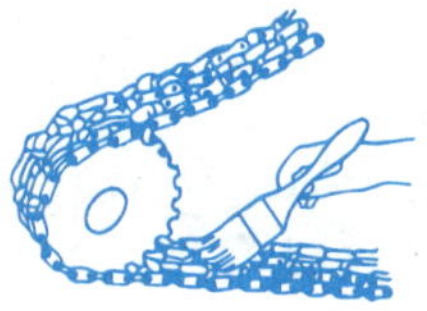	用刷子或油壶定期在链条松边内、外链板间隙中注油。适用于不重要传动	每班注油一次
滴油润滑	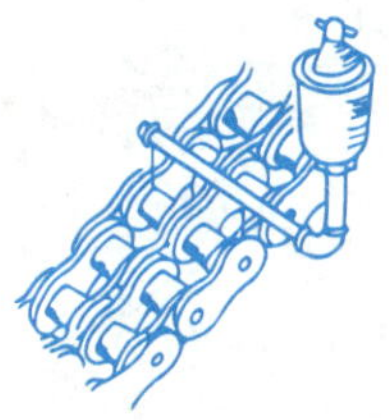	装有简单外壳,用油杯滴油	单排链,每分钟供油 5 ~ 20 滴,速度高时,取大值
油浴润滑	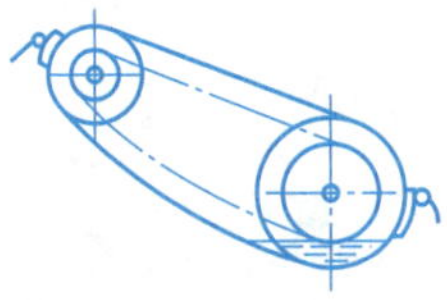	采用不漏油的外壳使链条从油槽中通过	链条浸入油面过深,搅油损失大,油易发热变质,一般浸油深度为 6 ~ 12 mm
压力润滑	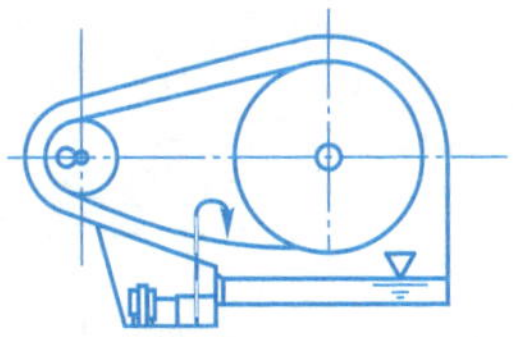	采用不漏油的外壳,油泵强制供油,喷油管口设在链条啮合入口处,循环油可起冷却作用。适用于大功率传动	每个喷油口供油量可根据链节距及链速大小查阅有关手册

4. 链传动的防护

为了防止操作人员无意中碰到链传动装置中的运动部件而受到伤害,应该用防护罩将其封闭。防护罩还可以将链传动与灰尘隔离,以维持正常的润滑状态。

任务实施

自行车是通过人的脚对脚蹬施加力,经过曲柄带动大链轮的转动,又通过链条带动小链轮、飞轮、后轮一起转动,向前行进。工作时链条与链轮轮齿反复啮合、脱离,套筒与销轴间相对转动产生磨损,使配合间隙增大,导致链节距增大、链条拉长而松弛,使链条与链轮轮齿的啮合不顺利,会产生跳齿或脱链现象。可采取增大两链轮中心距的方法来调节链条的张紧程度;如还不足以拉紧链条,应用去除掉一个链节的方法来缩短链的长度;如磨损严重,应更换链条。

任务三 阶段性实训 1——台式钻床转速的调节

任务目标

1. 熟悉台式钻床转速调节的方法及步骤。
2. 掌握 V 带传动的张紧及张紧力的检查方法。

任务描述

1. 观察台式钻床的组成、结构，调节台式钻床的转速。
2. 对台式钻床 V 带传动进行张紧。

物料准备

训练工具包括旋具（螺丝刀）、各种类型的扳手（活扳手、梅花扳手、套筒扳手等）、手锤、铜棒等。训练设备为 Z4012 台式钻床。

知识准备

（1）台式钻床（简称台钻）的组成和结构　Z4012 台式钻床主要由主轴、机头、立柱、电动机、底座、带传动装置和电气控制部分组成，如图 6-28 所示。

（2）台式钻床传动系统　电动机通过 V 带将运动传给主轴。改变 V 带在两个五级塔轮上的相对位置，使 V 带与不同直径的带轮进行连接，即可使主轴得到五种转速，如图 6-28 所示。

（3）V 带的松弛与张紧机构　松开锁紧手柄，可推动电动机托板从而带动电动机前后移动，借以调节 V 带的松紧。

图 6-28　Z4012 台式钻床

任务实施

1. 实施步骤

（1）找出五级塔轮（带轮）。关闭电源，卸下带轮防护罩，认识台式钻床的组成和结构，分析台式钻床的传动系统，找出五级塔轮，电动机上是主动轮，主轴上是从动轮。

（2）台式钻床的转速由高调低的方法。找到电动机塔轮上的 V 带，用大拇指压住 V 带并向直径小一级的轮方向施压，转动主轴塔轮，则 V 带自动滑入小一级带轮的槽内；再用大拇指将主轴塔轮上的 V 带向直径大一级的轮方向施压，转动电动机塔轮，则 V 带自动滑入大一级带轮的槽内。因主动轮直径减少而从动轮直径增大，所以转速比调节前降低。转速由低调高时，应先从主轴塔轮开始，方法类似。

（3）检查 V 带的张紧程度，如过松，应进行张紧。方法：松开锁紧手柄，用锤子垫木块（或铜棒）敲击电动机的安装块，将电动机向远离主轴一侧移动，将 V 带拉紧，用大拇指按下 V 带，挠度为 10 ~ 15 mm 最为合适，这时将锁紧手柄锁紧，调节完成。

（4）装上防护罩，合上电源试运行。

2. 注意事项

如在改变 V 带的位置时感觉 V 带过紧，不可强行改变，应先松弛，再改变 V 带的位置。

任务评价

采用自评、小组互评、教师评价相结合的方法，按照评价表（表 6-5）进行评价，最后由教师作出总结。

表 6-5　评　价　表

考核点	自评			小组互评			教师评价		

1. 快速找到调节位置									
2. 调节方法正确									
3. 张紧方法正确									
4. 调节结果正确									
5. 按时完成任务									
6. 团队协作完成									

阅读材料

保护自己，避免伤害——机械伤害与防护措施

1. 机械伤害的成因与危险零部件

如图 6-29 所示，机械设备的零部件在工作中作旋转运动或直线运动，这些都是机械的危险部位。如齿轮、带轮、链轮、凸轮、机床卡盘、砂轮、抛光机、丝杠、联轴器等作旋转运动；锻压机床的锻锤，冲床、剪板机的施压部件，牛头刨床的床头，龙门刨床的床面等零部件作直线运动，若操作者违反操作规程或操作粗心大意，易造成人员伤害，主要有绞伤、压伤、砸伤、挤伤、刺伤、割伤、烫伤和被飞出物体打伤等。

(a) 齿轮 (b) 链轮链条 (c) 机床卡盘 (d) 砂轮、抛光机

图 6-29 机械伤害的危险零部件

2. 机械伤害的防护措施

为预防机械伤害发生，可采取以下几方面防护措施。

（1）加强设备安全防护措施，常见防护措施如下。

1）机械设备应选用适当的结构，避免锐边、尖角和凸出部分，金属薄片的棱边应倒钝、折边或修圆，可能引起刮伤的开口端应包覆。

2）高度在 2 m 以内的各种运动零部件，或有物料传输装置、带传动装置的设备，应设置防护罩或护板，如图 6-30 所示。

(a) 车床 (b) 钻床 (c) 砂轮机 (d) 输送机

图 6-30 防护罩和护板

3）设备上安装的安全防护装置应与设备运转联锁，在防护罩没闭合前，传动部件不能运转。

4）在危险部位设置安全标志（图 6-31）、警告牌或语音提示。

（2）建立安全制度、按照设备的安全规程操作。根据行业特点和企业实际，建立相符合的

安全制度。如机械加工厂规定:必须穿工作服上班,不留长辫子,不穿高跟鞋,不戴手套操作旋转机床;车间配置安全检查员,交接班制度等。严格按照机械设备的安全规程操作;严格按照操作场合指令标志(图 6-32)要求进行个人安全防护等。

图 6-31　安全标志

图 6-32　指令标志

项目七

齿　　轮

项目介绍

齿轮传动的应用非常广泛，在机床、汽车、办公设备中都有应用，如图 7-1 所示。齿轮传动是靠轮齿之间的啮合来传递运动和动力的，具有众多的优点，因此齿轮传动已成为许多机械设备中最常用的传动部件。

本项目学习齿轮传动、蜗杆传动的基本知识及相关计算。

图 7-1　齿轮传动的应用

任务一　认识齿轮传动

任务目标

1. 了解齿轮传动的特点、分类和应用。
2. 会计算齿轮传动的传动比。
3. 了解渐开线标准直齿圆柱齿轮各部分的名称、主要参数；能计算标准直齿圆柱齿轮的基本尺寸。

*4. 掌握渐开线标准直齿圆柱齿轮传动的啮合条件。

*5. 了解渐开线齿轮切齿原理、根切现象及最小齿数。

任务描述

图 7-2 所示为 CA6140 车床主轴箱内的齿轮传动部分。在工作中，Ⅲ轴上的一个齿轮的轮齿因故障发生了折断，使车床不能正常工作，需要更换齿轮。分析齿轮传动的类型，通过对原齿轮的测量确定齿轮参数，计算几何尺寸并选择齿轮的加工方法。

图 7-2　CA6140 车床主轴箱内的齿轮传动部分

知识准备

一、齿轮传动的特点、分类

1. 齿轮传动的特点

齿轮传动是依靠两轮轮齿之间直接接触的啮合传动，用以传递两轴间的运动和动力。齿轮传动在各种机械设备中应用最广泛，是最重要的一种传动形式。适用的功率、速度、尺寸范围大；传递功率可以从很小至十几万千瓦；速度最高可达 300 m/s；齿轮直径可以从几毫米至 20 多米。与其他传动相比，齿轮传动具有以下特点：

（1）效率高。在常用的机械传动中，以齿轮的传动效率为最高，如一级圆柱齿轮传动的效率可达 99%。

（2）传动比精确，传动平稳。

（3）结构紧凑，可以传递空间任意两轴之间的运动和动力。

（4）工作可靠、寿命长。工作十分可靠，寿命可长达 10 ~ 20 年。

（5）制造、安装精度要求较高，成本较高，传动时会产生噪声，且不宜用于传动距离过大的场合。

想一想

上述特点中，哪些是优点？哪些是缺点？

2. 齿轮传动的分类

齿轮传动的类型很多，如图 7-3 所示。

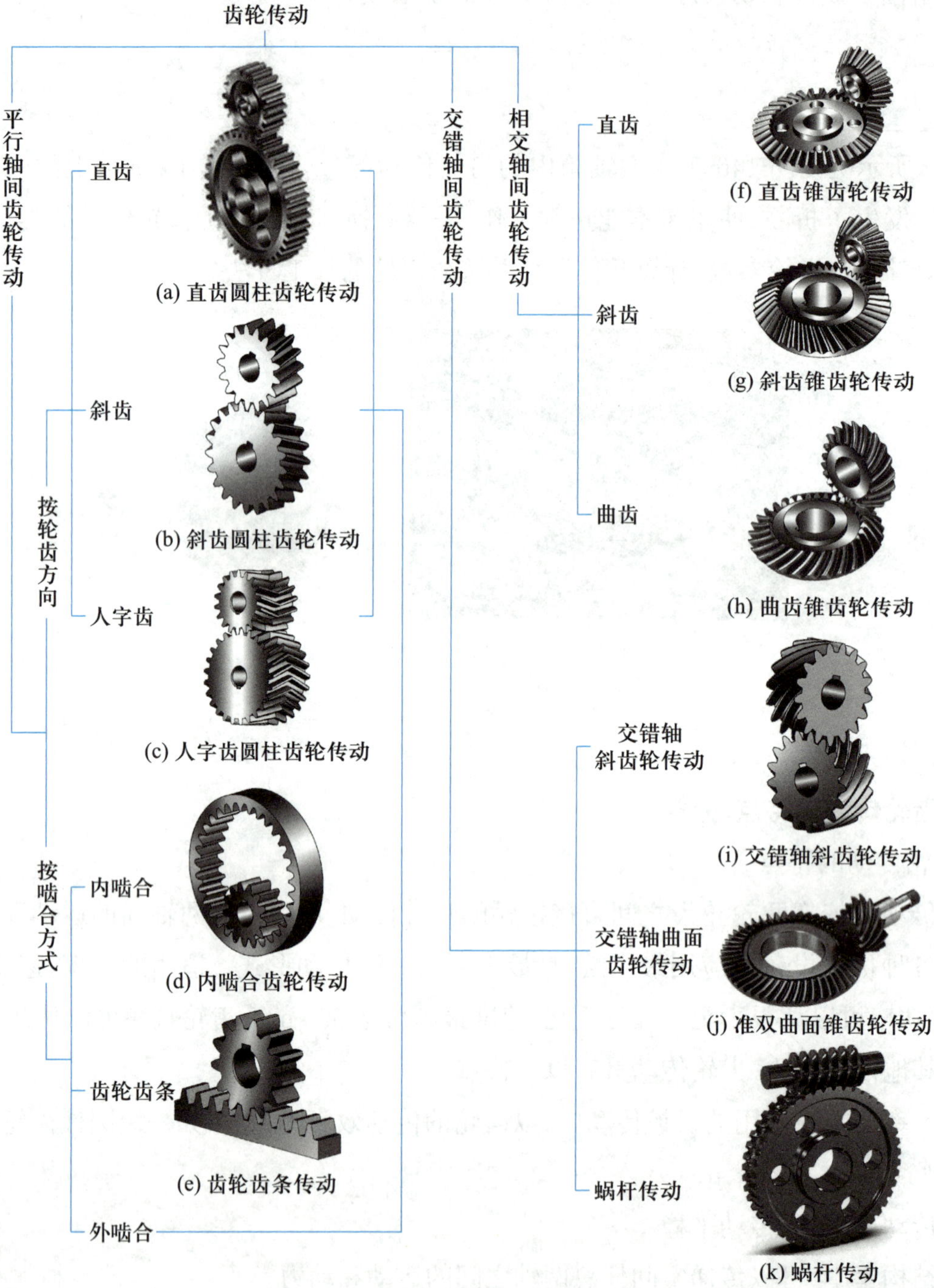

图 7-3 齿轮传动的类型

（1）按两齿轮轴线的相互位置分类可分为平行轴间、相交轴间、交错轴间齿轮传动。

1）平行轴间齿轮传动。圆柱齿轮用于平行轴间齿轮传动。按两齿轮的啮合方式，又可分为外啮合、内啮合和齿轮齿条传动；按齿向的形状，可分为直齿轮传动、斜齿轮传动和人字齿轮传动。

2）相交轴间齿轮传动。锥齿轮用于相交轴间的齿轮传动，轮齿分布在圆锥体上，有直齿、斜齿和曲线齿之分。

3）交错轴间齿轮传动。用于交错轴间的齿轮传动主要有交错轴斜齿圆柱齿轮传动、交错轴曲面齿轮传动（如准双曲面锥齿轮传动）和蜗杆传动。

（2）按两齿轮的工作条件，可分为开式齿轮传动（图 7-4a）和闭式齿轮传动（图 7-4b）。

(a) 开式齿轮传动　　(b) 闭式齿轮传动

图 7-4　开式齿轮传动与闭式齿轮传动

做一做

如图 7-4 所示，比较开式齿轮传动和闭式齿轮传动的特点。

3. 渐开线与渐开线齿廓

（1）渐开线的形成　如图 7-5a 所示，当一直线 AB 在圆周上作纯滚动时，该直线上任一点 K 的轨迹称为该圆的渐开线，该圆称为基圆，半径用 r_b 表示；直线 AB 称为渐开线的发生线。渐开线从基圆开始向外展开，所以基圆内没有渐开线。

想一想

渐开线的形状和基圆的大小有什么关系？当基圆无穷大时，渐开线将会是什么形状？

（2）渐开线齿廓　渐开线齿轮轮齿的齿廓是由同一基圆上产生的两条相反且对称的渐开线组成的，如图 7-5b 所示。像这种以渐开线作为齿廓曲线的齿轮被称为渐开线齿轮。当基圆半径无穷大时，齿轮就变成了齿条，齿条的齿廓为直线。

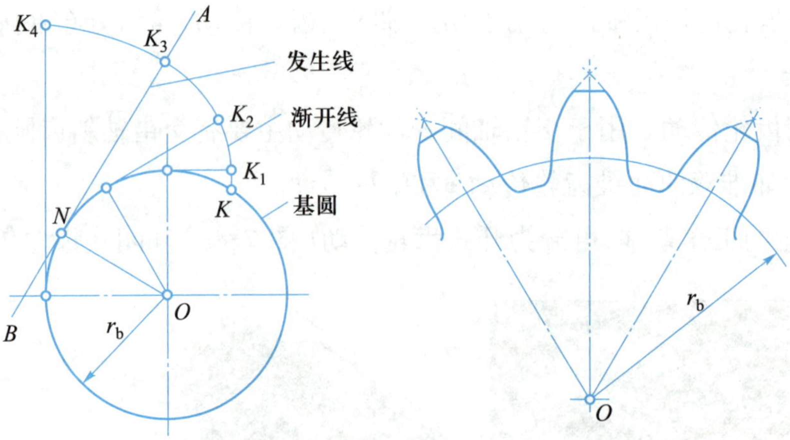

(a) 渐开线的形成　　(b) 渐开线齿廓

图 7-5 渐开线的形成与渐开线齿廓

> **知识卡片** 圆弧齿轮、摆线齿轮和谐波齿轮
>
> 按齿廓线的形状，齿轮可分为渐开线齿轮、圆弧齿轮、摆线齿轮和谐波齿轮。其中，渐开线齿轮传动应用最广。圆弧齿轮是近几十年来发展起来的一种齿轮，其齿面是圆弧曲面，这种齿轮的承载能力高于渐开线齿轮，适用于高速重载的场合。摆线齿轮的齿廓曲线为摆线，主要用于仪表和钟表传动中，尤其在增速传动中。谐波齿轮中含有柔性轮，其传动比较大，传递的功率较大。

二、渐开线标准直齿圆柱齿轮

1. 齿轮各部分名称及基本参数

（1）齿轮各部分名称与几何尺寸　图 7-6 所示为直齿圆柱外齿轮的几何要素。齿轮上每个凸起的部分称为齿，相邻两齿之间的空间称为齿槽。齿轮各部分名称与主要参数如下：

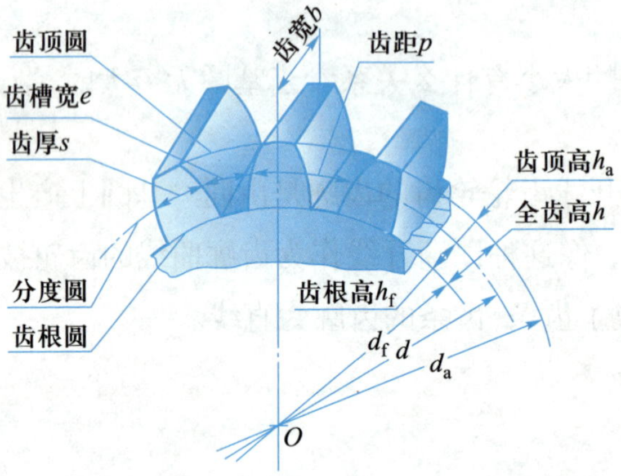

图 7-6 直齿圆柱外齿轮的几何要素

1）齿顶圆和齿根圆　过齿轮各齿顶所作的圆称为齿顶圆，其直径和半径分别用 d_a 和 r_a 表示；过齿轮各齿槽底部所作的圆称为齿根圆，其直径和半径分别用 d_f 和 r_f 表示。

2）齿厚、齿槽宽和齿距　在某个圆周上，一个轮齿两侧齿廓之间的弧长称为该圆上的齿厚，用 s 表示；一个齿槽两侧齿廓之间的弧长称为该圆上的齿槽宽，用 e 表示；相邻两齿同侧齿廓之间的弧长称为该圆上的齿距，用 p 表示，显然 $p=s+e$。

3）分度圆　它是一个假想的圆，在齿顶圆和齿根圆之间，分度圆上的齿厚与齿槽宽相等，其直径和半径分别用 d 和 r 表示。齿轮的齿距（p）、齿厚（s）和齿槽宽（e）指的是分度圆上的数值。

4）齿顶高、齿根高和全齿高　齿顶高为分度圆与齿顶圆之间的径向距离，用 h_a 表示；齿根高为分度圆与齿根圆之间的径向距离，用 h_f 表示；全齿高为齿顶圆与齿根圆之间的径向距离，用 h 表示，则 $h=h_a+h_f$。

5）顶隙　一对齿轮相互啮合时，一个齿轮的齿顶与另一个齿轮的齿根之间留有间隙，以储存润滑油润滑工作齿面，如图 7-7 所示。一个齿轮齿顶与另一个齿轮齿根在连心线上的径向距离，称为顶隙，用 c 表示。对于外啮合齿轮，齿根高 h_f 大于齿顶高 h_a，$c=h_f-h_a$。

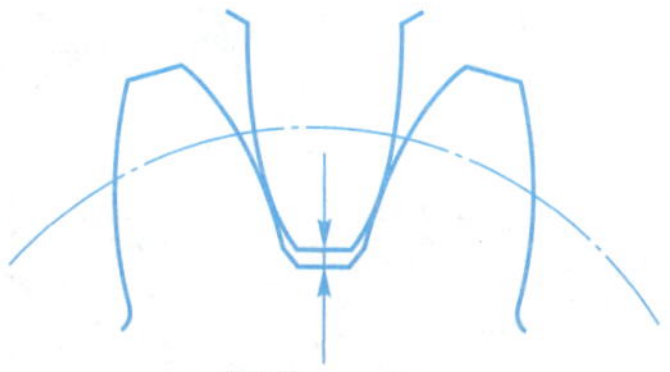

图 7-7　一对齿轮啮合时的顶隙

（2）直齿圆柱齿轮的基本参数　指齿数 z、模数 m、压力角 α、齿顶高系数 h_a^* 和顶隙系数 c^*，是齿轮各部分几何尺寸计算的依据。

1）齿数 z　在齿轮整个圆周上轮齿的总数。

2）模数 m　人为地将分度圆上齿距 p 与无理数 π 的比值规定为标准值，称为齿轮的模数，用 m 表示，其单位为 mm，即

$$m=\frac{p}{\pi} \quad 或 \quad p=\pi m$$

模数与分度圆直径的关系为

$$d=z\times\frac{p}{\pi}=mz$$

模数是决定齿轮尺寸的一个基本参数。由于 π 是无理数，给齿轮的设计、制造及检测带来不便。为此，国家标准规定了标准模数系列（表 7-1）。

表 7-1　标准模数系列（摘自 GB/T 1357—2008）　mm

第Ⅰ系列	1	1.25	1.5	2	2.5	3	4	5	6
	8	10	12	16	20	25	32	40	50
第Ⅱ系列	1.125	1.375	1.75	2.25	2.75	3.5	4.5	5.5	（6.5）
	7	9	11	14	18	22	28	36	45

注：1. 本表适用于渐开线齿轮，对斜齿圆柱齿轮指法面模数。
2. 选用模数时应优先采用第Ⅰ系列，应避免采用第Ⅱ系列中的模数 6.5 mm。

知识卡片 模数与齿轮轮齿、承载能力的关系

由公式 $p=\pi m$ 可知，m 越大，p 越大，轮齿也就越大，齿轮的承载能力越强；反之，轮齿越小，齿轮的承载能力越弱。图 7-8 所示为两个齿数相同而模数不同的齿轮比较，图 7-9 所示为分度圆直径相同（d=72 mm），四种不同齿数、模数的齿轮比较。

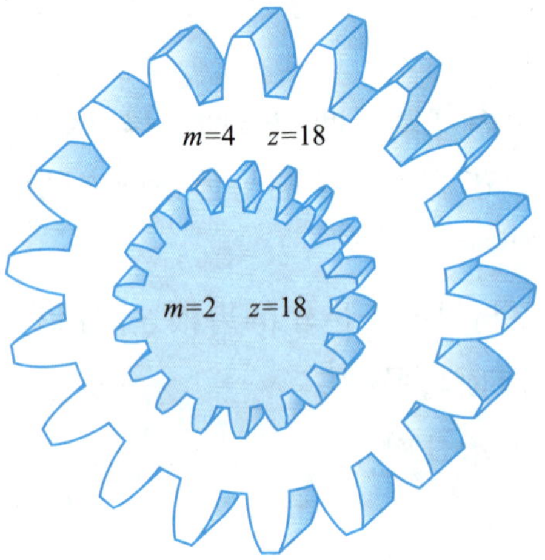

图 7-8 z 相同、m 不同的齿轮比较

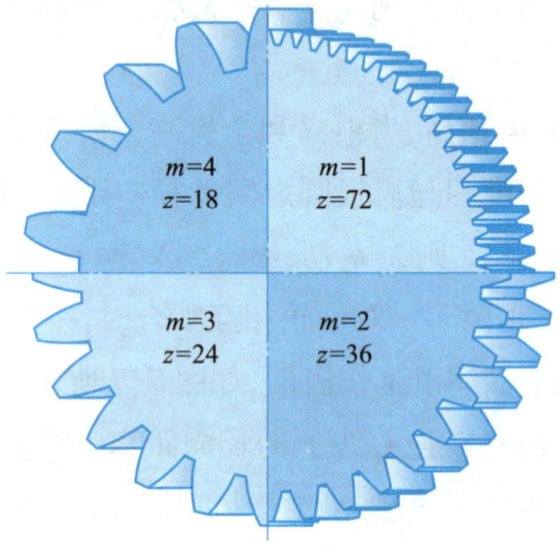

图 7-9 d 相同，z、m 不同的齿轮比较

3）压力角 α 压力角是物体运动方向与受力方向所夹的锐角（图 7-10）。通常说的齿轮压力角是指渐开线齿廓在分度圆上的压力角，压力角已标准化，标准压力角 α=20°。

4）齿顶高系数 h_a^* 和顶隙系数 c^* 对正常齿制的齿轮，国家标准规定齿顶高系数 h_a^*=1，顶隙系数 c^*=0.25；而非标准的短齿制齿轮，齿顶高系数 h_a^*=0.8，顶隙系数 c^*=0.3。本书涉及的齿轮均为正常齿制。

啮合的直齿圆柱齿轮如图 7-10 所示。

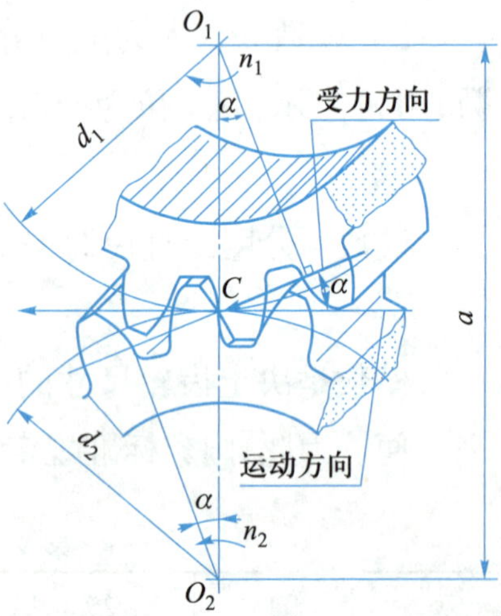

图 7-10 啮合的直齿圆柱齿轮

2. 外啮合标准直齿圆柱齿轮的基本尺寸

标准齿轮是指分度圆上的齿厚 s 等于齿槽宽 e，且 m、α、h_a^*、c^* 为标准值的齿轮。外啮合标准直齿圆柱齿轮几何尺寸计算公式见表 7-2。

安装时，一对标准直齿圆柱齿轮的分度圆相切，称为标准安装。标准安装时的中心距称为标准中心距，用 a 表示。

表 7-2　外啮合标准直齿圆柱齿轮几何尺寸的计算公式

名称	符号	计算公式
模数	m	根据计算或结构条件给出，选用标准值（见表 7-1）
压力角	α	$20°$
齿顶高	h_a	$h_a=h_a^* m=m$
齿根高	h_f	$h_f=h_a+c=(h_a^*+c^*)m=1.25m$
全齿高	h	$h=h_f+h_a=(2h_a^*+c^*)=2.25m$
顶隙	c	$c=c^* m=0.25m$
分度圆直径	d	$d=mz$
齿顶圆直径	d_a	$d_a=d+2h_a=m(z+2h_a^*)=m(z+2)$
齿根圆直径	d_f	$d_f=d-2h_f=m(z-2h_a^*-2c^*)=m(z-2.5)$
基圆直径	d_b	$d_b=d\cos\alpha$
齿距	p	$p=\pi m$
齿厚	s	$s=\pi\dfrac{m}{2}$
齿槽宽	e	$e=\pi\dfrac{m}{2}$
中心距	a	$a=\dfrac{1}{2}(d_1+d_2)=\dfrac{m}{2}(z_1+z_2)$

*3. 正确啮合条件与传动比

渐开线直齿圆柱齿轮传动的正确啮合条件：

$$m_1=m_2=m$$

$$\alpha_1=\alpha_2=\alpha$$

即两齿轮的模数与压力角必须分别相等且等于标准值。

根据正确啮合条件，可以得到传动比的计算公式：

$$i_{12}=\frac{n_1}{n_2}=\frac{z_2}{z_1}$$

知识卡片　内齿轮与内齿轮副

由两个外齿轮组成的齿轮副称为外齿轮副；有一个齿轮是内齿轮的齿轮副称为内齿轮副。当要求两齿轮轴线平行、回转方向相同且结构紧凑时，可采用内齿轮副传动。如图 7-11 所示，大齿轮为直齿圆柱内齿轮，与其啮合的小齿轮为直齿圆柱外齿轮。

直齿圆柱内齿轮的主要几何要素如图 7-12 所示，与外齿轮比较有以下几点不同：

（1）内齿轮的齿廓曲线也是渐开线，但内齿轮的齿廓是内凹的（外齿轮的齿廓是外凸的）。内齿轮的齿厚相当于外齿轮的槽宽，内齿轮的槽宽相当于外齿轮的齿厚。

（2）内齿轮的齿顶圆在它的分度圆之内，齿根圆在它的分度圆之外。

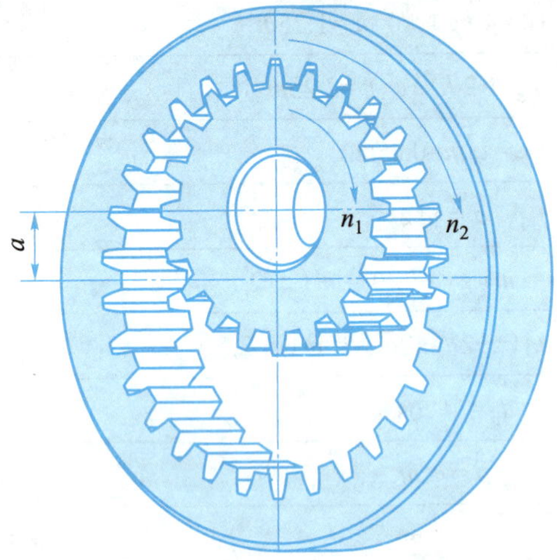

图 7-11　内齿轮副

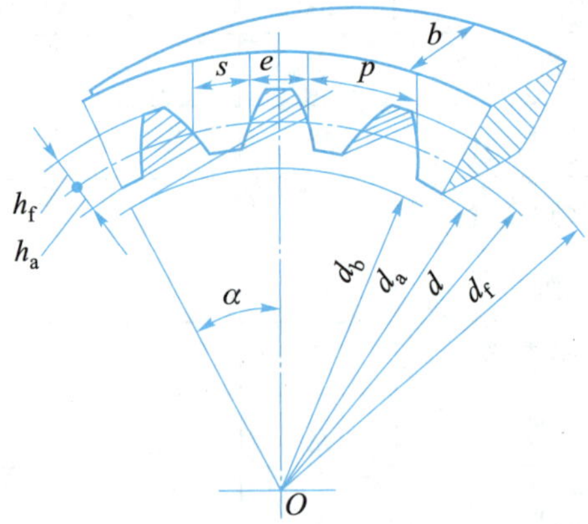

图 7-12　直齿圆柱内齿轮的主要几何要素

想一想

根据内齿轮副的啮合情况，分析内齿轮的齿顶高、齿根高、中心距与外齿轮副有何不同？

*三、渐开线齿轮的切削加工与根切现象

1. 齿轮的切削加工方法

（1）仿形法　仿形法是在普通铣床上用轴向剖面形状与被切齿轮轮槽形状完全相同的成形铣刀铣削出齿轮的加工方法。常用的成形铣刀有盘形铣刀和指状铣刀，如图 7-13 所示。

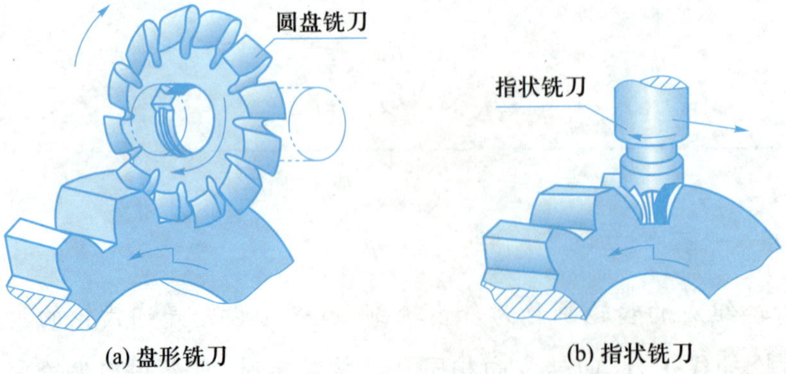

(a) 盘形铣刀　(b) 指状铣刀

图 7-13　成形铣刀

想一想

切出一个齿槽，需要哪些运动？

切出一个齿槽后，齿坯应转一个多大的角度才能再铣下一个齿？

（2）展成法　展成法是利用一对齿轮（或齿轮与齿条）无侧隙啮合时两轮的齿廓曲线互为包络线的原理加工齿轮的。将其中一个齿轮（或齿条）制成刀具，常用的刀具有齿轮插刀、齿条插刀和滚齿刀三种。

如图 7-14 所示，用齿轮插刀加工齿轮时，插刀与齿坯以恒定传动比作展成运动，同时插刀还有切削运动、让刀运动（防止刀具向上运动时，擦伤已切好的齿面）、径向运动（以便切出轮齿高度），当刀具分度圆与齿坯分度圆相切时，便切出了齿轮的全部。

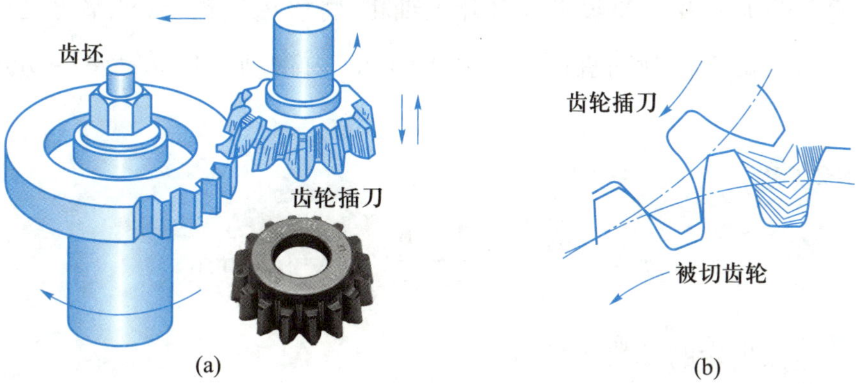

图 7-14　齿轮插刀加工齿轮

图 7-15 所示为用滚齿刀加工齿轮，滚齿刀转动，一方面产生切削运动，另一方面相当于齿条移动，从而与齿坯转动一起构成展成运动。此外滚齿刀还沿齿轮轴线方向缓慢进给，以切出齿轮宽度。由于用滚齿刀可以实现连续加工，所以效率比铣齿和插齿高。

2. 根切现象与最小齿数

当用展成法加工齿轮时，如果齿轮的齿数太少，会出现轮齿根部的渐开线齿廓被部分切除的现象，这种现象称为根切现象（图 7-16）。

图7-15　用滚齿刀加工齿轮

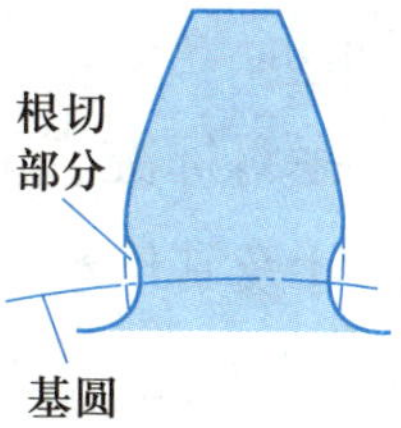

图 7-16　根切现象

出现根切现象对齿轮传动十分有害，一般情况下要避免产生根切，或只允许有轻微的根切。渐开线标准直齿圆柱齿轮不发生根切的条件是其齿数不小于 17，即 $z_{min} \geqslant 17$。

知识卡片　变位齿轮

用展成法加工渐开线直齿圆柱齿轮时，若刀具的分度圆与齿坯的分度圆相切，加工出的齿轮即为标准齿轮；若两圆相离（为正变位）或相交（为负变位），加工出的齿轮则为变位齿轮。当 $z<17$，又不允许有根切时，可采用正变位齿轮。

任务实施

（1）确定齿轮的类型及主要参数　打开主轴箱，将该齿轮拆下，观察可见这是一个直齿圆柱齿轮，齿数 $z=20$，测得齿顶圆的直径 $d_a'=109.6$ mm、齿根圆直径 $d_f'=87.4$ mm。先按正常齿制标准齿轮计算。

由 $d_a=m(z+2)$ 得

$$m'=\frac{d_a'}{z+2}=\frac{109.6}{20+2}\ \text{mm}=4.98\ \text{mm}$$

查表 7-1，确定该齿轮的模数 m 为 5 mm。

（2）计算齿轮的主要几何尺寸

分度圆直径　$d=mz=5\times20$ mm=100 mm

齿顶圆直径　$d_a=m(z_1+2)=5\times(20+2)$ mm =110 mm

齿根圆直径　$d_f=m(z-2.5)=5\times(20-2.5)$ mm=87.5 mm

计算得齿根圆直径与测量值相差（87.5−87.4）/87.5=0. 11%，说明按正常齿制标准齿轮处理是正确的。

（3）选择齿轮加工方法　成形铣刀加工齿轮适用于单件生产，齿轮插刀、滚齿刀加工齿轮适用于批量生产，此处选择成形铣刀加工齿轮，如具备条件，也可采用滚齿刀加工齿轮。

巩固训练

减速器中一对标准直齿圆柱齿轮 $m=3$ mm，$z_1=24$，$z_2=71$，$\alpha=20°$，正常齿制，试分别计算两齿轮的几何尺寸及其传动比。

解： $h_a^*=1$，$c^*=0.25$，$\alpha=20°$

$d_1=mz_1=3\times24$ mm=72 mm，$d_2=mz_2=3\times71$ mm=213 mm

$d_{a1}=m(z_1+2)=3\times(24+2)$ mm=78 mm，$d_{a2}=m(z_2+2)=3\times(71+2)$ mm =219 mm

$d_{f1}=m(z_1-2.5)=3\times(24-2.5)$ mm =64.5 mm，$d_{f2}=m(z_2-2.5)=3\times(71-2.5)$ mm =205.5 mm

$p=\pi m=3.14\times 3$ mm=9.42 mm

$h_{a1}=h_{a2}=m=3$ mm

$h_{f1}=h_{f2}=1.25m=1.25\times 3$ mm=3.75 mm

$h_1=h_2=2.25m=2.25\times 3$ mm=6.75 mm

$$a=\frac{m(z_1+z_2)}{2}=3\times\frac{24+71}{2}\text{ mm}=142.5\text{ mm}$$

$$i_{12}=\frac{z_2}{z_1}=\frac{71}{24}=2.96$$

任务拓展

斜齿圆柱齿轮和锥齿轮

**1. 斜齿圆柱齿轮

如图 7-17a 所示，斜齿圆柱齿轮的齿廓曲面是渐开线螺旋面，它与垂直轴线的平面的交线是渐开线（即在端面内是渐开线），与齿顶圆柱面的交线是螺旋线，与分度圆柱面的交线也是螺旋线，此螺旋线的切线与轴线之间的夹角称为斜齿圆柱齿轮的螺旋角，用 β 表示，如图 7-17b 所示。

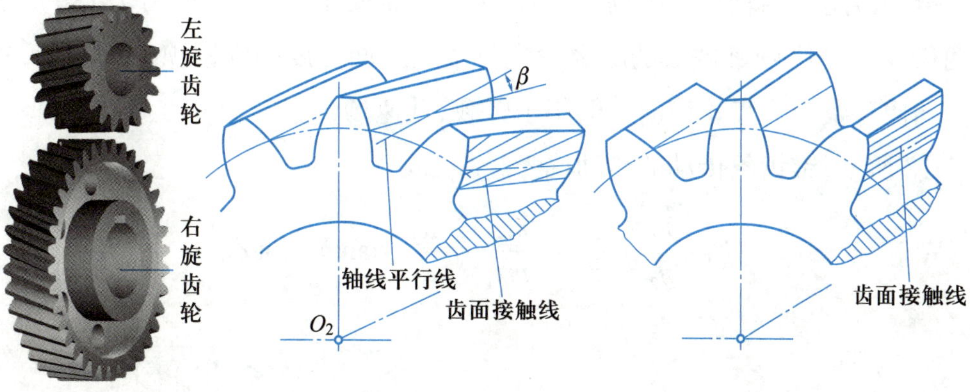

(a) 斜齿圆柱齿轮　(b) 斜齿圆柱齿轮的螺旋角和接触线　(c) 直齿圆柱齿轮的接触线

图 7-17　直、斜齿圆柱齿轮传动的比较

根据螺旋线的方向不同，斜齿圆柱齿轮可分为左旋和右旋，将斜齿圆柱齿轮的轴线置于铅垂位置，螺旋线向右升高为右旋，向左升高为左旋。

为保证斜齿圆柱齿轮正确啮合传动，除要求两齿轮的模数和压力角分别相等外，对于外啮合传动，两齿轮的螺旋角还应大小相等、旋向相反。

如图 7-17c 所示，两直齿圆柱齿轮啮合时，齿面接触线均平行于齿轮轴线，因此轮齿是沿整个齿宽同时进入啮合，同时脱离啮合，载荷沿齿宽突然加上或卸去。因此，直齿圆柱齿轮传动的平稳性较差，容易产生冲击和噪声，一般不适用于高速重载的传动。

如图 7-17b 所示，斜齿圆柱齿轮的齿面接触线由齿轮一端齿顶开始，逐渐由短而长，再由长而短至另一端齿根为止。因此轮齿在交替啮合时所受的载荷是逐渐增加，再逐渐卸掉的，所以传动比较平稳，冲击、振动和噪声较小，适用于高速、重载传动。

由于螺旋角的存在，斜齿圆柱齿轮传动时会产生轴向推力，使两端的支承轴承受到轴向力作用。β 越大，轮齿倾斜程度越大，因而传动平稳性越好，但轴向力也越大，所以一般取 $\beta = 8° \sim 20°$，轿车齿轮常取 30° 左右。

想一想

人字齿轮可以看成是两个旋向相反的斜齿轮的组合（图 7-3c），分析人字齿轮传动中是否存在轴向力？为什么？

**2. 锥齿轮

如图 7-18a 所示，锥齿轮的轮齿是沿着圆锥表面的素线切出的，轮齿均匀分布在圆锥体上，齿形由大端向小端逐渐收缩，为方便计算和测量，规定大端参数为标准值。一对直齿锥齿轮传动的正确啮合条件是两齿轮大端的模数和压力角分别相等且等于标准值。

锥齿轮传动应用于两轴相交的场合，通常采用两轴交角 $\Sigma=90°$，如图 7-18b 所示。工作时相当于用两齿轮的分度圆锥做成的摩擦轮进行滚动。两分度圆锥锥顶必须重合，才能保证两分度圆锥传动比一致。锥齿轮传动一般用于轻载、低速场合。

如图 7-18 所示，锥齿轮传动的传动比为

$$i_{12}=\frac{n_1}{n_2}=\frac{z_2}{z_1}=\frac{mz_2}{mz_1}=\frac{d_2}{d_1}=\tan\delta_2=\cot\delta_1$$

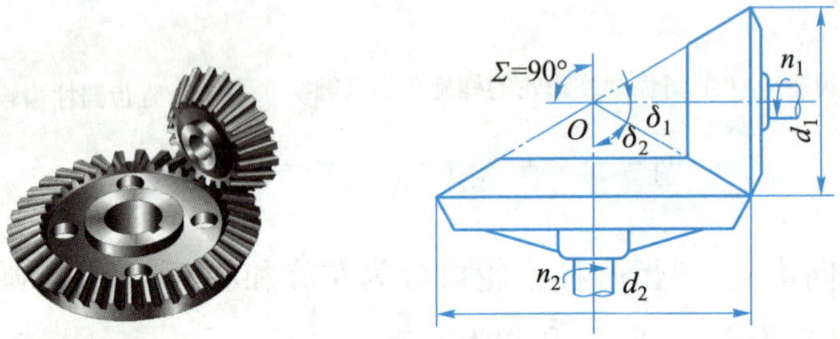

(a) (b)

图 7-18 锥齿轮传动

做一做

比较锥齿轮传动与圆柱齿轮传动的传动比计算的相同点和不同点。δ_1 或 δ_2 角对传动比计算有何影响？

任务二　齿轮失效形式分析

任务目标

1. 了解齿轮的常用材料与结构。
2. 了解齿轮轮齿常见的失效形式。
3. 熟悉齿轮传动的维护方法。

任务描述

图 7-19 所示是一些在机械设备中失效的齿轮。根据表现出的特征指出它们的失效形式及原因；从使用和维护方面考虑，采取什么措施可以避免或延迟失效？

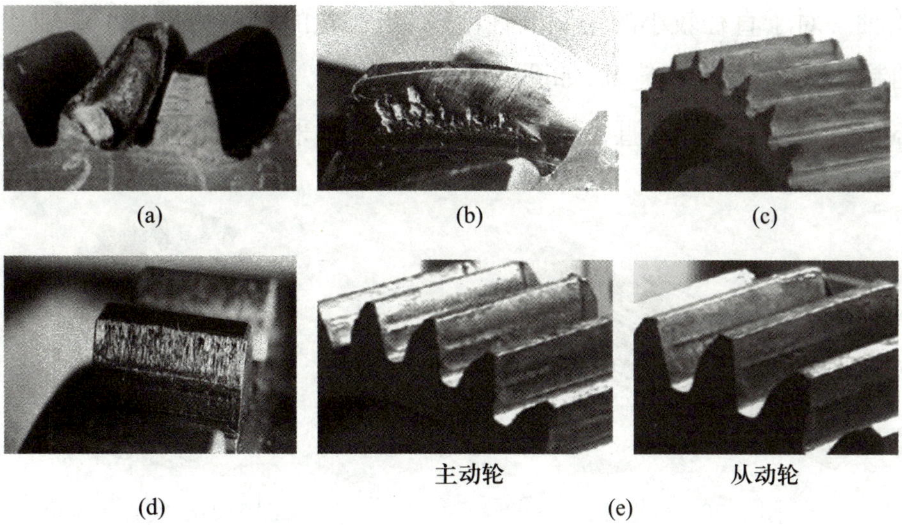

图 7-19　失效的齿轮

知识准备

一、齿轮常用材料

齿轮常用材料主要是优质碳素钢和合金钢，一般多用锻件；较大直径的齿轮不宜锻造时，需采用铸钢或球墨铸铁，近年来也常有采用可锻铸铁和蠕墨铸铁制造齿轮；开式传动和不重要的场合的齿轮也可用灰铸铁制造；在小功率高速齿轮传动中，为降低噪声，常用尼龙、夹布胶木和塑料等作为齿轮材料。

齿轮常用材料的力学性能与热处理见表 7-3。

表 7-3 齿轮常用材料的力学性能与热处理

材料	热处理	R_m/MPa	R_{eL} 或 $R_{0.2}$/MPa	硬度	备注
45	调质齿圈 高频淬火	650	360	217 ~ 255 HBW 40 ~ 50 HRC	铸钢略小于同类钢的性能
40Cr	调质齿圈 高频淬火	700	500	241 ~ 286 HBW 48 ~ 55 HRC	40Cr 可用 40MnB、40MnVB 代替
20CrMnTi	渗碳后淬火	1 100	850	56 ~ 62 HRC （表面）	20CrMnTi 可用 20Mn2B、20MnVB 代替
38CrMoAlA	调质后氮化	1 000	850	>850 HV	

二、圆柱齿轮的结构

常见的圆柱齿轮结构有以下几种：

（1）齿轮轴　对于直径较小的钢制圆柱齿轮，当齿轮的齿顶圆直径小于轴孔直径 2 倍时，应将齿轮和轴制成一体，称为齿轮轴，如图 7-20 所示。

（2）实心式齿轮　当齿顶圆直径 $d_a \leq 200$ mm 时，可采用实心式结构，如图 7-21 所示。

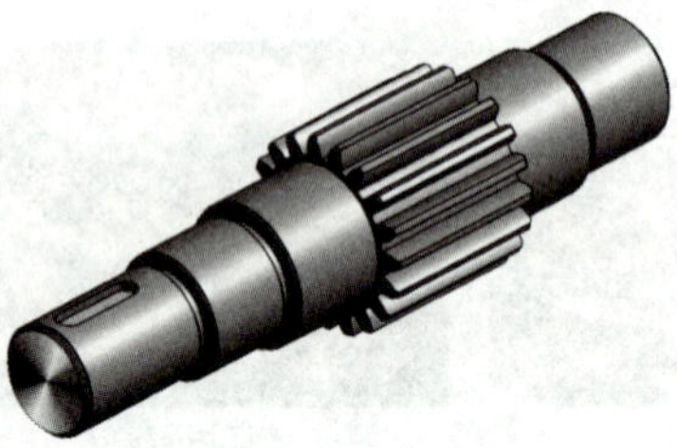

图 7-20　齿轮轴

图 7-21　实心式齿轮

（3）腹板式齿轮　当齿顶圆直径 d_a=200 ~ 500 mm 时，可采用腹板式结构，如图 7-22 所示。

（4）轮辐式齿轮　当齿顶圆直径 d_a>500 mm 时，可采用轮辐式结构，如图 7-23 所示。

图 7-22　腹板式齿轮

图 7-23　轮辐式齿轮

做一做

观察车床主轴箱或减速器内各齿轮的结构形式，是直齿轮还是斜齿轮？并初步判断其所使用的材料。

三、齿轮失效形式

齿轮失效一般是指传动齿轮轮齿的失效，失效形式主要有以下五种：

（1）轮齿折断　齿轮轮齿在传递动力时，相当于一根悬臂梁。在齿根处受到的弯曲应力最大，且在齿根的过渡圆角处具有较大的应力集中（图 7-24a）。传递载荷时，轮齿在交变载荷的不断作用下，在轮齿根部的应力集中处便会产生疲劳裂纹（图 7-24a）。随着重复次数的增加，裂纹逐渐扩展，直至轮齿折断（图 7-24b、c），这种折断称为疲劳折断。

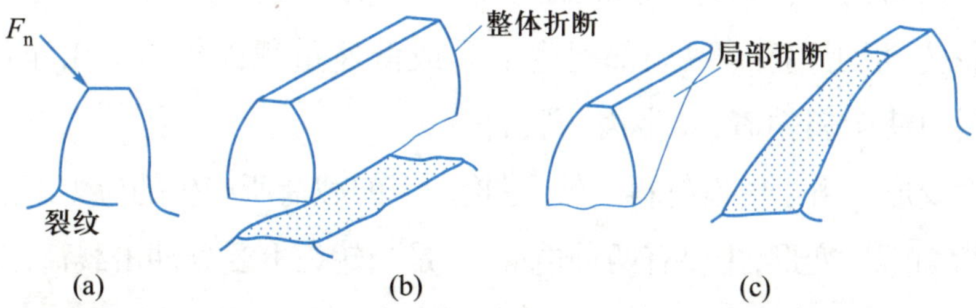

图 7-24　轮齿折断

此外，用脆性较大的材料（如铸铁、淬火钢等）制成的齿轮，由于材料在受到短时过载或过大的冲击载荷时，常会引起轮齿的过载折断；长期使用的齿轮因严重磨损而导致齿厚过分减薄时，也容易发生折断。

（2）齿面磨损　齿面磨损分为磨粒磨损和啮合磨损两种情形。由于灰尘、砂粒或金属屑等进入齿面间而引起的磨损称为磨粒磨损，在开式齿轮传动或含有不清洁润滑油的闭式齿轮传动中，磨粒磨损是难以避免的。当表面粗糙、硬度不同的两齿轮相啮合时，硬度较小的齿面易被划伤而产生齿面磨损，这种磨损称为啮合磨损。过量磨损不仅使齿轮失去正常的齿形，还会使齿厚变薄，产生严重噪声和振动，最后导致轮齿因强度不足而折断，使传动失效，如图 7-25 所示。

（3）齿面疲劳点蚀　齿轮工作时，齿面在交变接触应力、摩擦力和润滑剂的反复作用下，在轮齿表面或其表层内会出现微小的裂纹，随着时间的推移，裂纹逐渐横向扩展形成环状，使齿面金属剥落而形成麻点状凹坑，这种现象称为齿面的疲劳点蚀，如图 7-26 所示。点蚀首先出现在分度线附近靠近齿根一侧，然后再向其他部位扩展。疲劳点蚀会使轮齿啮合精度和平稳性下降，从而影响齿轮传动的正常使用和寿命。

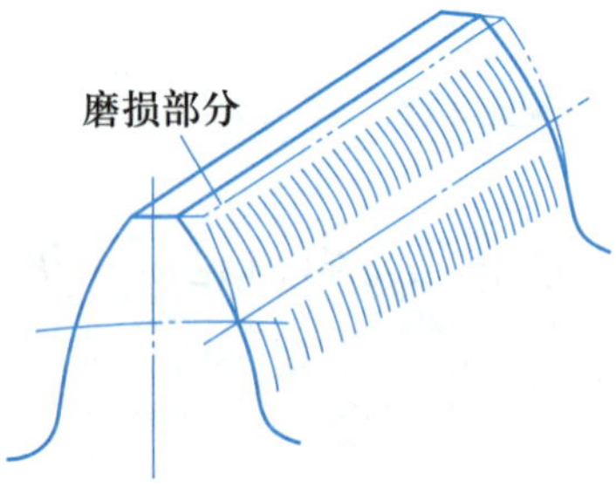

图 7-25　齿面磨损

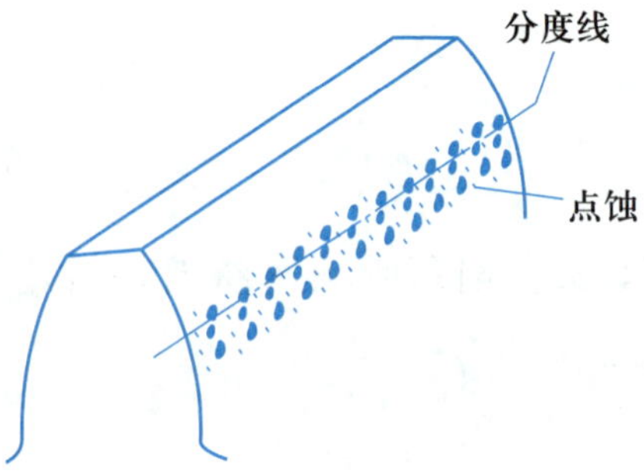

图 7-26　齿面疲劳点蚀

润滑油的黏度越高，齿面间越容易形成油膜，点蚀越不容易发生；开式齿轮传动齿面磨损较快，大多数情况是在出现点蚀前已磨损。

（4）齿面胶合　齿面胶合是由于齿面间未能有效地形成润滑油膜，导致齿面金属直接接触，并在随后的相对滑动中，相互粘连的金属沿着相对滑动方向相互撕扯而出现一条条划痕，如图 7-27 所示。齿面胶合会引起振动和噪声，导致齿轮传动性能下降，甚至失效。

高速重载齿轮传动因摩擦导致局部温度上升或低速重载齿轮传动由于齿面间压力很高，都会导致油膜破裂而使金属粘着，发生齿面胶合。

（5）齿面塑性变形　由于轮齿材料过软，当轮齿上的载荷所产生的应力超过材料的屈服强度时，轮齿就会发生齿面塑性变形，主要有两种情形，一是当轮齿上受到冲击载荷作用时，在较软齿面的接触部位会出现压痕；二是当润滑不良而导致齿面产生过大的摩擦力时，齿面材料有可能沿着摩擦力的作用方向发生局部塑性流动，在主动轮的轮齿上，摩擦力方向背离分度线，齿面金属的流动导致分度线处下凹，在从动轮的轮齿上，摩擦力方向指向分度线，齿面金属的流动导致分度线处凸起，如图 7-28 所示。齿面塑性变形破坏了正确齿形，影响齿轮传动的精度和平稳性，导致齿轮失效。

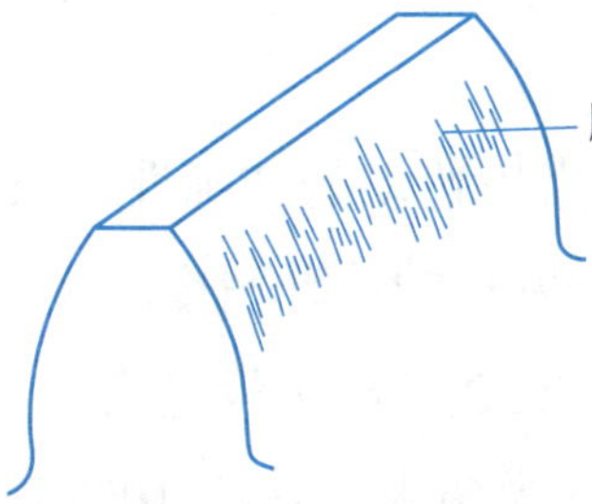

图 7-27　齿面胶合

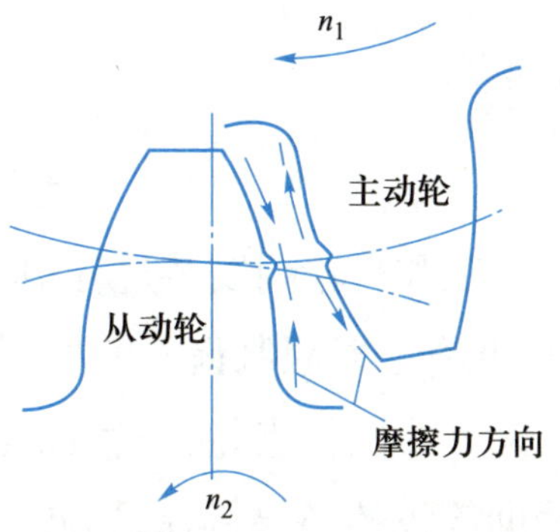

图 7-28　齿面塑性变形

四、齿轮传动的维护

齿轮啮合面不清洁、润滑不良、超速运行、超载运行是齿轮失效的重要原因，因此齿轮传动在日常维护中应做到以下几点：

（1）对开式齿轮传动，及时清除齿轮啮合工作面的污染物，保持齿轮清洁。

（2）正确选用齿轮的润滑油（脂），保持齿轮工作在正常的润滑状态。按规定经常检查润滑系统的工作状况，定期补充油量或更换润滑油。

（3）经常检查齿轮传动啮合状况和工作状况，注意齿轮工作的声音或箱体过热现象。

（4）禁止超速、超载运行。

任务实施

根据失效齿轮表现出的特征，其失效形式、产生原因、维护措施见表 7-4。

表 7-4　齿轮失效形式、产生原因、维护措施

图号	失效形式	工作环境	产生原因	维护措施
图 7-19a	轮齿折断	闭式传动、开式传动	齿根处弯曲应力过大；短时过载	禁止超速、超载运行
图 7-19b	齿面疲劳点蚀	闭式传动	齿面接触应力过大；润滑油黏度小	采用黏度高的润滑油及适宜的添加剂
图 7-19c	齿面磨损	开式传动；润滑不洁的闭式传动	灰尘、金属屑等杂物进入啮合区	及时清除啮合面的污染物；使用清洁的润滑油
图 7-19d	齿面胶合	闭式传动	齿面间压力太大；齿面局部温升过高，润滑失效；润滑不良	在润滑油中加入抗胶合的极压添加剂，保证良好润滑
图 7-19e	齿面塑性变形	闭式传动	齿面硬度较低；齿面压力过大，润滑不良	采用高黏度或加有极压添加剂的润滑油，避免过载

任务拓展

*齿轮传动精度的概念

由于齿轮加工和齿轮副安装过程中存在误差，影响到齿轮传动的准确性、平稳性和载荷分布的均匀性，因此有必要限制齿轮的加工和安装误差，保证齿轮的传动精度。

对于单个渐开线圆柱齿轮，国家标准 GB/T 10095.1—2022 给出了齿轮齿面基本偏差的定义以及各个精度等级的公差，从高到低为Ⅰ级至Ⅱ级，共分为两级；GB/T 10095.2—2023 给出了齿轮径向综合偏差的定义以及各个精度等级的公差，从高到低为 R30 至 R50，共分为 21 级。

齿轮精度等级主要根据传动的使用条件、传递的功率、圆周速度，以及其他经济、技术要求决定。选用的精度过低，不能满足使用要求；反之，若精度要求过高，将给加工带来困难，提高制造成本。因此，根据齿轮的实际工作条件，对齿轮加工精度提出适当的要求至关重要。

任务三 认识蜗杆传动

任务目标

1. 认识蜗杆传动的特点、类型和应用。
2. 了解圆柱蜗杆传动的基本参数和几何尺寸。
3. 会计算蜗杆传动的传动比；会判定蜗杆传动中蜗轮的转向。
4. 了解蜗轮、蜗杆的结构和常用材料、蜗杆传动的失效形式。
5. 熟悉蜗杆传动的维护措施。

任务描述

图 7-29 所示为手动卷扬机，其传动部分使用了蜗杆传动。已知蜗杆为右旋，齿数 $z_1=1$，蜗轮齿数 $z_2=20$，卷筒直径 $D=150$ mm。要求：（1）要使此重物 G 上升，确定手柄的转向；（2）要使重物上升 $h=4.7$ m，手柄应转多少圈？（3）从自锁角度分析此处采用蜗杆传动的好处。

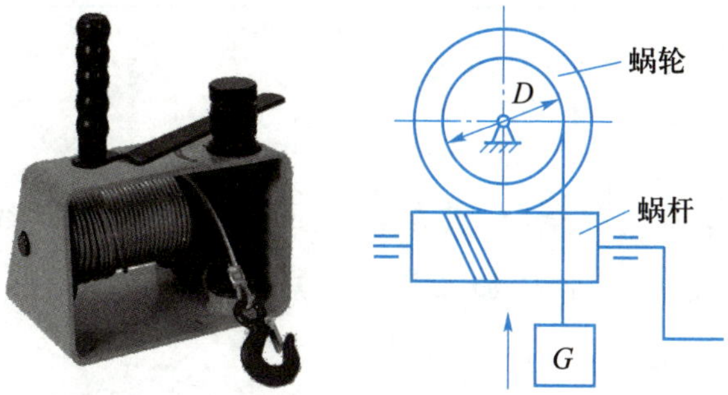

图 7-29　手动卷扬机

知识准备

一、蜗杆传动的类型与特点

蜗杆传动是由蜗杆、蜗轮和机架组成的(图 7-30a)。通常以蜗杆为主动件,蜗轮为从动件,可传递两空间交错轴间的运动和动力。交错角一般为 90°。

1. 蜗杆传动的类型

根据蜗杆的形状,蜗杆传动可分为圆柱蜗杆传动和环面蜗杆传动。图 7-30 所示为蜗杆传动的类型和机构运动简图。

(a) 圆柱蜗杆传动　　(b) 环面蜗杆传动

图 7-30　蜗杆传动的类型和机构运动简图

环面蜗杆传动(图 7-30b)啮合情况好,承载能力大,但加工复杂,一般在大功率场合才使用。圆柱蜗杆传动(图 7-30a),又可分为阿基米德蜗杆传动、渐开线蜗杆传动和法向直廓蜗杆传动等。本书仅讨论阿基米德蜗杆传动。

此外,蜗杆也有左旋、右旋之分(判断方法与螺纹相同,如图 7-31 所示),有单头、双头和多头之别。

(a) 右旋蜗杆　　(b) 左旋蜗杆

图 7-31　蜗杆的旋向判别方法

知识卡片 阿基米德蜗杆

阿基米德蜗杆又称普通圆柱蜗杆，其轴向剖面内的齿形为直线，横截面内的齿形为阿基米德螺旋线，如图 7-32 所示。它的加工简单，应用最广。

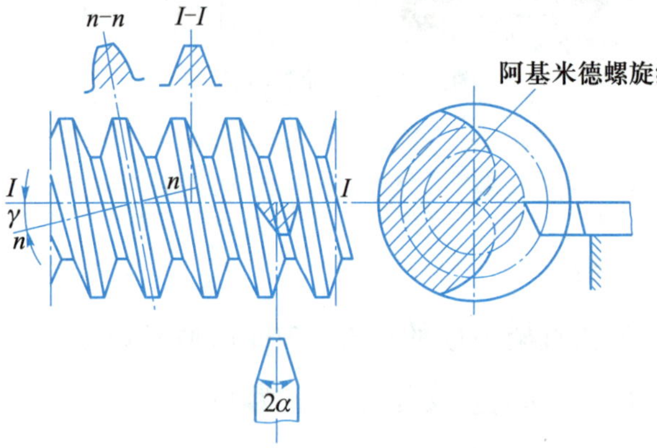

图 7-32 阿基米德蜗杆

2. 蜗杆传动的特点

（1）结构紧凑，能获得较大的传动比　一般情况下蜗杆传动的传动比 i=10～80，在分度机构中，传动比可达 i=600～1 000。

想一想

如此大的传动比，用齿轮传动要用多少级（对）才能实现？

（2）传动平稳，噪声小　由于蜗杆齿连续不断地与蜗轮齿啮合，所以传动平稳，没有冲击，噪声小。

（3）容易实现自锁，有安全保护作用　由于结构上的原因，当蜗杆的导程角比较小时，蜗杆传动具有自锁性，即只能由蜗杆带动蜗轮转动，而不能由蜗轮作为主动件带动蜗杆转动。这一特性用于起重机械设备中，能起到安全保护的作用。

（4）效率较低，发热量较大　一般蜗杆传动的效率为 0.7～0.9，具有自锁特性的蜗杆传动的效率小于 0.50。

（5）成本较高　蜗轮需要用有色金属材料（如青铜）制造，成本较高。

蜗杆传动广泛用于各类机床、矿山机械、起重运输机械的传动系统中，但因其效率低，所以通常用于功率不大或不连续工作的场合。

想一想

上述特点中，哪些是优点？哪些是缺点？

二、蜗杆传动的基本参数与几何尺寸

1. 蜗杆传动的基本参数

（1）模数 m 和压力角 α　蜗杆传动的基本参数如图 7-33 所示。过蜗杆轴线并与蜗轮轴线垂直的中间平面称为主平面。在主平面内蜗杆与蜗轮的啮合相当于齿条与渐开线齿轮的啮合。国家标准规定，以蜗杆的轴向参数、蜗轮的端面参数为标准参数，要保证其正确啮合，必须使蜗杆的轴向模数 m_{x1} 和压力角 α_{x1} 与蜗轮的端面模数 m_{t2} 和压力角 α_{t2} 分别相等（蜗杆传动正确啮合的条件），并规定为标准值，即 $m_{x1}=m_{t2}=m$，$\alpha_{x1}=\alpha_{t2}=\alpha=20°$。圆柱蜗杆传动的标准模数与分度圆直径见表 7-5，标准压力角 $\alpha=20°$。

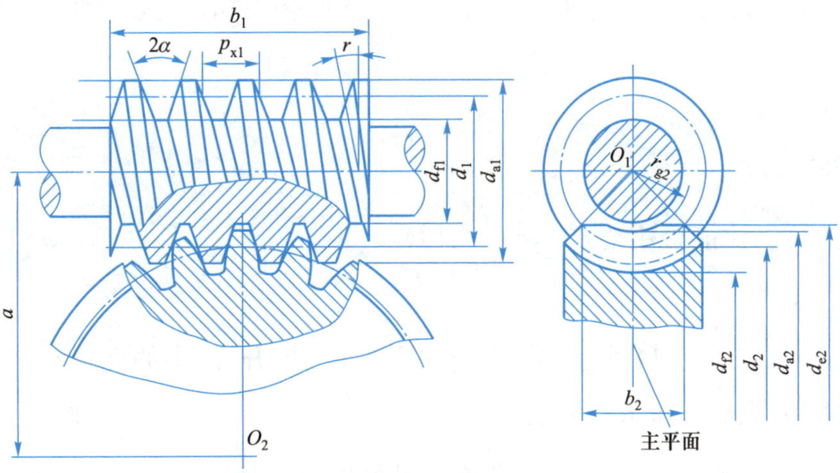

图 7-33　蜗杆传动的基本参数

表 7-5　圆柱蜗杆传动的标准模数与分度圆直径（摘自 GB/T 10085—2018）

模数 m/mm	分度圆直径 d_1/mm	蜗杆头数 z_1	蜗杆直径系数 q	模数 m/mm	分度圆直径 d_1/mm	蜗杆头数 z_1	蜗杆直径系数 q
1	18	1	18.000	4	40	1，2，4，6	10.000
					71	1	17.750
1.25	20	1	16.000	5	50	1，2，4，6	10.000
	22.4	1	17.920		90	1	18.000
1.6	20	1，2，4	12.500	6.3	63	1，2，4，6	10.000
	28	1	17.500		112	1	17.778
2	22.4	1，2，4，6	11.200	8	80	1，2，4，6	10.000
	35.5	1	17.750		140	1	17.500
2.5	28	1，2，4，6	11.200	10	90	1，2，4，6	9.000
	45	1	18.000		160	1	16.000
3.15	35.5	1，2，4，6	11.270	12.5	112	1，2，4	8.960
	56	1	17.778		200	1	16.000

（2）蜗杆分度圆直径 d_1 和蜗杆直径系数 q　由于蜗轮是用与蜗杆尺寸相同的蜗轮滚刀配对加工而成的，为了限制滚刀的数目及便于滚刀的标准化，国家标准规定了蜗杆分度圆直径 d_1 的标准化系列值（表 7-5），并与标准模数 m 相匹配。蜗杆分度圆直径 d_1 除以轴向模数 m 的商称为蜗杆直径系数 q，即

$$q=\frac{d_1}{m}$$

（3）蜗杆头数 z_1、蜗轮齿数 z_2 和传动比 i_{12}　在蜗杆传动中，通常以蜗杆为主动件，蜗轮为从动件，传动比为

$$i_{12}=\frac{n_1}{n_2}=\frac{z_2}{z_1}$$

式中　z_1——蜗杆头数；

z_2——蜗轮齿数。

蜗杆头数通常为 z_1=1、2、4 和 6，单头蜗杆可获得大传动比，且容易自锁，但传动效率较低，不宜用于传递功率较大的场合。传递功率较大时可选择多头蜗杆，其传动效率高，但制造困难。

想一想

蜗杆传动的传动比能否用公式 $i_{12}=\dfrac{d_2}{d_1}$ 计算？

（4）导程角 γ　如图 7-34 所示，将蜗杆分度圆柱面展开，图中的夹角 γ 称为分度圆柱上的导程角，p_x 为轴向齿距（$p_x=\pi m$），则有

$$\tan\gamma=\frac{z_1 p_x}{\pi d_1}=\frac{z_1\pi m}{\pi d_1}=\frac{z_1 m}{d_1}$$

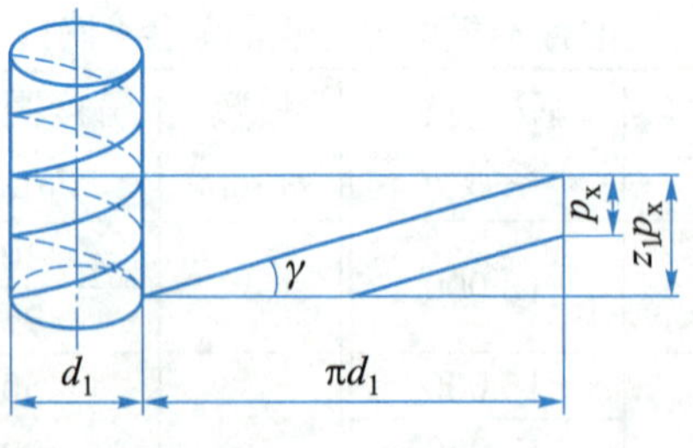

图 7-34　蜗杆分度圆柱导程角 γ 与齿距的关系

知识卡片　蜗轮螺旋角与蜗杆导程角的关系

同斜齿圆柱齿轮一样，蜗轮分度圆上的螺旋角也用 β 表示。在蜗杆传动中，由于两轴交错成 90°，所以蜗轮的螺旋角 β 等于蜗杆的导程角 γ，且旋向相同。

2. 蜗杆传动的主要几何尺寸计算

当蜗杆传动的基本参数确定后，其几何尺寸可按表 7-6 计算。

表 7-6　阿基米德蜗杆传动的几何尺寸计算公式

名称	符号	计算公式		说明
		蜗杆	蜗轮	
中心距	a	$a=\frac{1}{2}(d_1+d_2)$		
齿顶高	h_a	$h_{a1}=h_{a2}=h_a^*m$		$h_a^*=1$
齿根高	h_f	$h_{f1}=h_{f2}=(h_a^*+c^*)m$		$c^*=0.2$
全齿高	h	$h_1=h_{a1}+h_{f1}$	$h_2=h_{a2}+h_{f2}$	
分度圆直径	d	$d_1=mq$	$d_2=mz_2$	d_1 按规定选取，见表 7-5
蜗杆齿顶圆直径	d_{a1}	$d_{a1}=d_1+2h_{a1}$		
蜗轮喉圆直径	d_{a2}		$d_{a2}=d_2+2h_{a2}$	
齿根圆直径	d_f	$d_{f1}=d_1-2h_{f1}$	$d_{f2}=d_2-2h_{f2}$	
蜗杆分度圆导程角	γ	$\tan\gamma=\frac{mz_1}{d_1}$		
蜗轮分度圆螺旋角	β		$\beta=\gamma$	旋向相同
蜗杆轴向齿距 = 蜗轮端面齿距	p	$p_{x1}=p_{t2}=\pi m$		

三、蜗杆传动的转向判定

在蜗杆传动中，由于蜗杆为主动件，故其转向是已知的。蜗轮的转向可由蜗杆的转向和螺旋线方向用左、右手定则来判断。对左旋蜗杆用左手，对右旋蜗杆用右手，弯曲四指表示蜗杆转向 n_1，大拇指的相反方向即为蜗轮啮合点圆周速度 v_2 的方向，如图 7-35 所示。由此，便确定了蜗轮的转向 n_2。

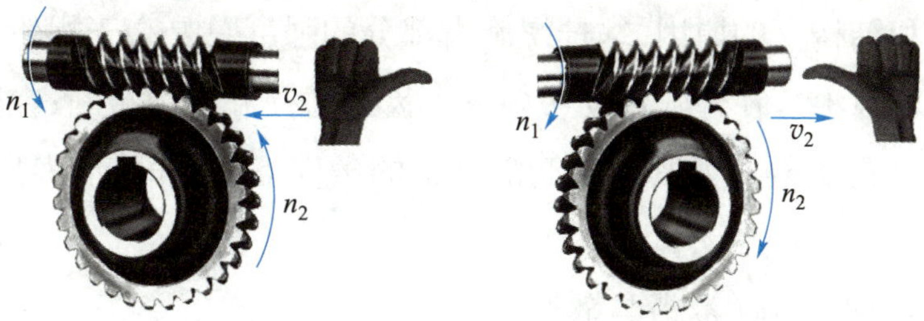

(a) 右旋蜗杆传动　　(b) 左旋蜗杆传动

图 7-35　蜗杆传动中蜗轮回转方向的判定

*四、蜗杆、蜗轮的材料与结构

低、中速蜗杆可采用 45 钢调质后制造；高速蜗杆采用 40Cr、40MnB，调质后齿圈高频淬火,或采用 20、20CrMnTi 渗碳淬火后制造。

蜗杆与轴一般做成一体,称为蜗杆轴(图 7-36)。车制蜗杆与铣制蜗杆结构有所不同。

蜗轮的材料主要采用青铜。齿面滑动速度较低时常用铸铝铁青铜 ZCuAl10Fe3;齿面滑动速度较高或连续工作的重要场合常用铸锡磷青铜 ZCuSn10P1;低速、轻载场合以及直径较大的蜗轮,也可使用 HT200、HT300。

(a) 车制蜗杆 (有退刀槽)　(b) 铣制蜗杆 (无退刀槽)

图 7-36 蜗杆轴

蜗轮齿圈的材料一般比较贵重,为节约贵重金属,对尺寸较大的青铜蜗轮,可采用组合结构,有齿圈式(图 7-37b)、螺栓连接式(图 7-37c)、镶铸式(图 7-37d)等。对铸铁蜗轮或小直径的青铜蜗轮,可制成整体式(图 7-37a)。

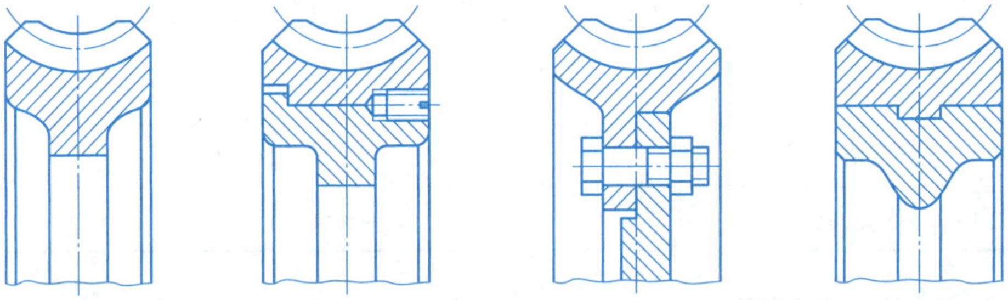

(a) 整体式　(b) 齿圈式　(c) 螺栓连接式　(d) 镶铸式

图 7-37 蜗轮的结构形式

五、蜗杆传动的维护措施

1. 蜗杆传动的失效形式

与齿轮传动一样,蜗杆传动的失效形式也有点蚀(齿面疲劳破坏)、齿根折断、齿面胶合及磨损等。由于材料和结构上的原因,蜗杆螺旋齿部分的强度总是高于蜗轮轮齿的强度,所以失效经常发生在蜗轮轮齿上。在开式传动中多发生齿面磨损和齿根折断;在闭式传动中,蜗杆副多因齿面胶合或点蚀而失效。尤其是在润滑不良的条件下,蜗杆传动因齿面胶合而失效的可能性更大。

2. 蜗杆传动的维护措施(润滑与散热)

(1)蜗杆传动的润滑　由于蜗杆传动摩擦产生的发热量较大,所以要求工作时有良好的润滑条件,润滑的主要目的就在于减小摩擦、增加散热,以提高蜗杆传动的效率,防止胶合及减少磨损。蜗杆传动的润滑方式主要有油池润滑和喷油润滑。

(2)蜗杆传动的散热　蜗杆传动发热量较大,在闭式传动中,如果不能及时散热,会使传动装置及润滑油的温度不断升高，导致润滑条件恶化，最终导致胶合等齿面失效。一般应当控制箱体的平衡温度 $t<75$ ℃，如果超过这个限度，应提高箱体的散热能力，可考虑采取下面的冷却措施：增大散热面积，如在箱体外壁增加散热片；增加散热装置，如蜗杆轴端安装风扇进行人工通风，或在油池内加循环冷却水管；采用外接冷却器，压力喷油循环冷却等，如图 7-38 所示。

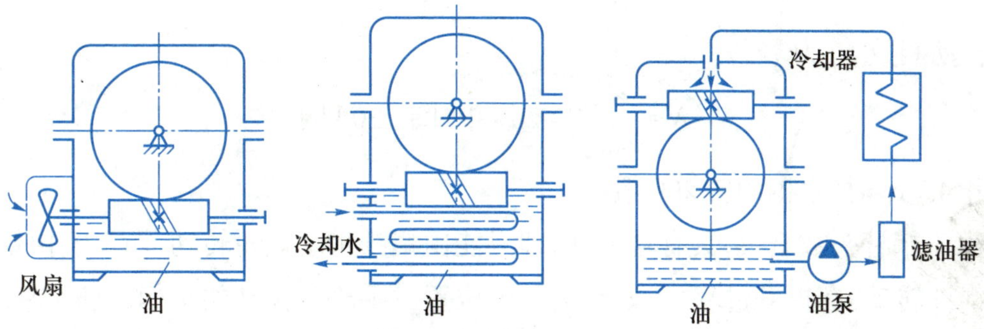

(a) 风扇冷却　(b) 蛇形冷却水管冷却　(c) 压力喷油冷却

图 7-38　蜗杆传动的冷却措施

做一做

对圆柱齿轮传动、锥齿轮传动、蜗杆传动进行比较，从优缺点、使用等方面分析，并举例说明。

任务实施

（1）确定手柄的转向　如图 7-39a 所示，当重物 *G* 上升时需要卷筒逆时针转动，即蜗轮也要逆时针转动。根据蜗杆传动方向判别方法，现已知蜗轮转向，蜗杆为右旋，伸出右手，首先让大拇指指向左（蜗轮下侧啮合处圆周速度的相反方向），四指自然弯曲的方向即为蜗杆（即手柄）的转向，从 *A* 向看手柄的转向为顺时针。

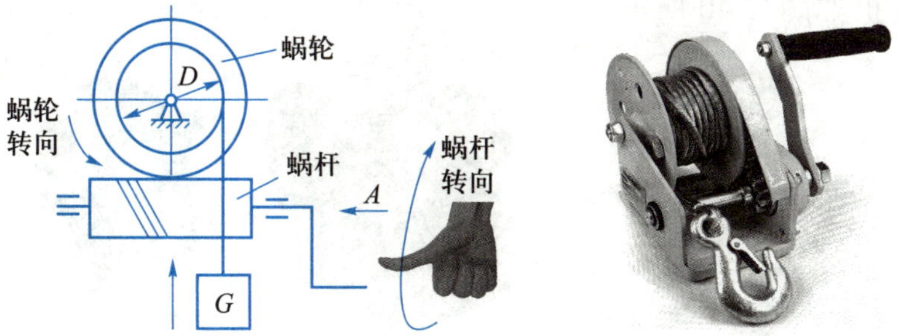

(a) 蜗杆传动形式　(b) 齿轮传动形式

图 7-39　手动卷扬机

（2）手柄转动圈数

重物上升 4.7 m 时，蜗轮转动圈数为

$$N_2=\frac{h}{\pi D}=\frac{4.7\ \text{m}}{\pi\times 0.15\ \text{m}}\approx 10\ 圈$$

蜗杆传动的传动比为

$$i_{12}=\frac{n_1}{n_2}=\frac{z_2}{z_1}=\frac{20}{1}=20$$

蜗杆转动圈数 N_1 为

$$N_1=\frac{z_2}{z_1}N_2=20\times 10\ 圈=200\ 圈$$

即重物上升 4.7 m 时，手柄约转 200 圈。

（3）由于蜗杆头数 $z_1=1$，具有自锁性，即只能由蜗杆带动蜗轮转动，而不能由蜗轮作为主动件带动蜗杆转动，在提升过程中，如到某一个位置时手松开摇动的手柄，这时重物靠重力 G 的作用是不会下落的，这就是用蜗杆传动的好处。

想一想

图 7-39b 所示为齿轮传动形式的手动卷扬机，如提升过程中手停止用力，重物靠重力 G 的作用是否会下落？

阅读材料

保护自己，避免伤害——机械噪声的形成和防护措施

噪声是指生产和生活中一切令人不快或不需要的声音。机械噪声是由于机械设备运转时，部件间的摩擦力、撞击力或非平衡力，使机械部件和壳体产生振动而出现的噪声。在运动过程中，运动的机构，特别是机床、破碎机、打桩机、球磨机、织布机等发出的噪声是典型的机械噪声。机械噪声及防护如图 7-40 所示。

(a) 机床　(b) 破碎机　(c) 防噪声耳罩

图 7-40 机械噪声及防护

随着工业的发展，噪声已经成为机械制造行业中造成职业病的重要因素之一，如果环境噪声持续在 85 dB 及以上，一般被认为会对人的听力甚至身体健康造成比较大的损害，所以应加以有效控制和防护，可采取措施如下。

（1）降低声源噪声。提高机械加工及装配精度，改善机器的传动系统，减少部件间的撞击和摩擦，正确地校准中心调整好平衡，选择合适的零件材料（如采用塑料或橡胶）等，都可以减弱机械振动，有效减少噪声的产生。

（2）在传播途中控制，如机器采用全封闭护罩，护罩内壁加吸音材料，阻止噪声的传播。

（3）采取消声、吸声、隔声、隔振、减振等措施，如在机器上安装消声器；在噪声车间的天花板和墙壁上装配吸声材料；工作人员带防噪声耳罩等，如图 7-40c 所示。

工作环境中难免会有一些噪声，一定要学会防护的方法，保护好自己的身体，避免噪声的伤害。

想一想

列举出常出现噪声的场所，分析形成原因，说一下其危害性，思考可以采取什么防控措施？

项目八

齿　轮　系

项目介绍

一对齿轮啮合是齿轮传动中最简单的形式,但不能获得较大的传动比、满足多级转速等要求,生产中往往需要采用一系列相互啮合的齿轮组成传动系统。手表中,由多级齿轮组成的齿轮系能实现大传动比传动;抽油机中的减速器实现降低转速、增大转矩;车床主轴箱中的齿轮变速机构使主轴获得多级转速。齿轮的应用如图 8-1 所示。

本项目学习常用齿轮系的应用、定轴轮系传动比的计算、减速器的类别和应用等。

(a) 手表　(b) 抽油机　(c) 车床

图 8-1　齿轮系的应用

任务一　定轴轮系的传动比计算

任务目标

1. 了解齿轮系的分类和应用特点。
2. 会计算定轴轮系的传动比与转向判别。
3. 了解周转轮系的组成。

任务描述

CA6140A 车床是一种常用的普通车床，其主轴变速采用滑移齿轮变速机构，图 8-2 所示为车床主轴机构局部的简化图，运动由 Ⅰ 轴左端传入，M_1 为多片式摩擦离合器，各轮齿数如图所示，Ⅰ 轴转速 n_1=820 r/min。试分析 Ⅱ 轴能获得几种转速，分别是多少？

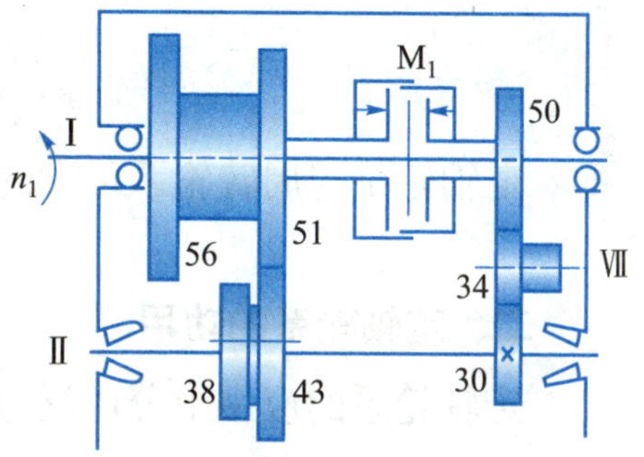

图 8-2　车床主轴机构（局部）

知识准备

由两个互相啮合的齿轮所组成的齿轮机构是齿轮传动中最简单的形式。在机械传动中，有时为了获得较大的传动比，或将主动轴的一种转速变换为从动轴的多种转速，或需改变从动轴的回转方向，往往采用一系列相互啮合的齿轮，将主动轴和从动轴连接起来组成传动系统。这种由一系列相互啮合的齿轮组成的传动系统称为齿轮系，简称轮系。

一、轮系的分类

组成轮系的可以是圆柱齿轮、锥齿轮或蜗杆蜗轮。根据轮系中各轮轴线的位置是否固定，可将其分为定轴轮系和周转轮系两大类型。

1. 定轴轮系

在轮系运转时，各齿轮轴线的位置相对于机架都是固定不变的，称为定轴轮系，如图 8-3 所示。

2. 周转轮系

在轮系运转时，若至少有一个齿轮的轴线是绕另一齿轮的固定轴线转动的，则该轮系称为周转轮系，也称为行星轮系。图 8-4 所示为一种简单的周转轮系。在该轮系中，齿轮 1 绕固定轴线 O_1 回转，称为太阳轮或中心轮，齿轮 2 绕轴线 O_2 作自转（O_2 并不固定），同时又随构件 H 一起绕固定轴线 O_H 作公转。齿轮 2 称为行星轮，构件 H 称为行星架或系杆。

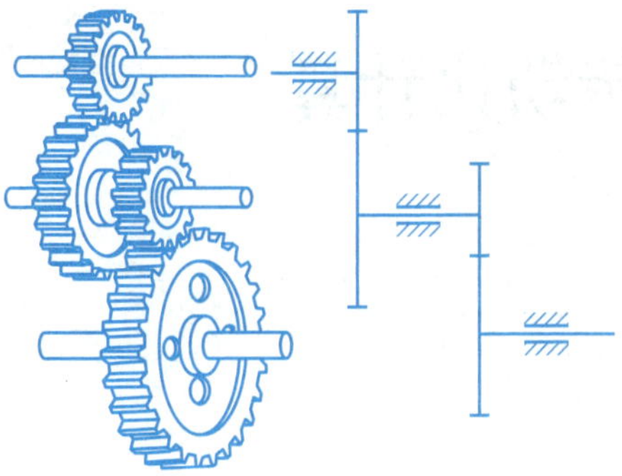

(a) (b)

图 8-3 定轴轮系

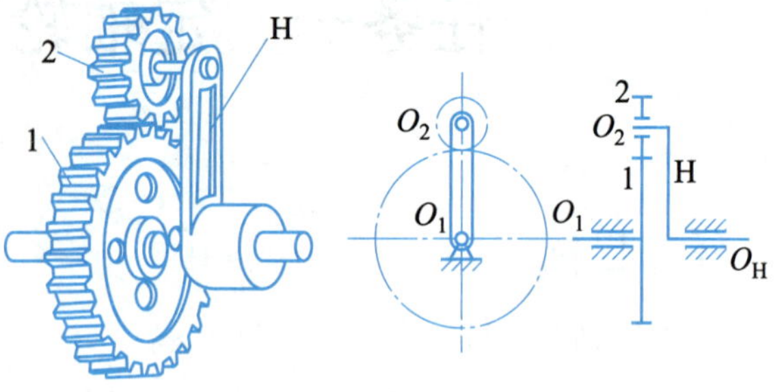

(a) (b)

图 8-4 周转轮系

想一想

定轴轮系与周转轮系最大的区别是什么？列举出我们生活中的应用实例。

二、定轴轮系的功用

定轴轮系的应用十分广泛，其功用大致可以归纳为以下几个方面：

（1）获得很大的传动比 用一对相互啮合的齿轮传动，受结构的限制，传动比不能过大（一般 i=3 ~ 5，$i_{max} \leqslant 8$），而采用轮系传动可以获得很大的传动比，以满足低速工作的要求。

（2）作较远距离的传动 当两轴中心距较大时，如用一对齿轮传动，则两齿轮的尺寸必然很大，不仅浪费材料，而且传动机构庞大，如图 8-5 中的虚线。若采用轮系，则可克服上述缺点，如图 8-5 中的实线。

（3）实现换向传动 在主动轴转向不变的条件下，在轮系中采用惰轮等机构可以改变从动轴的回转方向，以适应工作的需要。

图 8-6b 所示定轴轮系与图 8-6a 相比，从Ⅰ轴到Ⅲ轴的总传动比大小相同，因在图 8-6b 中增加了一个齿轮，使 n'_3 与 n_3 的转向相反。这样不影响总传动比的大小，却改变从动轮转向的齿轮，被称为惰轮。惰轮常用于传动距离较远和需要改变转向的场合。

（4）可实现变速传动 在主动轴转速不变的条件下，采用滑移齿轮等变速机构改变传动比，使从动轴得到若干种工作转速，以适应不同的需要，这种传动称为变速传动。图 8-7 所示为滑移齿轮变速机构，若改变双联滑移齿轮 3—4 在轴上的位置，使其分别与齿轮 1、2 啮合，可使轴Ⅱ获得两种不同的转速。

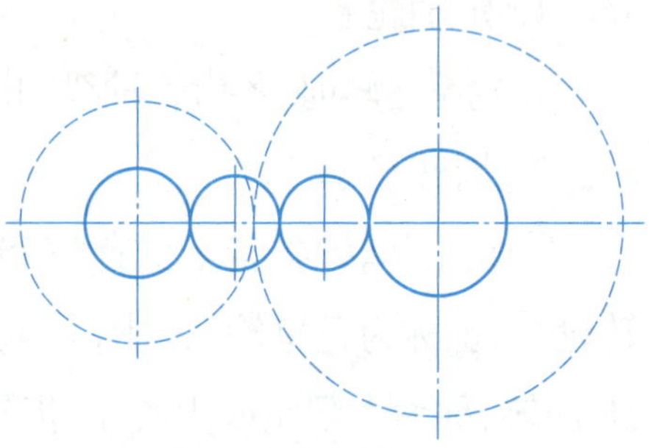

图 8-5 齿轮作远距离的传动

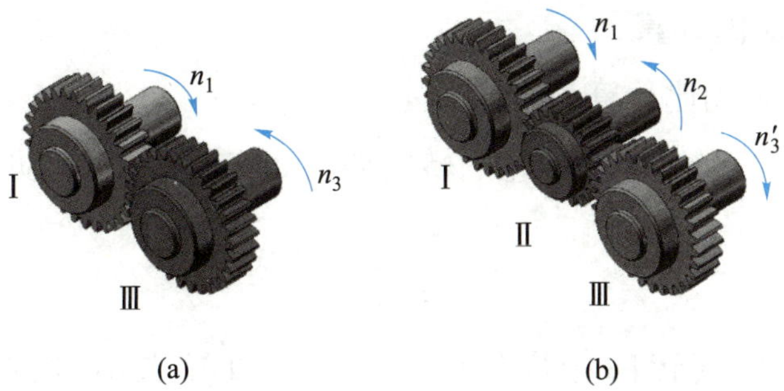

图 8-6　采用惰轮改变从动轴转向

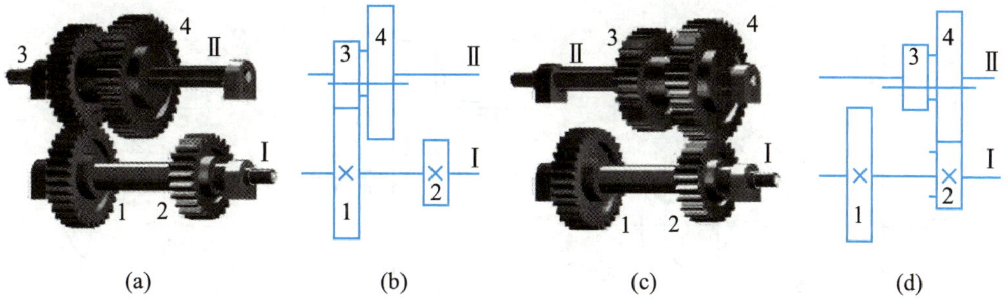

图 8-7　滑移齿轮变速机构

知识卡片　齿轮在轴上的固定方式

齿轮在轴上的三种固定方式见表 8-1。

表 8-1　齿轮在轴上的三种固定方式

齿轮与轴之间的关系	结构简图	
	单一齿轮	双联齿轮
齿轮与轴固定为一体，可以一同转动，但不能沿轴向移动	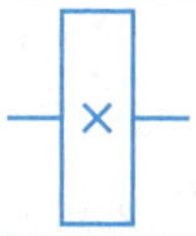	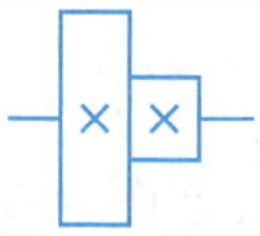
齿轮空套在轴上，齿轮、轴可以各自转动，互不影响，齿轮不能沿轴向移动	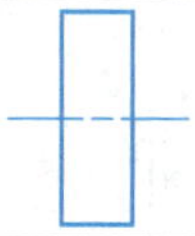	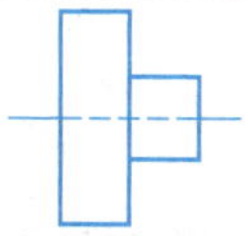
齿轮周向固定在轴上，与轴一同转动，同时齿轮可沿轴向滑移		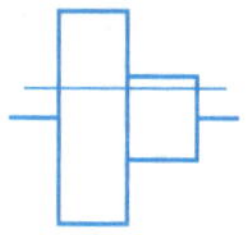

想一想

手表中的齿轮系属于哪一种功用？汽车变速箱中的齿轮系又属于哪一种功用？

三、定轴轮系传动比的计算

1. 一对齿轮啮合的传动比计算与转向判定

一对轴线平行的圆柱齿轮传动，两轮的转向如图 8-8 所示，其传动比为

$$i_{12}=\frac{n_1}{n_2}=\pm\frac{z_2}{z_1}$$

当两齿轮外啮合时，其转向相反（图 8-8a），用负号表示；内啮合时，两轮转向相同（图 8-8b），用正号表示。

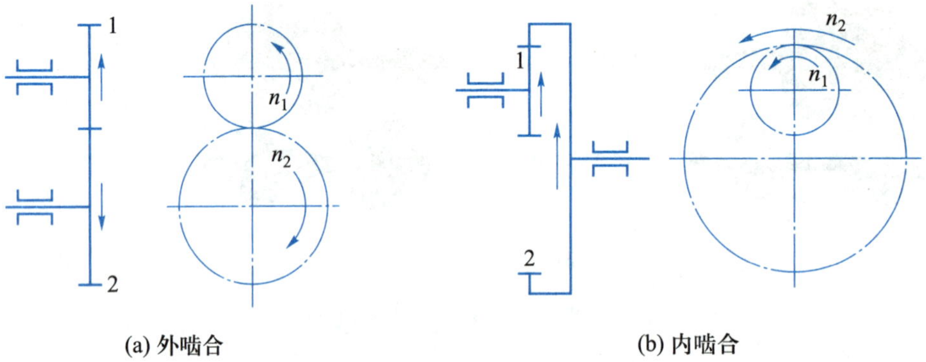

图 8-8 一对齿轮啮合的传动比及转向

圆柱齿轮传动的转向可用画箭头的方法表示，对外啮合齿轮，主、从动齿轮转向相反时，两箭头指向相反（箭头的方向即为齿轮上可见面的圆周速度方向），如图 8-8a 所示；对内啮合齿轮，主、从动齿轮转向相同时，两箭头指向相同，如图 8-8b 所示。

对于轴线不平行的锥齿轮传动（图 8-9a）和蜗杆传动（图 8-9b），其传动比为

$$i_{12}=\frac{n_1}{n_2}=\frac{z_2}{z_1}$$

各轮的转向只有通过标注箭头的方法来表示。对锥齿轮传动，两箭头同时指向或同时背向啮合点，如图 8-9a 所示。蜗杆传动转向判别见项目七任务三。

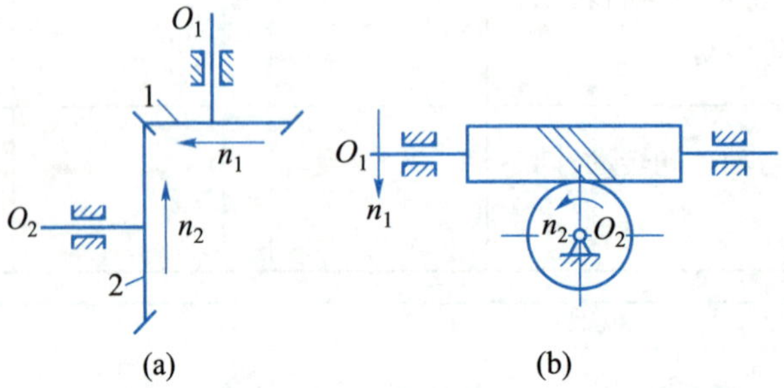

图 8-9 锥齿轮传动和蜗杆传动

2. 定轴轮系传动比的计算

在定轴轮系中，首末齿轮转速之比称为该轮系的传动比，等于轮系中各对啮合齿轮传动比

的连乘积。

若用 1、K 分别表示定轴轮系中的首末齿轮，m 为外啮合的次数（含惰轮啮合），则总传动比 i_{1K} 计算公式为

$$i_{1K}=\frac{n_1}{n_K}=(-1)^m\frac{\text{所有从动轮的齿数连乘积}}{\text{所有主动轮的齿数连乘积}}$$

即定轴轮系的传动比等于各对啮合齿轮中从动轮齿数的连乘积与主动轮齿数的连乘积之比。首末齿轮转向相同与否取决于轮系中齿轮外啮合的次数。

上式只适用于定轴轮系中轴线平行的情况。

图 8-10 所示的定轴轮系由圆柱齿轮相互啮合组成。设轮系中各齿轮齿数分别为 z_1、z_2、z_3、z_4、z_5、z_6、z_7，转速分别为 n_1、n_2、$n_3(=n_2)$、n_4、$n_5(=n_4)$、n_6、n_7，则总传动比 i_{17} 为

$$i_{17}=\frac{n_1}{n_7}=(-1)^3\frac{z_2z_4z_7}{z_1z_3z_5}$$

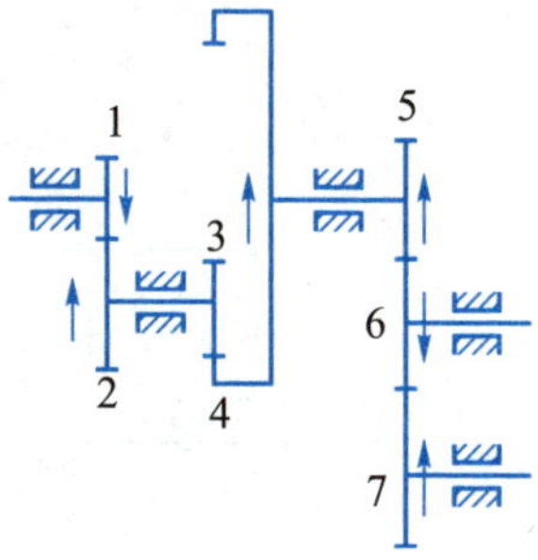

图 8-10　定轴轮系

做一做

找出图 8-10 中的惰轮，它是从动轮还是主动轮？说明它对末轮转速、转向的影响。

任务实施

分析车床主轴变速机构，通过改变离合器 M_1 的接合位置、改变滑移齿轮的啮合位置，轴Ⅱ能获得三种转速。

（1）当离合器 M_1 与左侧接合，齿轮 51、43 啮合时，传动路线：轴 Ⅰ → M_1（左）→齿轮 51 →齿轮 43 →轴Ⅱ，如图 8-11a 所示。传动比与轴Ⅱ转速分别为

$$i_{\text{I}\,\text{II}}=\frac{n_{\text{I}}}{n_{\text{II}}}=(-1)^1\frac{43}{51}\approx-0.82$$

$$n_{\text{II}}=\frac{n_{\text{I}}}{i_{\text{I}\,\text{II}}}=\frac{820}{-0.82}\text{ r/min}=-1\ 000\text{ r/min}\text{（转向与轴 I 相反）}$$

（2）当离合器 M_1 与左侧接合，齿轮 56、38 啮合时，传动路线：轴 Ⅰ → M_1（左）→齿轮 56 →齿轮 38 →轴Ⅱ，如图 8-11b 所示。传动比与轴Ⅱ转速分别为

$$i_{\text{I}\,\text{II}}=\frac{n_{\text{I}}}{n_{\text{II}}}=(-1)^1\frac{38}{56}\approx-0.68$$

$$n_{\mathrm{II}}=\frac{n_{\mathrm{I}}}{i_{\mathrm{I\,II}}}=\frac{820}{-0.68}\ \mathrm{r/min}\approx-1\ 206\ \mathrm{r/min}（转向与轴 I 相反）$$

（3）当离合器 M_1 与右侧接合，齿轮 50、34、30 啮合时，传动路线：轴 I → M_1（右）→齿轮 50 →齿轮 34 →齿轮 30 →轴 II，如图 8-11c 所示。传动比与轴 II 转速分别为

$$i_{\mathrm{I\,II}}=\frac{n_{\mathrm{I}}}{n_{\mathrm{II}}}=(-1)^2\frac{34\times30}{50\times34}=0.6$$

$$n_{\mathrm{II}}=\frac{n_{\mathrm{I}}}{i_{\mathrm{I\,II}}}=\frac{820}{0.6}\ \mathrm{r/min}\approx1\ 367\ \mathrm{r/min}（转向与轴 I 相同）$$

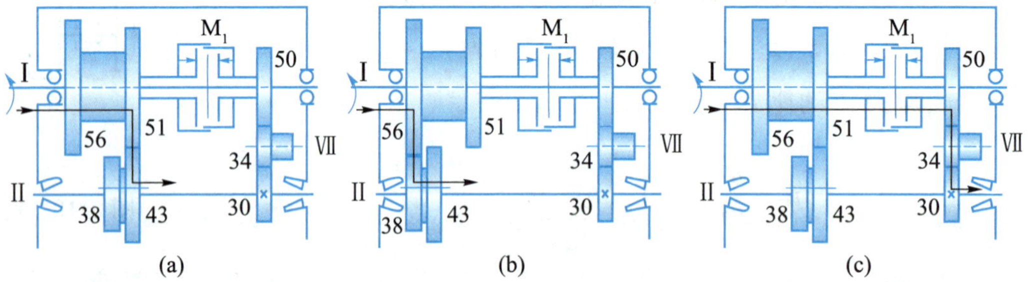

图 8-11 车床主轴变速分析

想一想

说明离合器 M_1 与左侧接合、与右侧接合时，轴 II 的转动方向为什么不同？

巩固训练

图 8-12 所示为一卷扬机传动系统示意图，末端为蜗杆传动。已知：$z_1=18$，$z_2=36$，$z_3=20$，$z_4=40$，$z_5=2$（右旋），$z_6=50$，卷筒直径 $D=200$ mm，$n_1=1\ 000$ r/min。试求蜗轮的转速 n_6 和重物 G 的移动速度 v，并确定提升重物时 n_1 的回转方向。

解：图示轮系中有锥齿轮、蜗杆蜗轮等轴线不平行的情况，只能用上面公式计算传动比的大小，而轮系中各齿轮的转向，只有通过标注箭头的方法来确定。

轮 1 至轮 6 的总传动比 i_{16} 为

$$i_{16}=\frac{n_1}{n_6}=\frac{z_2z_4z_6}{z_1z_3z_5}$$

故

$$n_6=n_1\frac{z_1z_3z_5}{z_2z_4z_6}=1\ 000\times\frac{18\times20\times2}{36\times40\times50}\ \text{r/min}=10\ \text{r/min}$$

重物 G 的移动速度为

$$v=\pi Dn_6=3.14\times200\times10\ \text{mm/min}$$
$$=6\ 280\ \text{mm/min}=6.28\ \text{m/min}$$

由重物 G 提升可确定蜗轮回转方向，根据蜗杆为右旋可确定蜗杆回转方向，再用画箭头的方法即可确定 n_1 的回转方向，如图 8-12 所示。

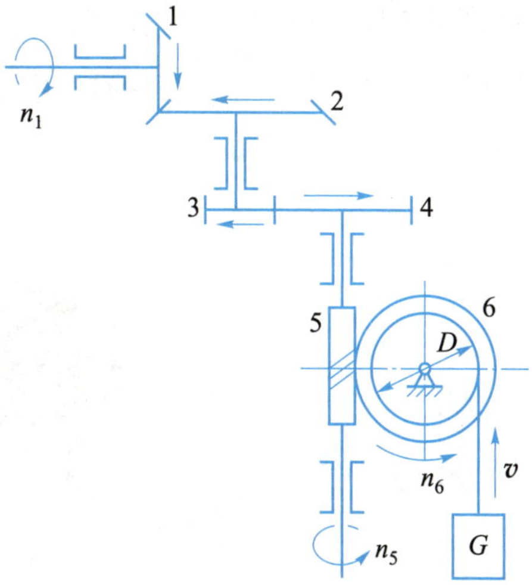

图 8-12　卷扬机传动系统示意图

任务二　齿轮减速器结构分析

任务目标

1. 了解减速器的类型、结构、标准及润滑。
2. 会分析减速器各部分结构的功用。

任务描述

减速器是由封闭在箱体内的齿轮传动或蜗杆传动所组成的传动装置，用来降低转速和增大转矩，以适应工作机的需要。图 8-13 所示为一带式输送机，高速电动机经带传动和减速器

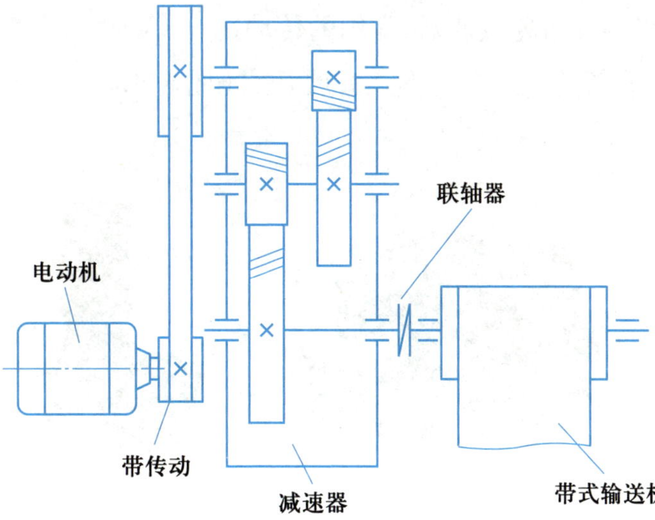

图 8-13　带式输送机

降低速度后驱动带式输送机。图 8-14 所示为一圆柱齿轮减速器。分析圆柱齿轮减速器的结构组成,描述各组成部分的功用,指出其润滑和密封方法。

图 8-14 圆柱齿轮减速器

知识准备

一、齿轮减速器的类型和特点

由于减速器结构紧凑,效率高,使用维护方便,因而在工业中应用广泛。减速器的类型很多,通常可分为齿轮(圆柱齿轮和锥齿轮)减速器、蜗杆减速器及其组合三种类型。

1. 圆柱齿轮减速器

圆柱齿轮减速器按齿轮传动级数可分为单级、两级和多级,按轴在空间的位置分为卧式和立式。

图 8-15 所示为单级圆柱齿轮减速器,图 8-15a 所示为卧式,图 8-15b 所示为立式。一般直齿轮的传动比 $i \leqslant 5$,斜齿轮和人字齿轮的传动比 $i \leqslant 8$。

图 8-16 所示为两级圆柱齿轮减速器,常用的传动比 $i=8 \sim 50$。

两级和两级以上减速器的传动布置形式有展开式(图 8-16a)、分流式(图 8-16b)和同轴式三种(图 8-16c)。

(a) 卧式　　(b) 立式

图 8-15 单级圆柱齿轮减速器

(a) 展开式　(b) 分流式　(c) 同轴式

图 8-16　两级圆柱齿轮减速器

圆柱齿轮减速器应用最广，传递的功率范围大（从很小到 40 000 kW），圆周速度从很低到 60 ~ 70 m/s，且效率高。

2. 锥齿轮减速器

图 8-17a、b 所示为单级锥齿轮减速器。图 8-17a 所示为卧式，图 8-17b 所示为立式，用于输入轴与输出轴垂直相交的传动，传动比 $i \leqslant 5$。当传动比大时可采用两级圆锥 - 圆柱齿轮减速器（图 8-17c）。由于锥齿轮精加工比较困难，所以仅在需要轴线垂直相交的传动布置时才采用。

(a) 卧式　(b) 立式　(c) 两级圆锥-圆柱齿轮减速器

图 8-17　锥齿轮减速器

3. 蜗杆减速器

图 8-18 所示为单级蜗杆减速器。图 8-18a 所示为蜗杆布置在蜗轮下边，称为蜗杆下置式，其轮齿啮合处润滑和冷却较好，蜗杆轴承的润滑也较方便，但蜗杆速度较大时，油的搅动损失大。图 8-18b 所示为蜗杆布置在蜗轮的上边，称为蜗杆上置式，其装拆方便，蜗杆的圆周速度允许高一些，蜗杆轴承的润滑不太方便。图 8-18c 所示为蜗杆布置在蜗轮的侧面，称为蜗杆侧置式，用于水平面内旋转结构的传动。单级蜗杆减速器的传动比范围为 $10<i<80$。

(a) 下置式　(b) 上置式　(c) 侧置式

图 8-18　单级蜗杆减速器

蜗杆减速器的特点是在外廓尺寸不大的情况下可以获得大的传动比，工作平衡，噪声较小。但效率低，只宜传递中等以下的功率，一般不超过 50 kW。

做一做

比较圆柱齿轮减速器、锥齿轮减速器、蜗杆减速器的特点，并说明它们在应用上的区别。

知识卡片　减速器的标记方法

减速器作为一独立的部件由专业工厂成批生产，并已经系列化。按圆柱齿轮减速器标准 JB/T 8853—2015 规定，减速器的标记方法包括减速器的型号、传动级数、规格代号、公称传动比、布置形式、冷却方式、输出轴旋转方向、标准编号。其中，型号用字母表示，H 表示圆柱齿轮减速器，R 表示圆锥圆柱齿轮减速器。

例如：H2-10-11.2-Ⅰ-F-JB/T 8853—2015，表示两级传动、10 号规格、公称传动比为 11.2、第Ⅰ种布置形式、风扇冷却、输入轴双向旋转的圆柱齿轮减速器。

二、减速器的润滑

齿轮减速器通常采用油池润滑（图 8-19a、b），即利用浸在油池中的大齿轮将油带到啮合部位，同时也甩溅至其他零件上进行润滑。在箱座的剖分面上若加工出输油沟，可将溅出的油汇集并流入轴承处（或箱座内），同时也可防止油从剖分面处外渗。若齿轮圆周速度过大，可采用喷油润滑（图 8-19c），速度过小时则采用润滑脂润滑。

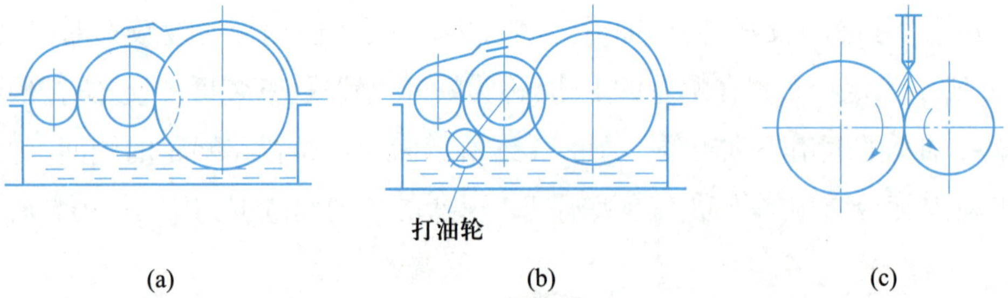

图 8-19　齿轮减速器的润滑

任务实施

1. 结构组成

减速器的结构随其类型和要求的不同而异，圆柱齿轮减速器一般由箱体、轴承、轴、轴上零件和附件等组成，单级圆柱齿轮减速器如图 8-20 所示。

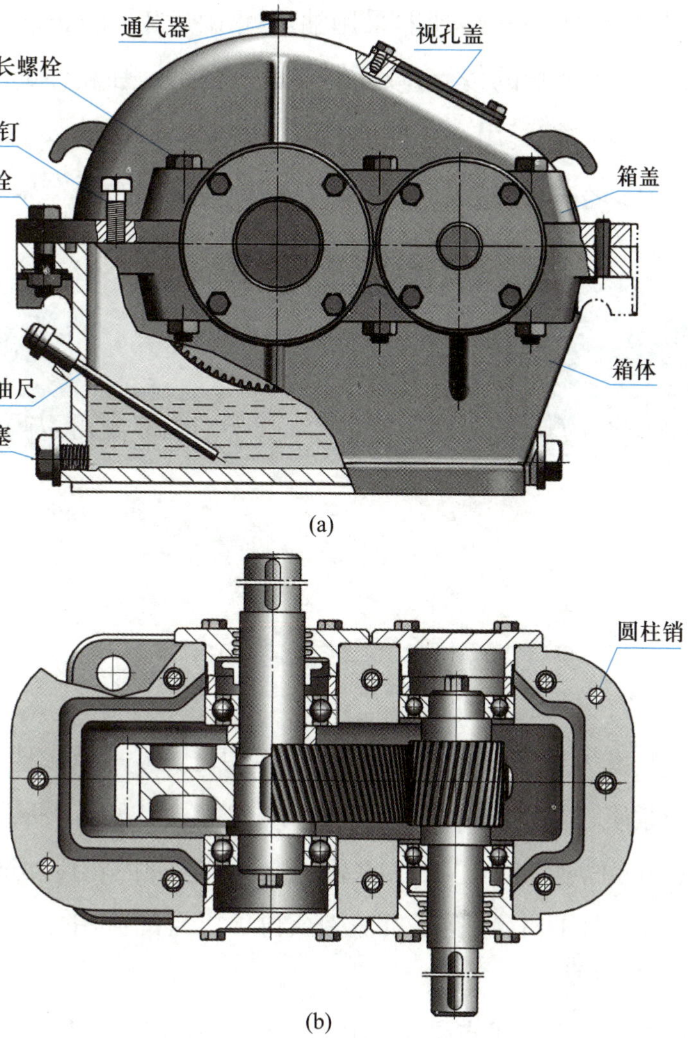

图 8-20　单级圆柱齿轮减速器

2. 各部分的功用

箱体是减速器中用来支承和固定轴及轴上零件的结构，通常用灰铸铁（HT150、HT200）铸成，对重型减速器和轻型减速器，也可分别用高强度铸钢和铝合金来铸造。为便于装配，箱体一般剖分成箱座和箱盖两部分，其剖分面与齿轮轴线平面重合。箱座与箱盖用一定数量的螺栓和螺母连接成一体，并用两个圆柱销精确定位。箱盖上设有视孔，以便检查啮合情况和往箱内注油，平时用视孔盖盖住。工作时为防止温度升高，空气膨胀导致润滑油从剖分面挤出，在箱盖（或视孔盖）上设有通气器，可使箱内空气自由逸出。为了便于揭开箱盖，常在箱盖凸缘上设有起盖螺钉，拆卸箱盖时旋动起盖螺钉，即可顶开箱盖。与箱盖铸成一体的吊耳（或装在箱盖上方的吊环螺钉）是用来提升箱盖的。

减速器的提升是利用箱座上的吊耳进行吊装的。此外，在箱座上还装有测油尺（或油面指示器），以便随时检查油面高度。油使用一定时期后需要更换，可打开箱体底部的油塞，将污油从放油孔排出。箱体上还应设置地脚螺栓孔（或连接螺栓孔），以便固定减速器。

3. 润滑和密封

从图 8-20 可以看出,本齿轮减速器采用油池润滑。为了防止油从箱体中泄漏,并保护传动件和轴承不受外界灰尘杂物的侵入,减速器要进行密封。在箱体的剖分面处,装配前要涂上醇基漆和水玻璃,以防润滑油渗出。在放油孔的凸台处要加防油胶垫,并拧紧油塞,以防漏油。在有轴通过的轴承盖中要设密封装置,以保护传动件和轴承不受污染。在其他轴承盖处、视孔盖处都应加密封垫。

想一想

图 8-20 所示长螺栓为什么从上向下装配?从下向上装配可以吗?

任务拓展

*新型齿轮系简介

1. 渐开线少齿差行星齿轮传动

渐开线少齿差行星齿轮传动的主要优点是传动比大(一级减速可达 135,二级减速可达 10 000 以上)、结构紧凑、体积小、重量轻、效率高(单级为 0.80 ~ 0.94)、便于装配、加工维修容易等。其主要缺点是同时啮合的齿数少,承载能力低。这种齿轮传动适用于中、小型动力传动,在起重运输机械、仪表、轻工机械、化工机械中获得了广泛的应用。

2. 摆线针轮行星传动

摆线针轮行星传动的主要优点是传动比大(单级为 9 ~ 87,双级为 121 ~ 7 569);传动效率高(一般在 0.9 以上),传递的功率目前已达 100 kW;同时啮合的齿数多,因此承载能力大;传动平稳;轮齿磨损小,使用寿命长。其主要缺点是针轮和摆线轮均需要较好的材料(如 GCr15 钢);制造精度要求高,摆线齿需要专用刀具和专用设备加工;转臂轴承受力较大,轴承寿命短等。主要应用在要求重量轻、传动比大的条件下,如军工、矿山、冶金、造船、仪表、轻工、化工、纺织等机械的传动机构中用来代替一般多级减速器。

3. 谐波齿轮传动

谐波齿轮传动的优点有传动比大(一般单级传动可达 60 ~ 500);同时啮合的齿数多,啮入、啮出的速度低,故承载能力大、传动平稳、运动误差小、传动精度高;传动效率高;齿侧间隙小,适用于反向转动;零件少、体积小、重量轻;具有良好的封闭性。其缺点是起动力矩大,且速比越小越严重;柔轮易发生疲劳破坏;装置发热较大等。主要应用在各种机电一体化产品中,如工业机器人、数控机床、仪器仪表、通信设备等。

任务三　阶段性实训 2——减速器的拆卸与装配

任务目标

1. 熟悉减速器的结构、各部分的装配关系。
2. 会正确拆装减速器。

任务描述

1. 按规范拆卸一个齿轮减速器。
2. 观察减速器的组成、结构,熟悉各部分的装配关系。
3. 装配齿轮减速器。

物料准备

训练工具包括旋具(螺丝刀)、各种类型的扳手(活扳手、梅花扳手、套筒扳手等)、手锤、样冲、铲子、尖嘴钳、锉刀、游标卡尺、钢直尺、机油和零件存放盘等。训练设备为单级或二级齿轮减速器(配套装配图样)。

知识准备

见项目八任务二。

任务实施

1. 减速器的拆卸与装配

(1) 先通过装配图样认识齿轮减速器各部分的组成、名称及各零件间的连接形式等。

(2) 确定减速器的拆卸顺序,对减速器进行拆卸。

注:本次训练不包括轴上零件的拆卸,如轴承、齿轮等。

(3) 确定减速器的装配顺序,对减速器进行装配。

2. 注意事项

(1) 切勿盲目拆装,拆卸前要仔细观察零部件的结构及位置,考虑好拆装顺序,拆下的零部件要统一放在盘中，以免丢失和损坏。

（2）爱护工具、仪器及设备，小心仔细拆装，避免损坏。

任务评价

采用自评、小组互评、教师评价相结合的方法，按照评价表（表8-2）进行评价，最后由教师作出总结。

表8-2　评　价　表

考核点	自评			小组互评			教师评价		

1. 拆卸过程合理									
2. 装配过程合理									
3. 拆卸工具使用规范									
4. 拆卸零件摆放规范									
5. 按时完成任务									
6. 团队协作完成									

阅读材料

团结协作、互惠共赢——减速器工作的启示

减速器是由一系列零部件构成的复杂机械产品，其中的零件相互团结协作，共同完成预期的功能。单个齿轮的传力和传动能力及效果是有限的，但多个齿轮组成的齿轮系却可以实现大的传动比、远距离传动、变速、换向等一系列功能，达到“1+1”远远大于“2”的效果。齿轮要正常转动，没有轴的支承是无法实现的，而轴的高速、高精度转动需要轴承来保证。同样，齿轮系要正常工作，需要轴、轴承、齿轮、密封元件、定位元件等的相互配合、团结协作。机械系统如此，一个集体又何尝不是如此。

无论是在学校还是步入社会，进入工作岗位，或在家庭中，唯有具有团结协作的精神，方能使这个大系统正常、高效地运转，最终达到互惠共赢的效果。

项目九

支承零部件

项目介绍

支承零部件主要包含轴和轴承，其作用是将传动零件（如凸轮、齿轮、链轮、带轮等）可靠地支承在机架上，具有准确的工作位置和较小的功率损失。轴的主要功用是支承旋转零件，并传递运动和动力。轴承的主要功用是支承轴，使其回转并保持一定的旋转精度，减少相对回转零件之间的摩擦和磨损。图 9-1 所示为自行车、减速器、汽车中的支承零部件。

本项目学习常见轴的类型、材料和结构，滚动轴承的基本知识及其安装和拆卸，滑动轴承的类型及其维护。

(a) 自行车　(b) 减速器　(c) 汽车

图 9-1　自行车、减速器、汽车中的支承零部件

任务一 轴的结构分析

任务目标

1. 了解轴的分类和应用。
2. 了解轴的结构组成和轴上零件的固定方法。
3. 了解轴的材料及结构工艺性。

任务描述

图 9-2 所示为单级圆柱齿轮减速器的低速轴，其在减速器中的位置如图 9-2b 所示，轴上装配有齿轮、轴承、带轮等零件（图 9-2c）。要求：（1）辨别轴的类型；（2）分析轴的结构组成，指出各部分的名称；（3）分析轴上零件（齿轮、轴承、带轮）的固定方式。

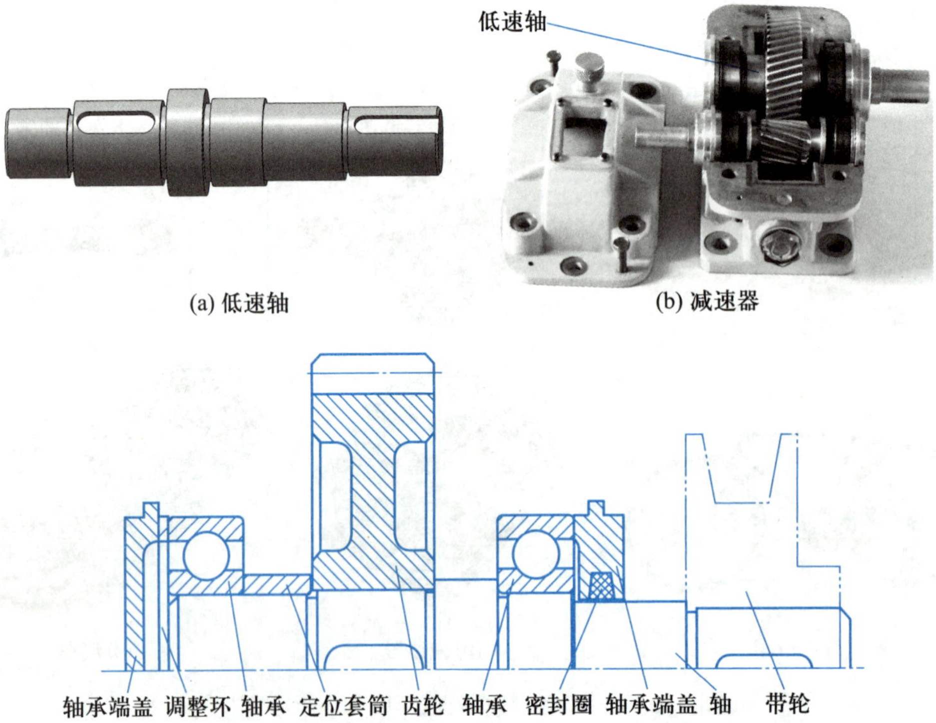

(a) 低速轴　(b) 减速器

(c) 低速轴系零件

图 9-2 单级圆柱齿轮减速器的低速轴

知识准备

一、轴的分类

（1）按轴所承受的载荷可将轴分为转轴、传动轴和心轴。

1）转轴　同时承受弯矩和转矩作用的轴。图 9–3 所示的减速器轴，既支承零件又传递转矩。

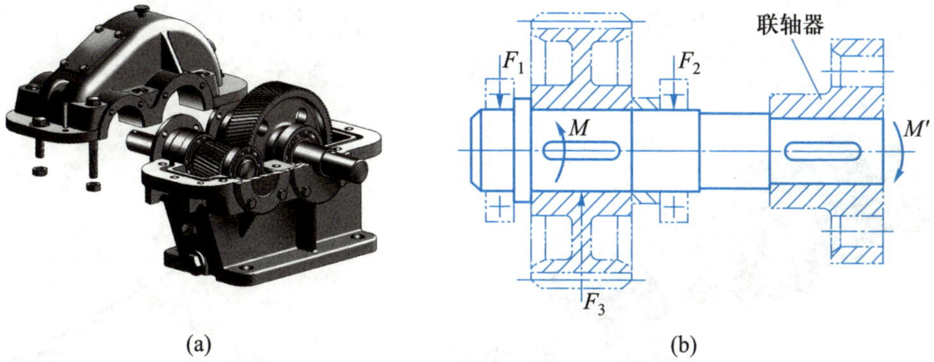

图 9–3　减速器轴（转轴）

2）传动轴　只承受转矩不承受弯矩或承受很小的弯矩的轴。图 9–4 所示的汽车传动轴，主要用于传递转矩。

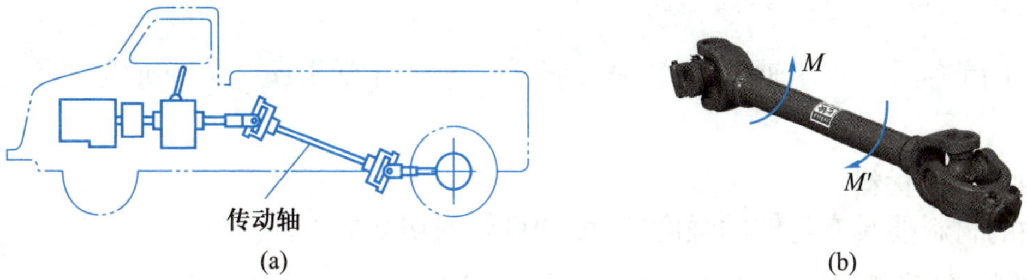

图 9–4　汽车传动轴（传动轴）

3）心轴　只承受弯矩不承受转矩的轴。图 9–5 所示的火车轮轴、滑轮轴和万向轮轴，主要用于支承回转零件。

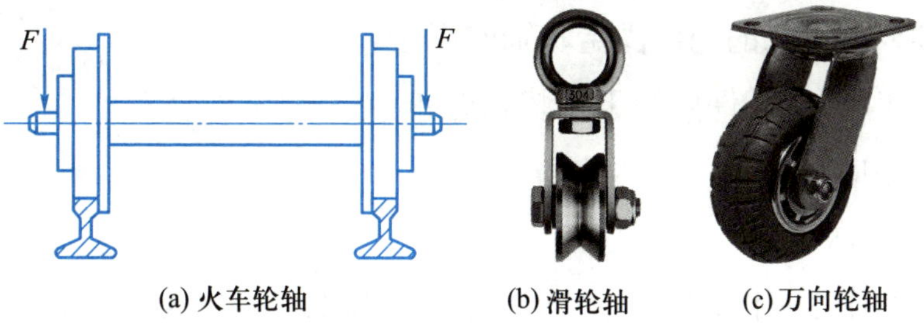

图 9–5　火车轮轴、滑轮轴和万向轮轴（心轴）

（2）按照轴线形状可将轴分为直轴（图 9-6）和曲轴（图 9-7）两大类。直轴根据外形又可分为光轴和阶梯轴两种。直轴一般制成实心的，按需要也可制成空心的。此外，还有一种钢丝软轴，称为挠性轴（图 9-8）。

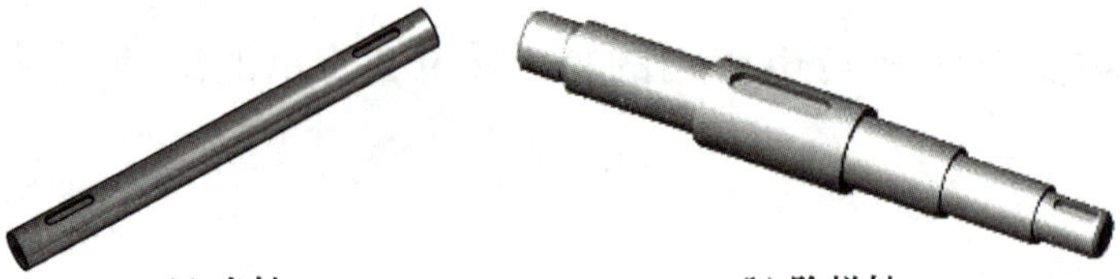

(a) 光轴　　(b) 阶梯轴

图 9-6　直轴

图 9-7　曲轴

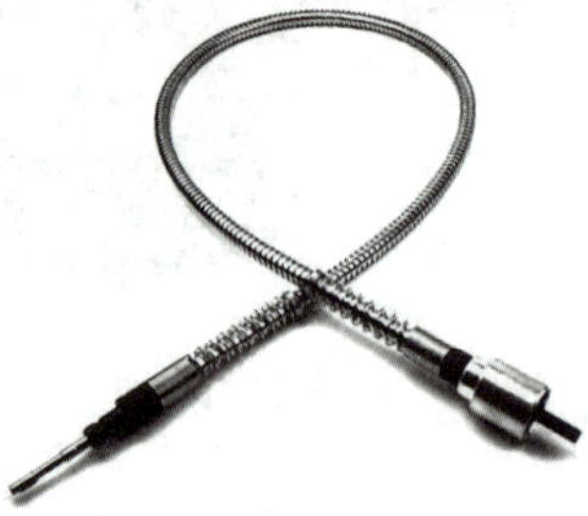

图 9-8　挠性轴

想一想

自行车的前轴、后轴、中轴和脚蹬轴分别是什么轴？生活中还有哪些机械中应用了转轴？

二、轴常用的材料

制造轴的材料要具有足够的强度、刚度和良好的切削加工性。

轴的材料有碳钢（如 Q235A、45 钢）、合金钢（如 20Gr、40Cr、40MnB）、球墨铸铁（如 QT600-3）等。机器中常用的轴一般用 45 钢、40Cr 制造。

三、轴的结构

1. 轴的结构应满足的要求

（1）要有足够的强度和刚度。

（2）轴上零件要有可靠的周向固定和轴向固定。

（3）要便于加工，轴上零件要便于安装和拆卸。

（4）要尽量减小应力集中。

2. 轴各部分的名称

按各轴段所起的作用不同，轴可分为轴头、轴颈、轴身三类结构，如图 9-9 所示。支承齿轮、带轮、联轴器等传动件，并与这些零件保持一定配合的轴段称为轴头，与轴承配合的轴段称为轴颈，连接轴头与轴颈的轴段称为轴身。另外，轴直径变化所形成的台阶称为轴肩，两轴肩之间的距离很小，且呈环状的轴段称为轴环。

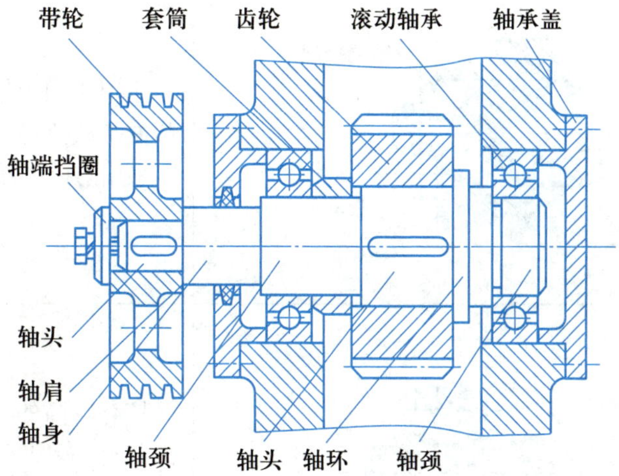

图 9-9　轴的结构

3. 轴上零件的固定

（1）轴上零件的轴向固定　其目的是为了保证轴上零件具有确定的轴向位置，承受轴向力，防止轴上零件轴向窜动。轴上零件的轴向固定方法见表 9-1。

表 9-1　轴上零件的轴向固定方法

固定方法	简图	特点
轴肩、轴环固定	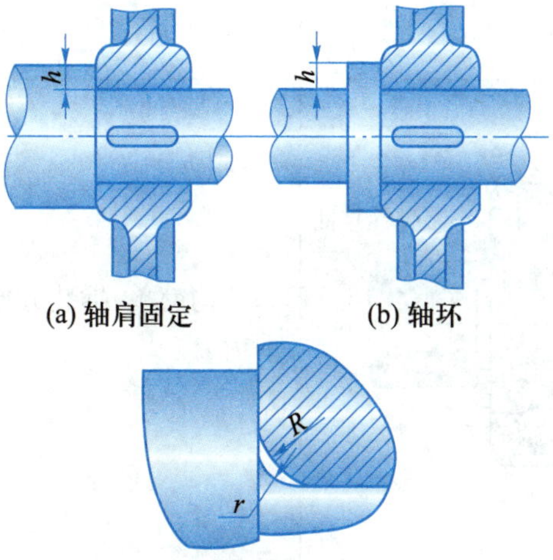 (a) 轴肩固定　(b) 轴环　(c) 轴肩或轴环的圆角	结构简单，定位可靠，能承受较大的轴向力，常用于齿轮、带轮、轴承等零件的轴向固定 为保证轴上零件靠紧定位面，要求 $r<R$；轴肩、轴环的高度 h 应大于 R；与滚动轴承配合时，轴肩、轴环的高度 h 要小于滚动轴承内圈厚度，以便于滚动轴承的拆卸
圆螺母固定	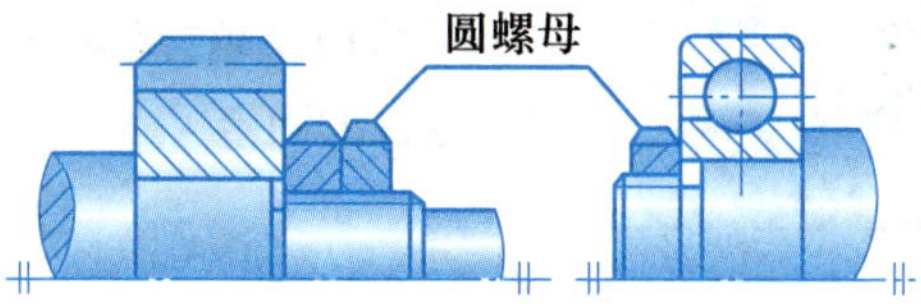	装拆方便、固定可靠；能承受较大的轴向力；但轴上需切制螺纹，使轴的强度降低。常用于轴的中部或端部，无法使用轴套固定的场合

续表

固定方法	简图	特点
轴端挡圈固定	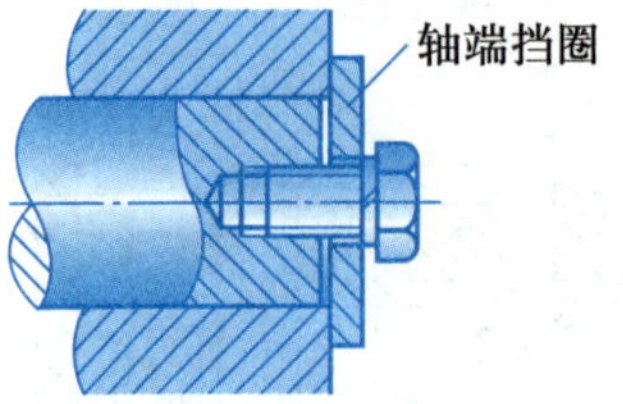	适用于固定轴端零件，可承受剧烈振动和冲击载荷；为防止轴端挡圈和螺钉松动，需采用防松装置（如图中的弹性垫圈）
圆锥面固定	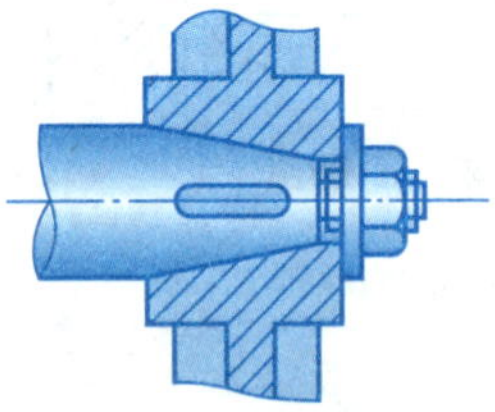	具有较高的定心精度，能承受较大的冲击载荷；多用于承受冲击载荷和同心度要求较高的轴端零件的固定，常与轴端挡圈或螺母联合使用
轴套固定	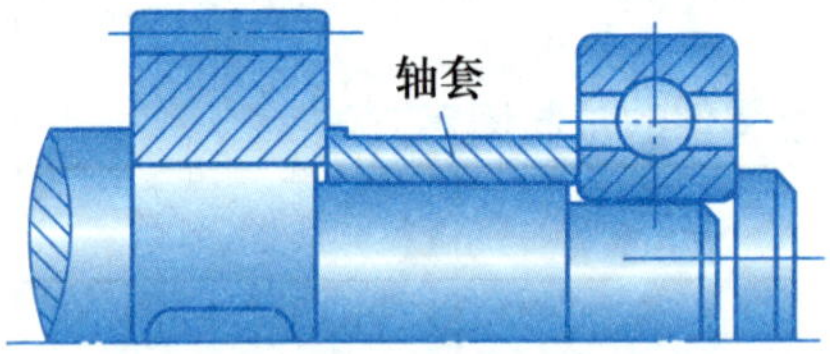	结构简单，装拆方便，无需在轴上开槽、钻孔、切螺纹而削弱轴的强度。一般用于零件间距较小场合
弹性挡圈固定	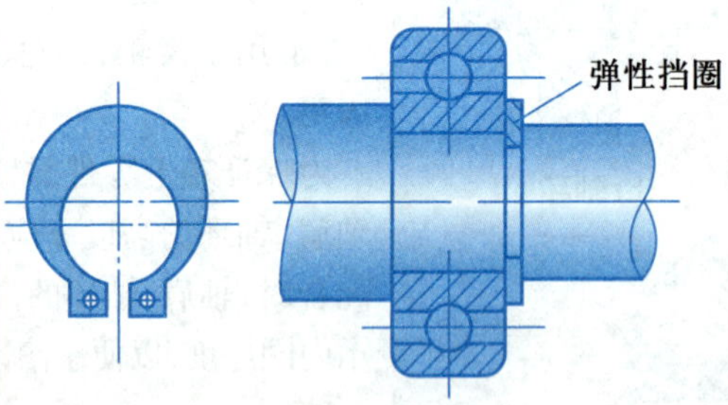	结构简单，拆装方便，只能承受较小的轴向力
螺钉锁紧挡圈固定	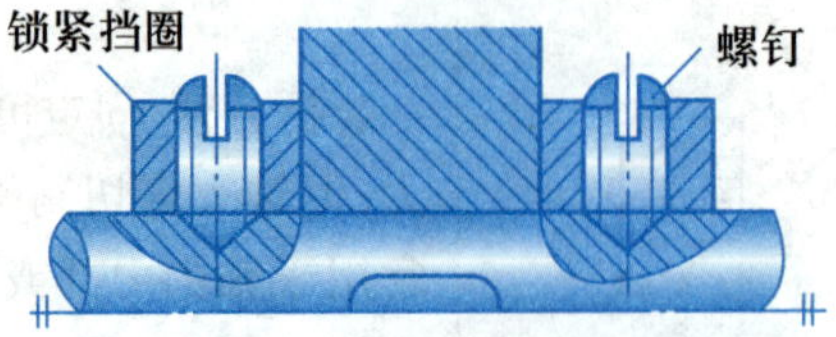	结构简单，承载能力小。常用于光轴上零件的固定

（2）轴上零件的周向固定　主要有以下方法。

1）键、销连接　如图 9-10 所示，键连接是轴上零件周向固定最常用的方法；销连接同时有周向和轴向固定作用，但不能承受较大载荷，因轴、毂上要开通孔，对轴的强度有削弱。

2）过盈配合连接　可同时有轴向和周向固定作用，对中精度高，但拆装不方便，如图 9-11 所示。

3）紧定螺钉连接　如图 9-12 所示，可同时有轴向和周向固定作用，其结构简单，承受载荷小，多用于辅助性连接。

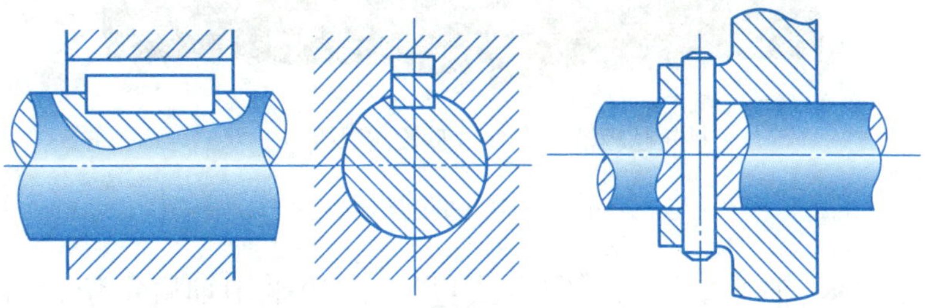

(a) 键连接　　(b) 销连接

图 9-10　键、销连接

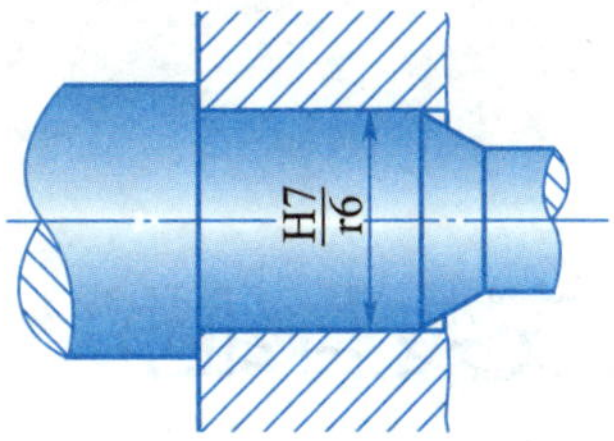

图 9-11　过盈配合连接

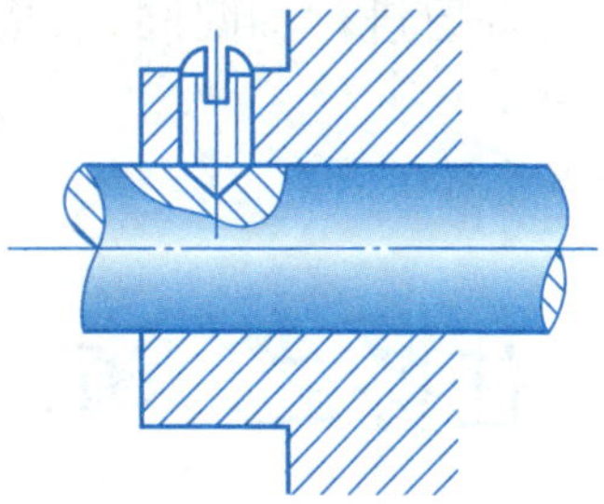

图 9-12　紧定螺钉连接

*4. 轴的结构工艺性

（1）轴上磨削和车螺纹的轴段应分别设有砂轮越程槽和螺纹退刀槽，如图 9-13 所示。

（2）为方便轴上零件的装配，轴端和各轴段端部都应有倒角，如图 9-14 所示。

（3）轴上沿长度方向开有几个键槽时，应将键槽安排在轴的同一素线上，如图 9-14 所示。

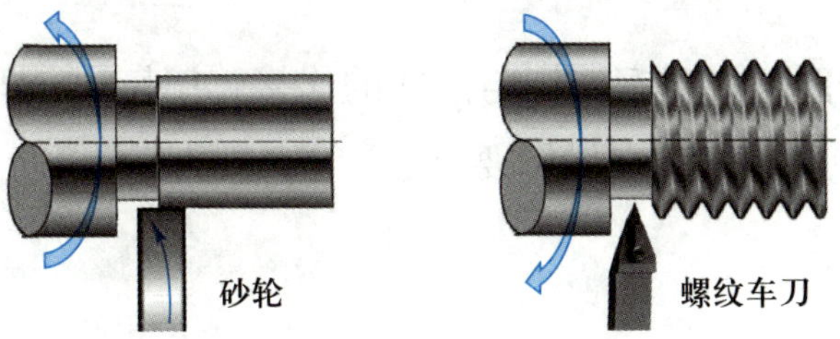

(a) 砂轮越程槽　　(b) 螺纹退刀槽

图 9-13　砂轮越程槽和螺纹退刀槽

图 9-14　轴上倒角与键槽

任务实施

（1）该轴为减速器的低速轴，工作中同时承受弯矩和转矩，因此该轴属于转轴。

（2）该轴上装配有齿轮、轴承等零件，据此分析该轴的组成及各部分的名称，如图 9-15 所示。

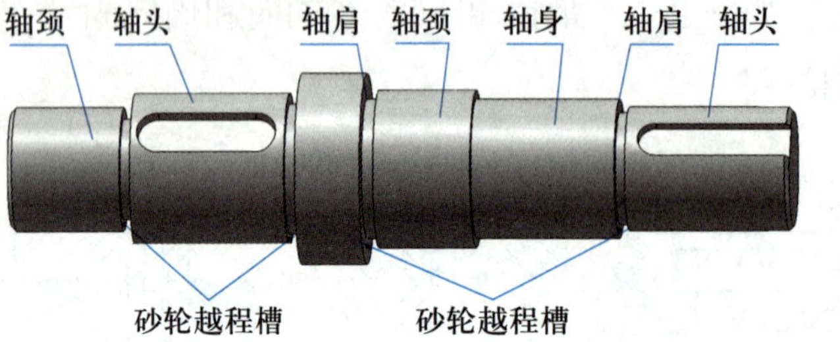

图 9-15 轴的组成

（3）如图 9-2c 所示，轴上零件的固定方式：齿轮右边采用轴肩定位，左边用定位套筒轴向固定，采用平键作周向固定；右轴承内圈用轴肩轴向定位，左轴承内圈用定位套筒轴向定位，轴承外圈由轴承端盖（或通过调整环）定位。轴肩和套筒的高度都低于轴承的内圈，以便轴承拆卸。右端的带轮通过轴肩进行轴向固定，周向固定采用平键连接。两个键槽布置在同一母线上，以便加工。

任务二 滑动轴承的安装与维护

任务目标

1. 掌握滑动轴承的类型、结构和特点。

*2. 了解滑动轴承轴瓦的结构、失效形式、常用材料、润滑方法及润滑装置。

任务描述

图 9-16 所示为汽车发动机内的曲柄连杆机构，观察连杆与活塞的连接（*A* 处）、连杆与曲轴的连接（*B* 处），指出其所属的轴承类型，说明其安装和维护要点。

图 9-16　汽车发动机内的曲柄连杆机构

知识准备

一、滑动轴承的类型、结构和特点

通常，根据工作时摩擦形式的不同，轴承分为滑动轴承和滚动轴承。

滑动轴承具有滚动轴承所没有的一些独特优点，如工作转速高、可承受特大冲击与振动，可在径向空间尺寸受到限制或必须剖分安装（如曲轴的轴承）的场合使用，以及在水或腐蚀性介质中工作等。其在轧钢机、汽轮机、内燃机、金属切削机床、各种仪表中应用颇为广泛。按滑动轴承承受载荷的方向分为径向滑动轴承和止推滑动轴承。

1. 径向滑动轴承

主要承受径向载荷或只能承受径向载荷的轴承称为径向滑动轴承，常用的有整体式滑动轴承、剖分式滑动轴承两种。

（1）整体式滑动轴承结构如图 9-17 所示，由轴承座和轴承衬套组成，轴承座上部有油孔，整体衬套内有油沟，分别用以加油和引油。这种轴承的优点是结构简单，价格低廉。缺点是轴承衬套磨损后，轴承间隙过大时无法调整；只能从轴颈端部装拆，很不方便。适用于轻载、低速或间歇工作的场合。

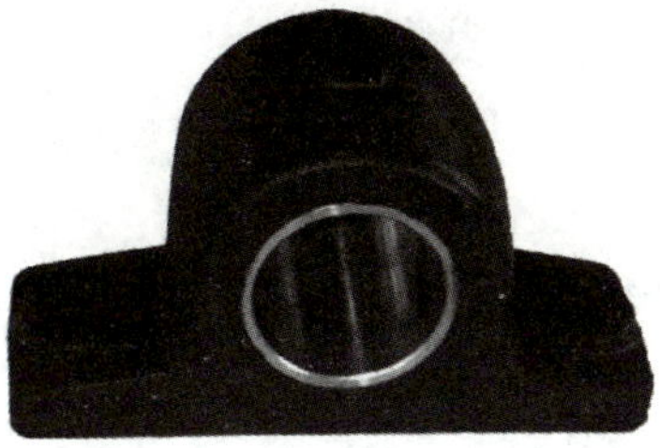

(a)

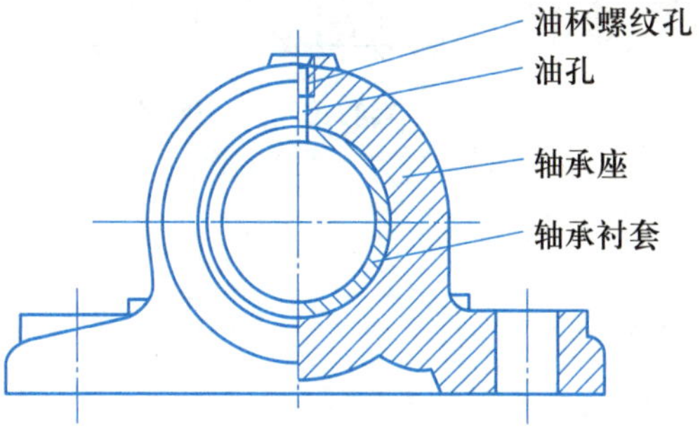

(b)

图 9-17　整体式滑动轴承

（2）剖分式滑动轴承（也称为对开式滑动轴承）结构如图 9-18 所示，由轴承座、轴承盖、上轴瓦、下轴瓦、螺栓等组成。轴承座和轴承盖的剖分面做成阶梯形，以便定位和防止工作时错动。这种轴承装拆方便，且轴瓦磨损后，可用减少剖分面处的金属垫片或刮配轴瓦金属的办法来调整轴承间隙，所以应用较广泛。

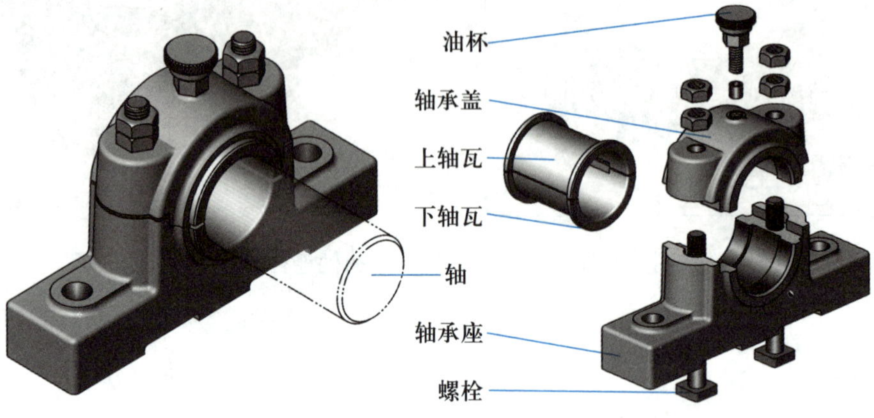

图 9-18 剖分式滑动轴承

做一做

比较整体式滑动轴承和剖分式滑动轴承的优缺点。

2. 止推滑动轴承

止推滑动轴承主要承受轴向载荷，按其结构可分为实心式、空心式、单环式和多环式几种形式，多采用空心式、单环式和多环式，如图 9-19 所示。

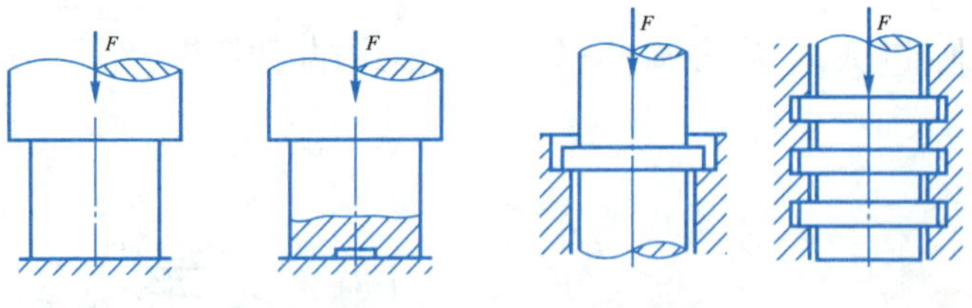

图 9-19 止推滑动轴承

做一做

在日常生活中或生产实际中找一找径向滑动轴承和止推滑动轴承，和大家一起探讨。

*二、轴瓦（轴套）

轴瓦（轴套）在工作中直接与轴颈相接触。对于低速、轻载和不重要的轴承，可以不使用轴瓦（轴套），直接在机体的壁板上或机器上加工出轴承孔。

1. 轴瓦（轴套）的结构

整体式滑动轴承通常采用圆筒形轴套（图 9-20），剖分式滑动轴承则采用轴瓦（图 9-21）。

许多轴瓦（轴套）内壁上开有油沟，其目的是把润滑油引入轴颈和轴瓦（轴套）的摩擦面。油沟一般开在非承载区，并不得与端部接通，以免漏油。油沟的形式如图 9-20、图 9-21 所示，油沟的上方开有油孔。

(a) 开有油孔和油沟　　(b) 不带油沟

图 9-20　圆筒形轴套

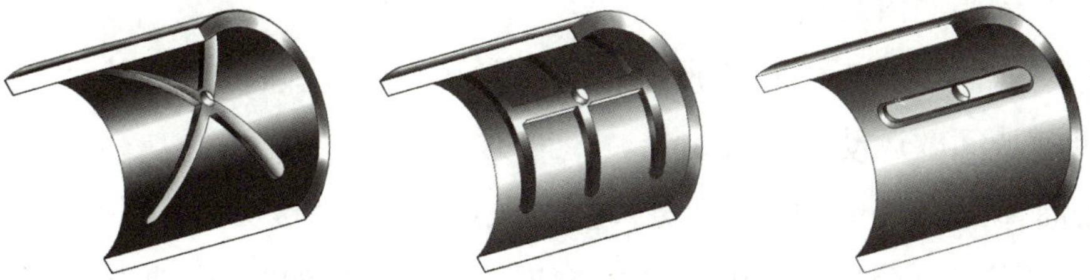

(a)　(b)　(c)

图 9-21　轴瓦

2. 轴瓦（轴套）的材料

常用的轴瓦材料有锡基轴承合金、铅基轴承合金、青铜、黄铜、灰铸铁及非金属材料等。

可以用某种单一材料制造轴瓦。为了节约贵重金属，常在铸铁、青铜或钢制轴瓦内表面浇注一层轴承合金作为减摩材料（称为轴承衬），以改善轴瓦接触表面的摩擦状况，提高轴承的承载能力。为保证轴承衬与轴瓦贴附牢固，可在轴瓦内表面制出各种形式的榫头、凹沟或螺纹，通常称为厚壁轴瓦。也可用双金属板通过连续轧制等新工艺制成轴瓦（轴套），通常称为薄壁轴瓦。

**三、滑动轴承的润滑

滑动轴承需要良好的润滑。润滑可降低功率的损耗，减少轴承的磨损，同时还有冷却、防蚀和吸振等作用。润滑状况的好坏直接影响轴承的正常工作和使用寿命。

1. 润滑剂

滑动轴承常用的润滑剂有润滑油（常用机械油）和润滑脂（俗称黄油），有时也采用固体润滑剂（如石墨、二硫化钼等）。

润滑油的主要指标是黏度。例如，N10号机械油就是指其运动黏度的平均值为10 mm^2/s。标号越高，黏度越大，油也越稠。滑动轴承常用的润滑油有机械油N10、N15、N22、N32等。轴承工作在重载、低速、高温或运转不平稳、有冲击的情况时，应采用黏度较高的润滑油；反之，则应选用黏度较低的润滑油。

润滑脂是由润滑油加稠化剂在高温下混合制成的。根据加入的稠化剂不同，可将润滑脂分成钙基脂、钠基脂和锂基脂等。钙基润滑脂具有良好的抗水性，但其使用温度不能超过60 ℃，否则润滑脂会变软甚至结构破坏不能保证润滑效果；钠基润滑脂可在80 ℃或高于此温度下较长时间内工作，但遇水易分解；锂基润滑脂具有优良的抗水性，可使用在潮湿和与水接触的机械部件上，能长期在120 ℃左右环境下使用。

润滑脂不易流动，可承受较大的载荷，工作时不需经常加油，但其内部摩擦阻力大，不适用于高速轴承的润滑。

2. 常见的润滑装置

（1）旋盖式油脂杯　如图9-22所示，杯中装满润滑脂后，旋动上盖即可将润滑脂挤入轴承中，是应用最广的脂润滑装置。

（2）旋套式注油杯　如图9-23所示，用油壶通过侧孔注油，之后用旋套将侧孔封闭。只适用于小型、低速或间歇运动的润滑场合。

（3）压注油杯　如图9-24所示，分为直通式压注油杯、接头式压注油杯、压配式压注油杯。平时弹簧顶住钢球将油孔封闭，避免污物进入轴承。加油时，用油壶嘴将钢球压下，同时注入适量的润滑油。

（4）油芯式弹簧盖油杯　如图9-25所示，油芯浸在油中，利用油芯的毛细管和虹吸作用供油。此装置维护简单，供油量均匀、连续，但油量不能调节，适用于供油量不需要很大的轴承。

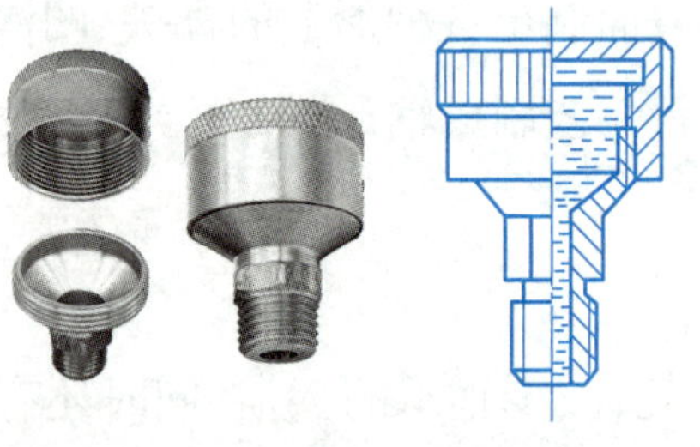

图9-22　旋盖式油脂杯

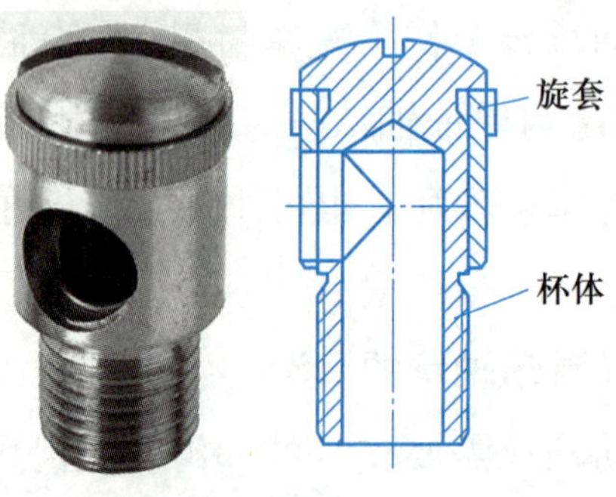

图9-23　旋套式注油杯

(a) 直通式压注油杯　(b) 接头式压注油杯　(c) 压配式压注油杯

图 9-24　压注油杯

（5）针阀式注油杯　针阀式注油杯如图 9-26 所示。在杯内装有一导油管，管内装有一针阀。当手柄竖立时，针阀被提起，油孔打开，杯内的油通过导油管侧孔连续不断供油。当手柄放倒时，针阀被弹簧压下，油孔封闭，停止供油。供油量可通过调节螺母来控制，观察孔可观察供油情况。此装置适用于要求供油可靠的润滑点上。

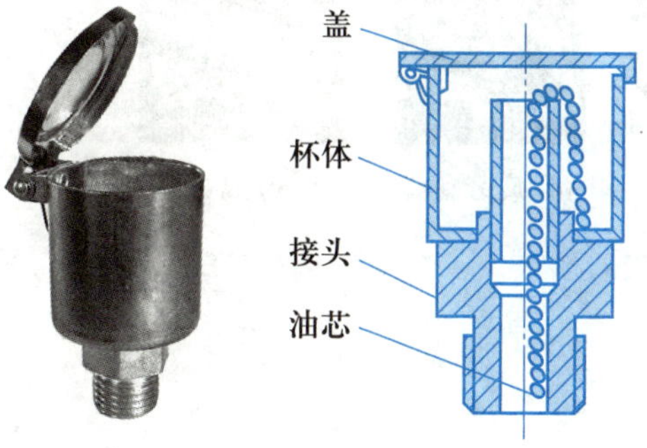

图 9-25　油芯式弹簧盖油杯

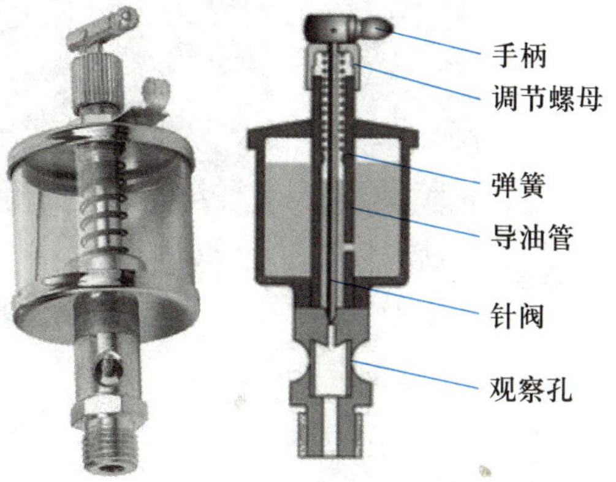

图 9-26　针阀式注油杯

知识卡片　含油轴承

含油轴承由多孔质金属材料制成。多孔质金属是一种用不同金属粉末经压制、烧结而成的轴承材料，呈多孔结构，孔隙占体积的 10%～35%。使用前先把轴瓦在热油中浸渍数小时，使孔隙中充满润滑油。它具有自润滑性，工作时由于轴转动的离心作用及轴承发热时油的膨胀作用，油便进入摩擦表面间起润滑作用；停止工作后因毛细作用，油便被吸回到轴承内部，故在相当长时间内，即使不加润滑油仍能很好地工作。常用的多孔质金属有多孔质铁和多孔质青铜，但由于其韧性较小，故含油轴承常用于平稳无冲击载荷及中低速情况。

*四、滑动轴承的失效形式

滑动轴承常见的失效形式如下。

（1）磨粒磨损 进入轴承间隙的硬颗粒随轴一起转动，对轴颈和轴承表面起研磨作用，形成了磨粒磨损，如图 9-27a 所示。

（2）刮伤 进入轴承间隙的硬颗粒或轴颈表面粗糙的微观轮廓尖峰，在轴瓦上划出线状伤痕，导致轴承因刮伤而失效，如图 9-27b 所示。

（3）胶合 当瞬时温升过高、载荷过大、油膜破裂或供油不足时，轴颈和轴承的表面材料发生黏附和迁移，从而造成轴承损坏，甚至可能导致相对运动中止，如图 9-27c 所示 。

（4）疲劳剥落 在载荷反复作用下，轴承表面出现与滑动方向垂直的疲劳裂纹，扩展后造成轴承材料剥落，如图 9-27d 所示。

（5）腐蚀 润滑剂在使用中不断氧化，所生成的酸性物质对轴承材料有腐蚀，材料腐蚀易形成点状剥落，如图 9-27e 所示。

(a) 磨粒磨损 (b) 表面刮伤 (c) 胶合 (d) 疲劳剥落 (e) 腐蚀

图 9-27 滑动轴承的失效形式

任务实施

（1）连杆与活塞的连接（*A* 处）属于整体式滑动轴承；连杆与曲轴的连接（*B* 处）属于剖分式滑动轴承。

（2）安装和维护要点如下。

1）滑动轴承安装要保证轴颈在轴承孔内转动灵活、准确、平稳。

2）轴瓦与轴承座孔要贴实，轴瓦剖分面要高出 0.05 ~ 0.1 mm，以便压紧。整体式轴瓦压入时要防止偏斜，并用紧定螺钉固定在轴承座上。

3）油路要畅通，油路与油槽接通。刮研时油槽两边点子要软，以便形成油膜，两端点子均匀，以防止漏油。

4）轴承使用过程中要经常检查润滑、发热、振动问题。遇有发热（一般在 60 ℃以下为正常）、冒烟、异常振动、声响等要及时检查，采取措施。

任务三　滚动轴承的安装与拆卸

任务目标

1. 熟悉滚动轴承的构造、类型、特点、代号及应用。
2. 会正确安装、拆卸轴承。
3. 了解滚动轴承内、外圈的固定方法及润滑和密封方法。

任务描述

图 9-28 所示为单级圆柱齿轮减速器低速轴上的轴承。试分析轴承的类型及其定位方式，并确定轴承的安装、拆卸方法。

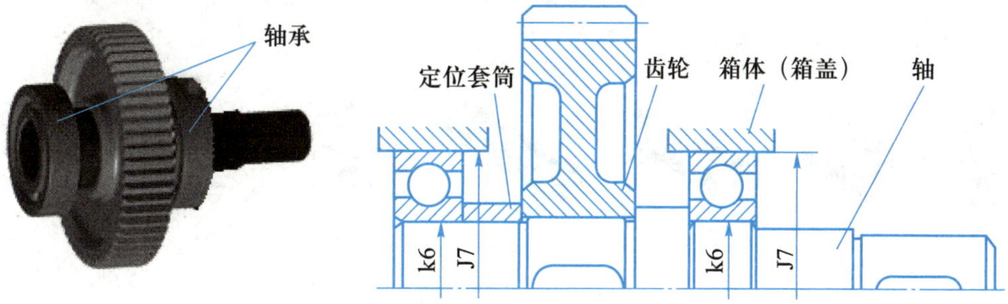

图 9-28　单级圆柱齿轮减速器低速轴上的轴承

知识准备

一、滚动轴承的构造、特点

滚动轴承与滑动轴承相比具有摩擦因数小、启动灵敏、效率高、轴向尺寸小、润滑简单、维护方便等优点，但承受冲击载荷的能力较差，高速运转时噪声大，寿命较低。滚动轴承为标准化、系列化零件，价格便宜，因此在很多场合广泛应用。

如图 9-29a 所示，滚动轴承一般由内圈、外圈、滚动体和保持架组成。内圈装在轴颈上，与轴一起转动。外圈装在机座的轴承孔内，一般不转动。内、外圈上设置有滚道，当内、外圈之间相对旋转时，滚动体沿着滚道滚动。保持架使滚动体均匀分布在滚道上，以减少滚动体之间的碰撞和磨损。

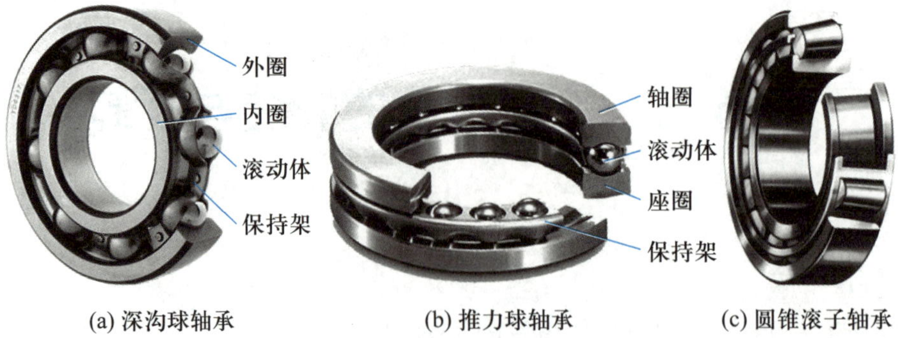

图 9-29 滚动轴承的基本结构

二、滚动轴承的类型

按照滚动轴承所受载荷不同，滚动轴承可分为以下三大类：

（1）向心轴承 主要承受径向载荷的滚动轴承，如深沟球轴承（图 9-29a）。

（2）推力轴承 仅承受轴向载荷的滚动轴承，如推力球轴承（图 9-29b）。

（3）向心推力轴承 能同时承受径向载荷和轴向载荷的滚动轴承，如圆锥滚子轴承（图 9-29c）。

按滚动体的形状（图 9-30）可分为球轴承和滚子轴承（包括短圆柱滚子、长圆柱滚子、螺旋滚子、圆锥滚子、球面滚子和滚针）。

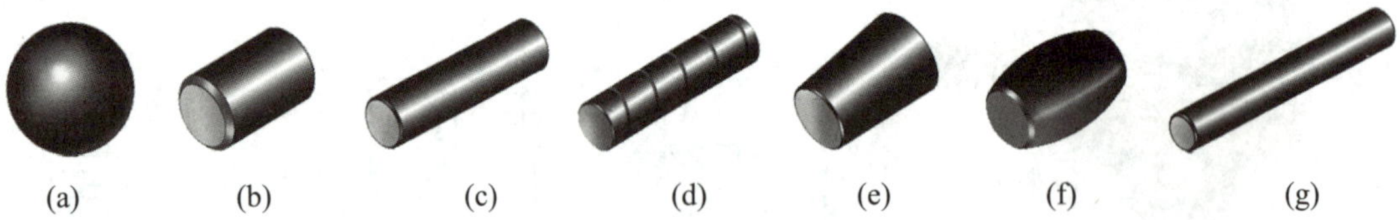

图 9-30 滚动体的形状

按轴承中滚动体的列数还可分为单列、双列和多列轴承。

做一做

在图 9-29c 中，标出轴承的外圈、内圈、滚动体、保持架，并说明滚动体的形状。

三、滚动轴承的代号及应用

1. 滚动轴承的代号

按照 GB/T 272—2017 规定，滚动轴承代号由前置代号、基本代号和后置代号组成。代号一般刻印在外圈端面上，排列顺序是前置代号—基本代号—后置代号。

（1）基本代号 基本代号是轴承代号的基础，用来表示轴承的基本类型、结构和尺寸，由类型代号、尺寸系列代号和内径代号组成，一般由五位数字（或字母 + 数字）表示，有时是四位数字，见表 9-2。

表 9-2　滚动轴承的基本代号

<table>
<tr><td>类型代号</td><td colspan="2">尺寸系列代号</td><td colspan="6">内径代号</td></tr>
<tr><td rowspan="4">多数轴承用一位数字或一至两个字母表示，个别轴承有省略，见表 9-3</td><td>宽（高）度系列代号</td><td>直径系列代号</td><td colspan="6" rowspan="2">通常用两位数字表示。当 10 mm ≤ d ≤ 480 mm 时，内径代号与内径关系如下（d 为内径，22 mm、28 mm、32 mm 除外）：</td></tr>
<tr><td rowspan="2">用一位数字表示，表示内径、外径相同，宽度（对推力轴承指高度）不同的系列，见表 9-3</td><td rowspan="2">用一位数字表示，表示同一内径，不同外径的系列，见表 9-3</td></tr>
<tr><td>内径代号</td><td>00</td><td>01</td><td>02</td><td>03</td><td>04 ~ 99</td></tr>
<tr><td colspan="2">尺寸系列代号连用，对多数轴承宽（高）度系列代号为 0、1、2 时可省略，圆锥滚子轴承和调心轴承不能省略</td><td>内径 d/mm</td><td>10</td><td>12</td><td>15</td><td>17</td><td>代号 ×5</td></tr>
<tr><td>第五位</td><td>第四位（有时省略）</td><td>第三位</td><td colspan="3">第二位</td><td colspan="3">第一位</td></tr>
</table>

（2）前置、后置代号　前置、后置代号是轴承在结构形状、尺寸、公差、技术要求等方面有改变时，在其基本代号左右添加的补充代号。

1）前置代号　在基本代号的前面用字母表示，经常用于表示轴承分部件（轴承组件）。

2）后置代号　在基本代号的后面用字母或字母加数字表示，表示轴承的特性及排列顺序。常见的几种代号及含义如下：

① 轴承内部结构代号：对角接触轴承，C、AC、B 分别表示公称接触角 α=15°、25°、40°。

② 轴承公差等级代号，其精度顺序为 /PN、/P6、/P6X、/P5、/P4、/P2，其中 /P2 级为高精度，/PN 级为普通级，省略不标。

③ 轴承游隙：/C2、/CN、/C3、/C4、/C5，表示游隙的组别，/CN 符合标准规定的 N 组，省略不标。

滚动轴承代号表示方法举例如下：

6　2　02

- 02：内径代号，轴承公称内径 d=15 mm
- 2：尺寸系列代号（0）2，宽度系列代号0省略，直径系列代号2
- 6：轴承类型代号，深沟球轴承

2　32　24

- 24：内径代号，轴承公称内径 d=24 × 5 mm=120 mm
- 32：尺寸系列代号32，宽度系列代号3，直径系列代号2
- 2：轴承类型代号，调心滚子轴承

5　11　03　/P6

- /P6：后置代号，轴承公差等级为6级
- 03：内径代号，轴承公称内径 d=17 mm
- 11：尺寸系列代号11，高度系列代号1，直径系列代号1
- 5：轴承类型代号，推力球轴承

想一想

前两个举例中无后置代号，轴承公差等级是多少？

2. 滚动轴承的类型、代号、性能及特点

常用滚动轴承的类型、代号、性能及特点见表 9-3。

表 9-3 常用滚动轴承的类型、代号、性能及特点

轴承类型及标准号	结构简图	轴承代号			性能及特点
		类型代号	尺寸系列代号	轴承基本代号	
调心球轴承 GB/T 281	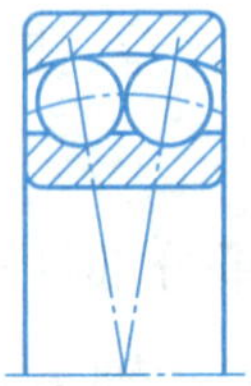	1 1 1 （1） 1 （1）	39 30 （0）2 22 （0）3 23	13900 13000 1200 2200 1300 2300	主要承受径向载荷，能承受较小的轴向载荷，外圈滚道以轴承中心为中心的球面，可自动调心，允许内圈（轴）相对外圈（外壳）轴线偏斜量≤ 2° 注：表中用（ ）括住的数字表示在组合代号中省略，下同
调心滚子轴承 GB/T 288	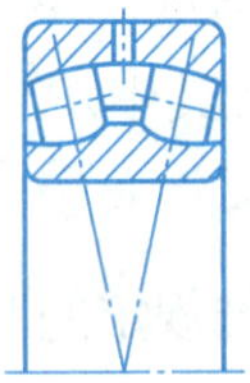	2 2 2 2 2 2	03* 22 23 30 31 32	21300 22200 22300 23000 23100 23200	性能、特点与调心球轴承相同，但具有较大的径向承载能力，允许内圈对外圈轴线偏斜量≤ 1.5° 注：尺寸系列实为 03，用 13 表示
圆锥滚子轴承 GB/T 297	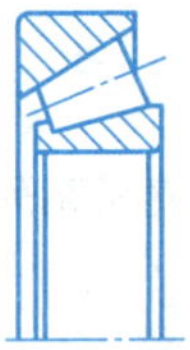	3 3 3 3	02 20 29 31	30200 32000 32900 33100	可以同时承受径向载荷及单向轴向载荷。内外圈的允许偏斜量很小（≤ 2′）。外圈可分离，安装时可调整轴承的游隙。为承受双向轴向载荷，一般成对使用
推力球轴承 （单向） GB/T 301	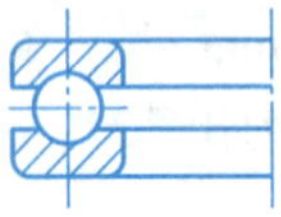	5 5 5 5	11 12 13 14	51100 51200 51300 51400	只能承受轴向载荷，且载荷作用线必须与轴线重合。套圈分轴圈与座圈，轴圈与轴过盈配合并一起旋转，座圈的内径与轴保持一定间隙，外径与机座孔相配合。推力球轴承仅承受单向轴向载荷，双向推力球轴承可承受双向轴向载荷
双向推力球轴承 GB/T 301	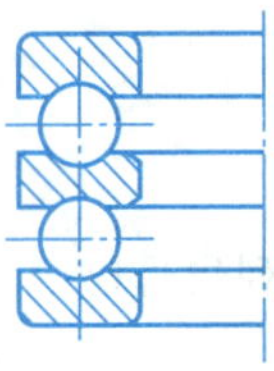	5 5 5	22 23 24	52200 52300 52400	

续表

轴承类型及标准号	结构简图	轴承代号			性能及特点
		类型代号	尺寸系列代号	轴承基本代号	
深沟球轴承 GB/T 276	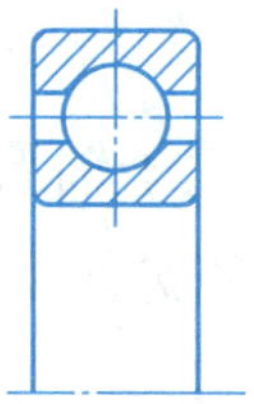	16 6 6 6 6	(0)0 (1)0 (0)2 (0)3 (0)4	16000 6000 6200 6300 6400	应用广泛，主要承受径向载荷，同时也可承受少量轴向载荷。工作中允许内、外圈轴线偏斜量≤8′，大量生产，价格最低
角接触球轴承 GB/T 292	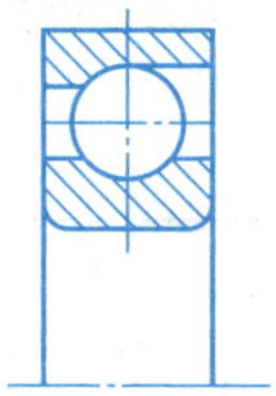	7 7 7 7 7 7	18 19 (1)0 (0)2 (0)3 (0)4	71800 71900 7000 7200 7300 7400	可以同时承受径向载荷及单向轴向载荷，也可以单独承受轴向载荷；一般成对使用。能在较高转速下正常工作。承受轴向载荷的能力与接触角 α 有关，接触角越大，承受轴向载荷的能力也越大
外圈无挡边圆柱滚子轴承 GB/T 283	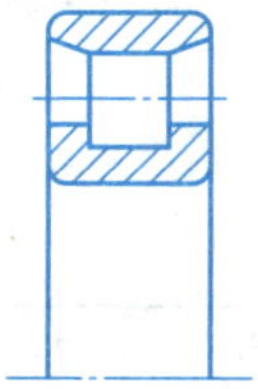	N N N N N N	10 (0)2 22 (0)3 23 (0)4	N1000 N200 N2200 N300 N2300 N400	有较大的径向承载能力；外圈（或内圈）可以分离，故不能承受轴向载荷，工作时允许内、外圈有少量的轴向错动量。内外圈轴线的允许偏斜量很小（2′~4′）。此类轴承还有内圈无挡边（NU）、外圈单挡边（NF）、内圈单挡边（NJ）、无内圈（RNU）、无外圈（RN）等结构
滚针轴承 GB/T 5801	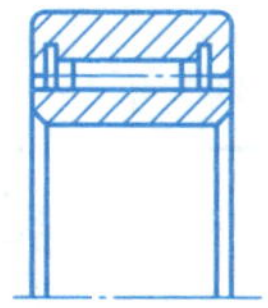	NA NA NA	48 49 69	NA4800 NA4900 NA6900	有较大的径向承载能力，不能承受轴向载荷。在同样内径条件下，与其他类型轴承相比，其外径最小，内圈或外圈可以分离，工作时允许内、外圈有少量的轴向错动量。一般不带保持架
带顶丝外球面球轴承 GB/T 3882	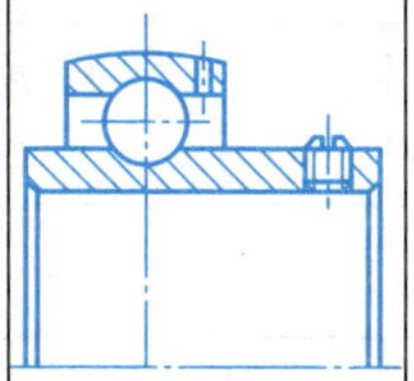	UC UC	2 3	UC 200 UC 300	内部结构与深沟球轴承相同，但外圈具有球形外表面，与带有凹球面的轴承座相配能自动调心，轴线允许偏斜量≤5°。使用时，用紧定螺钉将轴承内圈固定在轴上，可以配多种形状的轴承座

做一做

根据表 9-3 说一说滚动轴承标有“6208”或“72212C”分别是什么含义？

*3. 滚动轴承的选择原则

滚动轴承的选择应考虑以下几个方面：

（1）载荷

1）载荷大小　载荷较大时优先使用滚子轴承，中等载荷以下优先使用球轴承。

2）载荷方向　主要承受径向载荷时，使用深沟球轴承；受纯轴向载荷时，使用推力轴承；同时承受径向和轴向载荷，使用角接触轴承或圆锥滚子轴承。

3）载荷性质　承受冲击载荷时，使用滚子轴承。

（2）转速　转速较高、旋转精度要求高时，使用球轴承，否则使用滚子轴承。

（3）调心性能　跨距较大或难以保证两轴承孔的同轴度的轴及多支点轴，使用调心轴承。但调心轴承需成对使用，否则将失去调心作用。

（4）经济性　在满足使用要求的情况下优先使用球轴承、精度低和结构简易的轴承，其价格低廉。

知识卡片　轴承内、外圈的固定

滚动轴承内、外圈的周向固定是靠内圈与轴及外圈与机座孔间的配合来保证的。轴承内圈的轴向固定方法见表9-4，外圈的轴向固定方法见表9-5。

表9-4　轴承内圈的轴向固定方法

固定方法	轴肩单向固定	轴用弹性挡圈和轴肩双向固定	轴端挡圈和轴肩双向固定	圆螺母、止动垫圈和轴肩双向固定
简图	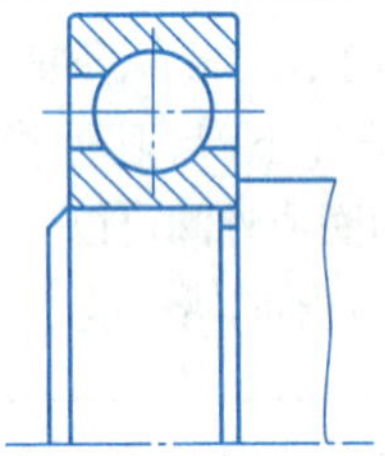	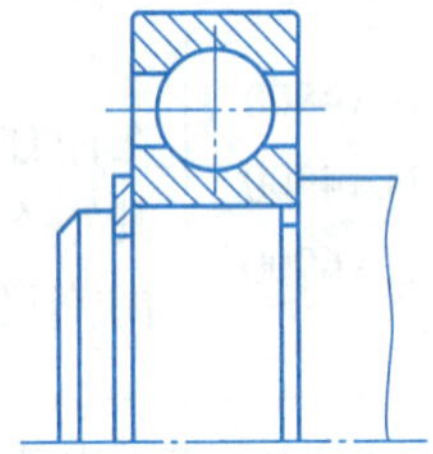	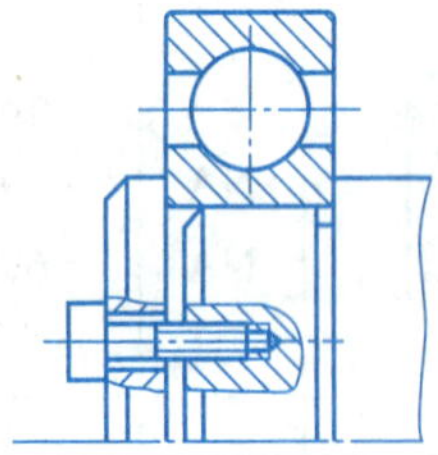	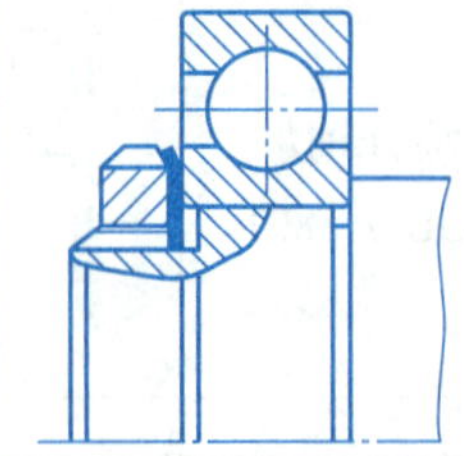
特点	只能承受单方向的轴向载荷	用于轴向载荷不大和转速不高的场合	可承受中等轴向载荷	可承受较大的轴向载荷

表9-5　轴承外圈的轴向固定方法

固定方法	轴承端盖单向固定	轴承端盖和座孔挡肩双向固定	孔用弹性挡圈和座孔挡肩双向固定
简图	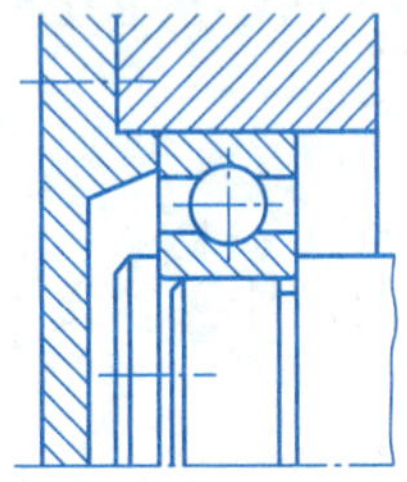		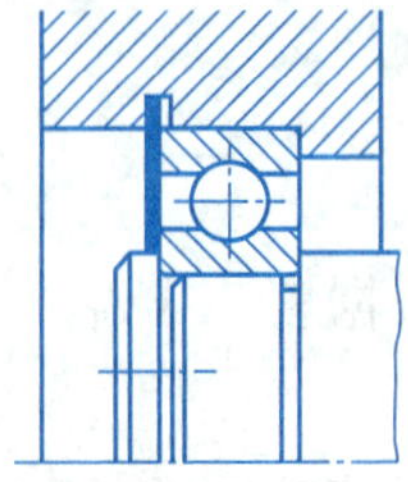
特点	可承受较大的轴向载荷	可承受双向轴向载荷	可承受不大的双向载荷

四、滚动轴承的配合与装拆

1. 滚动轴承的配合

滚动轴承的内圈与轴颈、外圈与座孔之间应选择适当的配合，以保证轴的旋转精度和轴承的周向固定。滚动轴承是标准零件，因此轴承内圈与轴颈的配合采用基孔制；轴承外圈与座孔的配合采用基轴制。为了防止轴颈与内圈在旋转时有相对运动，轴颈的公差带一般选用 n6、m6、k6 或 js6；轴承座内孔的公差带一般选用 J7、J6、H7 或 G7。

2. 滚动轴承的装拆

轴承的内圈与轴颈配合较紧。对于小尺寸的轴承，一般可用手锤打入或直接将轴承的内圈压入轴颈（图 9-31a）；需要注意，轴承安装在轴颈上时须对其内圈施力，安装于座体孔内时须在外圈施力；对于尺寸较大的轴承，可先将轴承放在温度为 80 ~ 100 ℃的热油中加热，使内圈孔胀大，然后装在轴颈上。

对于配合较松的小型轴承，可用手锤和铜棒从背面沿轴承内圈四周将轴承轻轻敲出，如图 9-31b 所示。用压力法拆卸轴承，使用较多的是用顶拔器（俗称拉马），如图 9-31c 所示，它是靠 3 个（或 2 个）拉爪钩住轴承内圈而拆下轴承的。为便于拆卸，设计时应使内圈高于轴肩，留出足够的高度以方便拉爪钩住内圈用力。

(a)　(b)　(c)

图 9-31　滚动轴承的装拆

五、滚动轴承的润滑和密封

1. 润滑

滚动轴承润滑的主要目的是降低摩擦阻力和减轻磨损，同时也有防止锈蚀、散热（油润滑）、密封（脂润滑）等作用。常用油润滑和脂润滑，也有使用固体润滑剂的。

在高速高温的条件下，通常采用油润滑。转速越高，应选用黏度越低的润滑油；载荷越大，应选用黏度越高的润滑油。润滑方式采用油浴或飞溅润滑。

低速时一般采用脂润滑，其优点是便于维护和密封，不易流失，能承受较大载荷。轴承在低速、工作温度 65 ℃以下时可选钙基脂，较高温度时选用钠基脂；高速或潮湿环境时可选锂基脂。润滑脂的填充量一般以轴承内部空间容积的 1/3 ~ 2/3 为宜，以免润滑脂太多导致摩擦发热，影响轴承正常工作。

2. 密封

密封的作用是防止灰尘、水分、杂质等侵入轴承，也阻止润滑剂流失。常见的几种密封方式如图 9-32 所示。

1）毡圈密封 利用轴承盖内的羊毛毡与轴颈直接接触实现密封，如图 9-32a 所示。其结构简单，价格低廉，适用于低速、温度不高及采用脂润滑的密封。

2）唇形密封圈密封 密封原理同毡圈密封，但密封效果较好，可用于油润滑的密封，如图 9-32b 所示。

3）隙缝密封 适用于脂润滑的密封，如图 9-32c 所示。间隙越小，配合面越长，效果越好。

4）曲路密封 利用零件间的曲折小间隙实现密封，如图 9-32d 所示。其结构复杂，但密封可靠，适用于脂润滑和油润滑的密封。

5）组合密封 两种以上密封方式一起使用（图 9-32e），其密封效果更好。

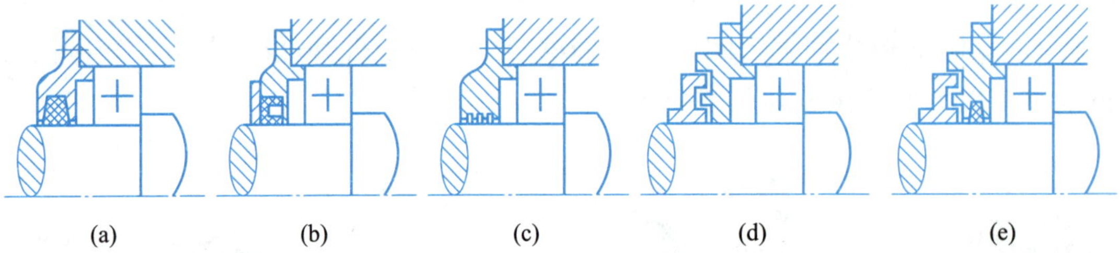

图 9-32 滚动轴承的密封

任务实施

（1）轴承配合及定位 通过观察，单级圆柱齿轮减速器低速轴上的轴承为深沟球轴承，轴承内圈与轴采用基孔制配合；外圈与轴承座（箱体、箱盖）孔采用基轴制配合。轴承与轴之间是靠轴肩和定位套筒进行轴向定位，周向定位是靠二者之间的过渡配合进行的。

（2）滚动轴承的安装与拆卸 轴承主要用来支承轴的旋转运动，所以在安装、拆卸时不能让轴承的滚动体承受力，以免失去旋转精度。该减速器中的轴承尺寸较小，与轴之间是过渡配合，安装时可用手锤直接将轴承的内圈打入轴颈；拆卸时，可用手锤和铜棒从背面沿轴承内圈四周将轴承轻轻敲出，也可使用顶拔器进行拆卸。

任务拓展

** 直线滚动轴承与直线滚动导轨

1. 直线滚动轴承

直线滚动轴承是一种精度高、成本低、摩擦阻力小的直线运动系统，它由外壳、滚珠、保持架等组成，和导向轴组合使用，利用滚珠的滚动实现无限直线运动，如图 9-33 所示。由于滚珠与导向轴呈点接触，故承受载荷小。滚珠以极小的摩擦阻力旋转，从而能获得高精度的直线运动。直线滚动轴承广泛应用于精密机床、纺织机械、食品包装机械、印刷机械等工业机械的滑动部件。

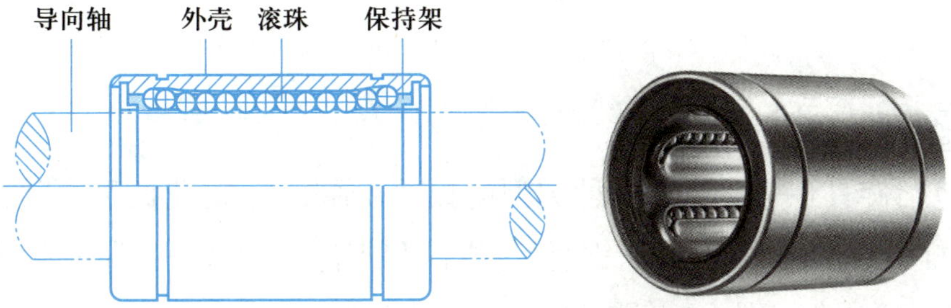

图 9-33　直线滚动轴承

2. 直线滚动导轨

直线滚动导轨的作用是支承和引导运动部件，按指定的方向作往复直线运动，其滑块与导轨之间不直接接触，而用滚珠（钢球或圆柱滚子）承载，如图 9-34 所示，主要用于高精或高速直线往复运动场合，且可以承担一定的转矩，可在高负载的情况下实现高精度的直线运动，如在高端机床、折弯机、激光焊接机等机械设备中都有广泛的使用。直线滚动导轨又称线性导轨、线性滑轨。

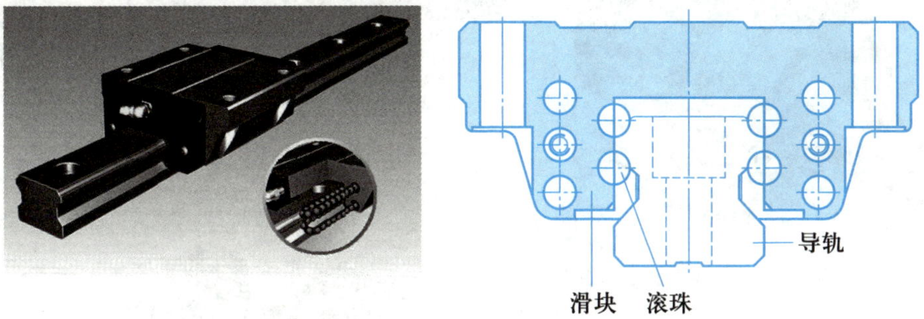

图 9-34　直线滚动导轨

任务四　阶段性实训 3——齿轮轴系零件的拆装

任务目标

1. 理解轴系的结构及轴上零件的定位和固定方法。
2. 会正确拆卸、安装滚动轴承。

任务描述

1. 按规范拆卸减速器低速轴系零件。

2. 观察减速器低速轴系的组成、结构，熟悉各部分的装配关系。

3. 按规范安装减速器低速轴系零件。

物料准备

训练工具包括旋具（螺丝刀）、各种类型的扳手（活扳手、梅花扳手、套筒扳手等）、顶拔器、手锤、铜棒、样冲、锉刀、游标卡尺、钢直尺、机油和零件存放盘等。训练器材为单级或二级齿轮减速器低速轴系零件套件（配套装配图）。

知识准备

减速器低速轴用来支承齿轮，其两端由轴承支承，一般将轴及轴上零件统称为轴系零件，如图 9-35 所示。

图 9-35 轴系零件

任务实施

1. 轴系零件的拆卸

（1）先通过装配图样认识轴系零件各部分的名称、结构及各零件间的装配连接形式等。

（2）确定零件的拆卸顺序：右端轴承→左端轴承→轴套→齿轮→键，对轴系零件进行拆卸。

（3）观察轴的结构，分析各部分的作用并说出其名称。

（4）确定轴系零件的装配顺序，对轴系零件进行装配。

2. 注意事项

（1）切勿盲目拆装，拆卸前要仔细观察零部件的结构及位置，考虑好拆装顺序，拆下的零部件要统一放在盘中，以免丢失和损坏。

（2）爱护工具、仪器及设备，小心拆装避免损坏。

任务评价

采用自评、小组互评、教师评价相结合的方法，按照评价表（表 9-6）进行评价，最后由教师作出总结。

表 9-6 评 价 表

考核点	自评			小组互评			教师评价		

1. 拆卸过程合理									
2. 装配过程合理									
3. 拆卸工具使用规范									
4. 拆卸零件摆放规范									
5. 按时完成任务									
6. 团队协作完成									

阅读材料

高铁轴承研制成功——国外能做的事，中国也一定能办好

我国的高铁产业飞速发展，我们也切实地享受到了高铁给生活带来的便利。经过攻坚克难，我国的高铁技术已经拥有了全套自主知识产权，高铁轴承就是其中一项牵一发而动全身的技术。

共享单车、汽车、洗衣机、机床等各种需要转动的机械设备都使用轴承，但是高铁轴承可不一般，它是高速列车的关键部件，决定着高速动车组能否高速、平稳、安全运行。

高铁轴承的研发，涉及了轴承钢材料研制、轴承设计、轴承制造、密封润滑等多个环节的自主化技术的协同。此外，我国的高速铁路运行环境复杂，需要应对南方的湿热、北方的低温，以及西北的风沙，这些对高铁轴承有苛刻的条件要求。

经过工程技术人员的努力，我国已经研发出具有自主知识产权的高铁轴承，使用国产高铁轴承替代进口轴承，每节车厢可节省大量成本。

项目十

机　　构

项目介绍

家用缝纫机中大带轮的转动、自动伞的开合、码头上鹤式起重机的升降等都是由平面连杆机构实现的。牛头刨床（图 10-1d）的横向进给机构含有曲柄摇杆机构、棘轮机构（图 10-1e）等。这些机构可完成运动规律的转换以满足设备工作的需要。

本项目学习平面连杆机构、凸轮机构和间歇运动机构的类型、特点和应用。

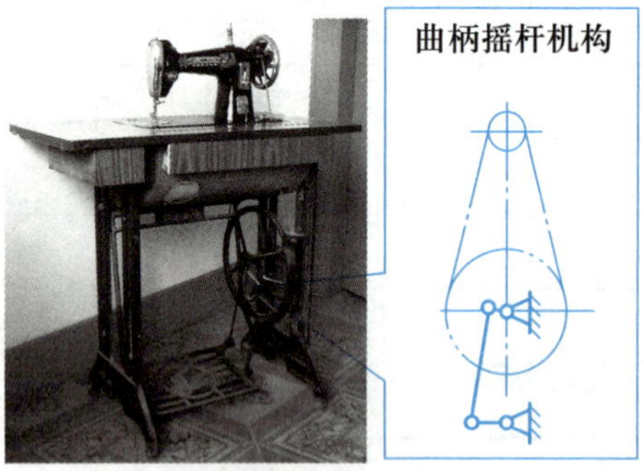

(a) 缝纫机踏板机构

(b) 自动伞

(c) 补鞋机

(d) 牛头刨床

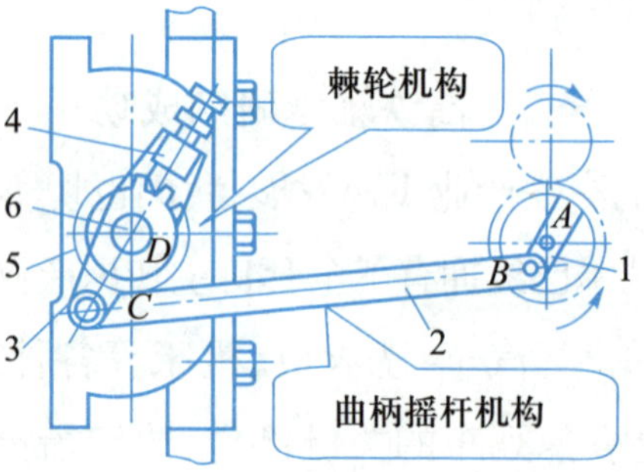

(e) 牛头刨床的横向进给机构

图 10-1　机构的应用

任务一　平面四杆机构分析

任务目标

1. 熟悉平面四杆机构的基本类型、特点和应用。
2. 能判定铰链四杆机构的类型。
3. 了解含有一个移动副的四杆机构的特点和应用。

任务描述

图 10-2 所示为铰链四杆机构，要求：（1）根据图中所注明的尺寸（单位：mm），判断各铰链四杆机构是否存在曲柄，并说明铰链四杆机构的类型；（2）准备 16 套 M4 × 12 螺栓和 M4 螺母，16 根长度为 150 mm、宽度为 14 mm 的硬纸板，按照图形中的长度把各铰链四杆机构做成实物，再让它们运动起来，并比较其类型是否与理论计算的结果一致。

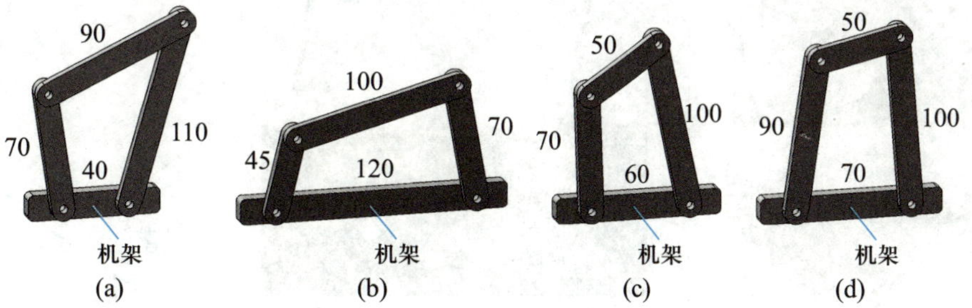

图 10-2　铰链四杆机构

知识准备

由若干个构件通过铰链、滑道等方式连接，且所有构件在同一平面或相互平行平面内运动的机构称为平面连杆机构。最简单的平面连杆机构是由四个构件组成的，简称平面四杆机构。它是平面连杆机构中最常见的形式，也是组成多杆机构的基础。

一、铰链四杆机构

由 4 个构件通过铰链（转动副）连接而成的平面机构称为铰链四杆机构，如图 10-3 所示。其中，固定不动的杆称为机架，与机架相连的两杆称为连架杆，连接两连架杆的杆称为连杆。

两个连架杆分别绕自身的回转中心 A 和 D 回转，能作整周回转的连架杆称为曲柄，不能作整周回转的连架杆称为摇杆，连杆作平面运动，如图 10-3b 所示。

铰链四杆机构按有无曲柄、摇杆，分为以下三种基本类型：

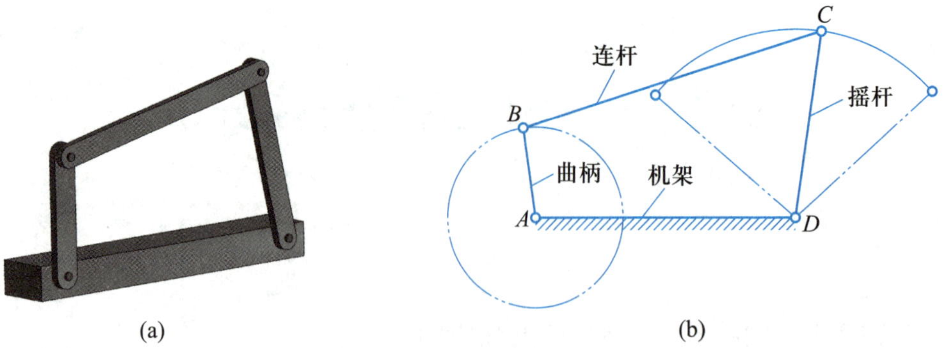

图 10-3 铰链四杆机构

1. 曲柄摇杆机构

在铰链四杆机构中，若一连架杆为曲柄，另一连架杆为摇杆，此机构称为曲柄摇杆机构。其运动特点：曲柄作整周旋转运动，摇杆在某一角度范围内作往复摆动，如图 10-3b 所示。

曲柄摇杆机构应用广泛。图 10-4 所示的汽车雨刷器机构，图 10-5 所示的搅拌器中的搅拌机构，都是以曲柄为主动件，将曲柄的连续转动转换为摇杆的往复摆动。

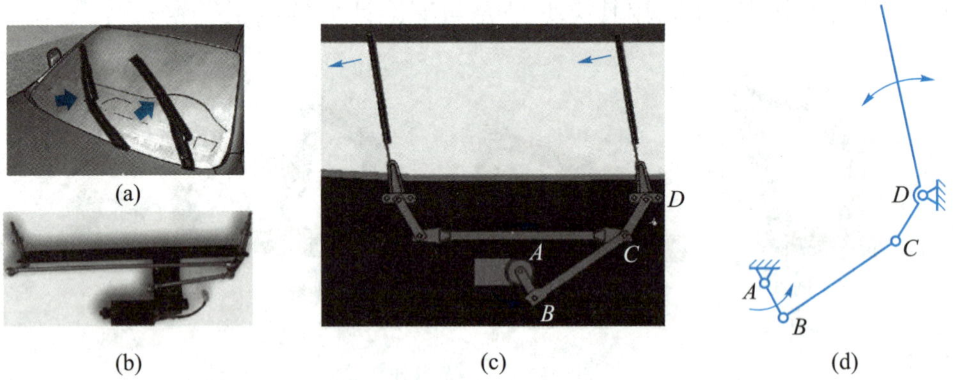

图 10-4 汽车雨刷器机构

当摇杆为主动件时，可将摇杆的往复摆动转换为曲柄的连续旋转运动。图 10-6 所示为缝纫机踏板机构，当脚踏动踏板（相当于摇杆）使其作往复摆动时，通过连杆带动曲轴（相当于曲柄）作连续旋转运动，再经过带传动驱使机头上轴转动。

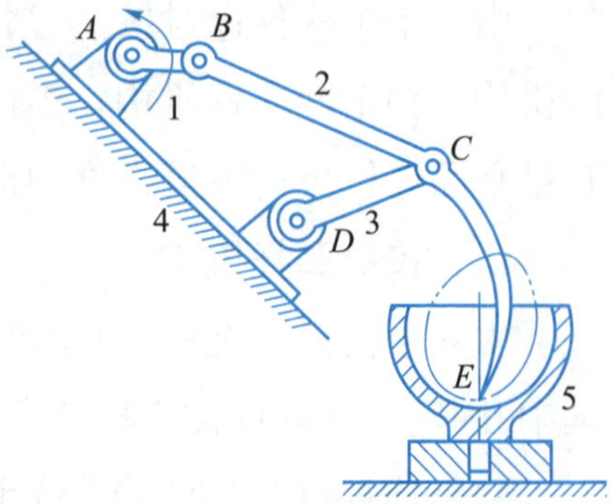

图 10-5 搅拌器中的搅拌机构

2. 双曲柄机构

铰链四杆机构中，若两连架杆均为曲柄，称为双曲柄机构，如图 10-7 所示。在双曲柄机构中，两曲柄可分别为主动件。其运动特点：主动曲柄作等速转动，从动曲柄作变速转动。图 10-8 所示的惯性筛机构就是利用曲柄 2 的变速转动，使筛子具有适当的加速度，筛面上的物料由于惯性来回抖动，达到筛分物料的目的。

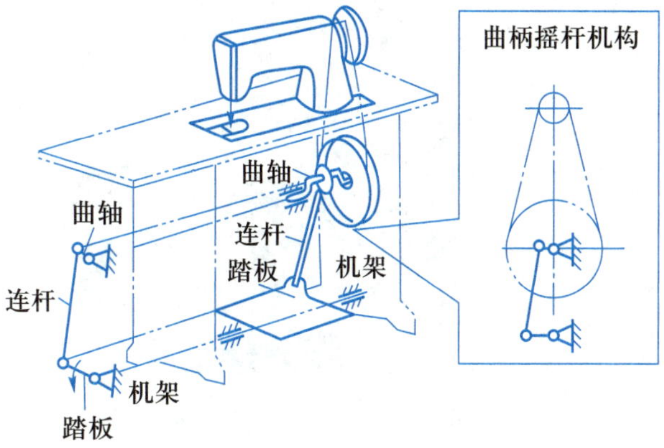

图 10-6 缝纫机踏板机构

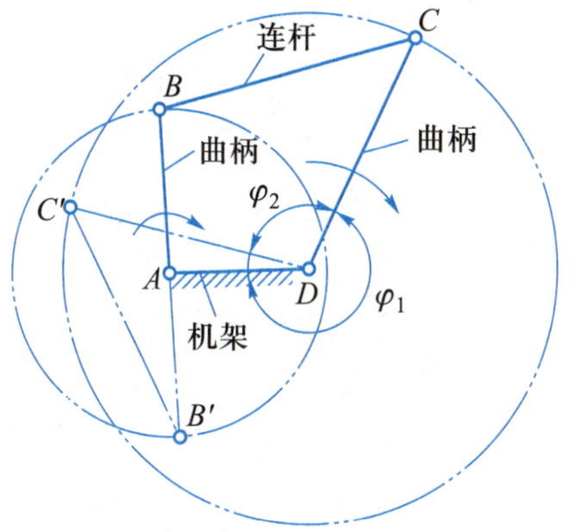

图 10-7 双曲柄机构

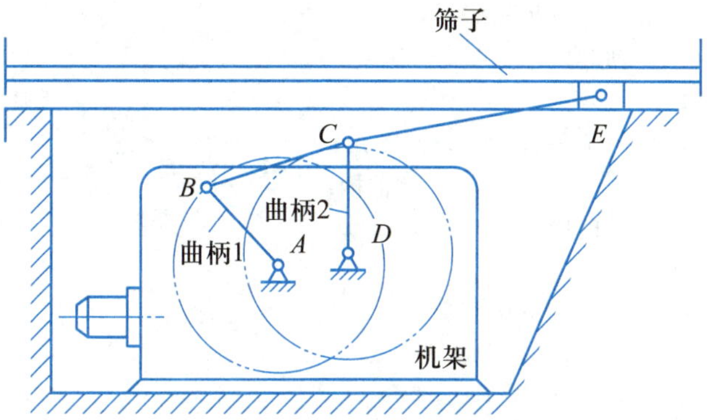

图 10-8 惯性筛机构

知识卡片 从动曲柄的变速转动

如图 10-7 所示，若以曲柄 AB 为主动件，并顺时针由 AB 转 180° 至 AB' 时，从动曲柄顺时针由 CD 转至 $C'D$，转角为 φ_1；当主动曲柄继续再转 180° 由 AB' 转回至 AB 时，从动曲柄也由 $C'D$ 转回至 CD，转角为 φ_2，显然 $\varphi_1>\varphi_2$。这表明主动曲柄等速旋转一圈，从动曲柄变速旋转一圈。

双曲柄机构的特殊情况：在双曲柄机构中，若相对两杆平行且长度相等，则称其为平行四边形机构，如图 10-9 所示。其运动特点：两曲柄的转向相同，角速度也时时相等。平行四边形机构在机器中的应用也很广泛，例如图 10-10 所示的天平机构。

若两相对杆的长度分别相等，但不平行，则称其为逆平行（或反平行）四边形机构，如图 10-11 所示。其运动特点：两曲柄的旋转方向相反，且转动速度不相等。图 10-12 所示的车门启闭机构，采用了逆平行四边形机构，以保证与曲柄 1 和 2 固联的车门能同时开和关。

3. 双摇杆机构

铰链四杆机构中，若两连架杆均为摇杆，称为双摇杆机构。其运动特点：将一种摆动转换为另一种摆动，如图 10-13a 所示。在双摇杆机构中，其中一个摇杆作为主动件。

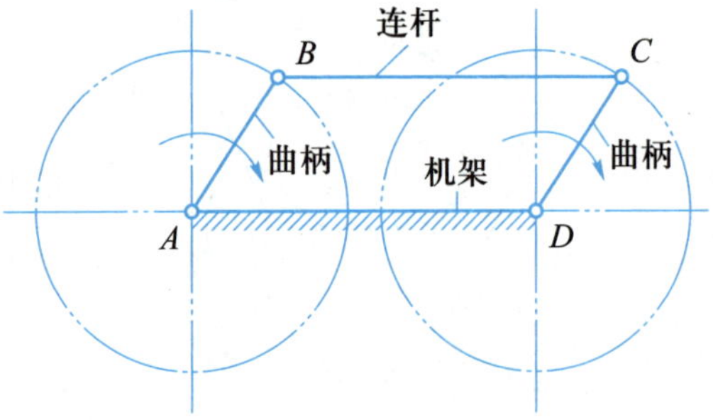

图 10-9 平行四边形机构

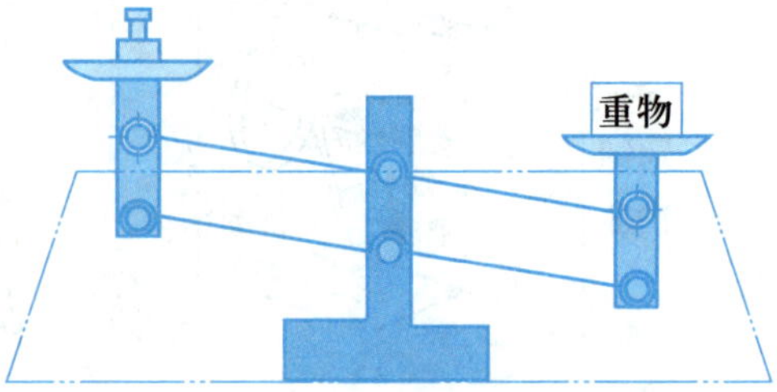

图 10-10 天平机构

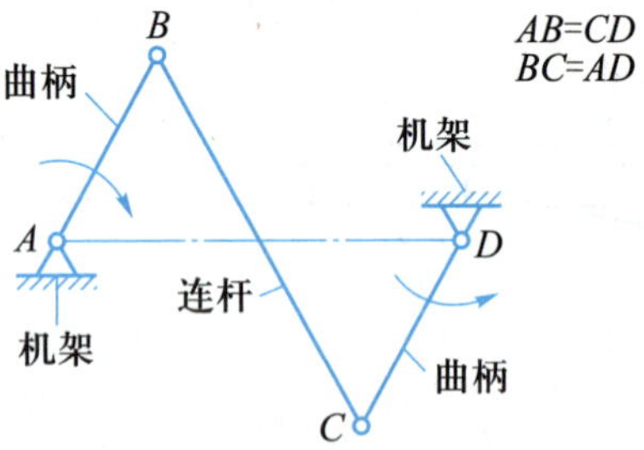

图 10-11 逆平行四边形机构

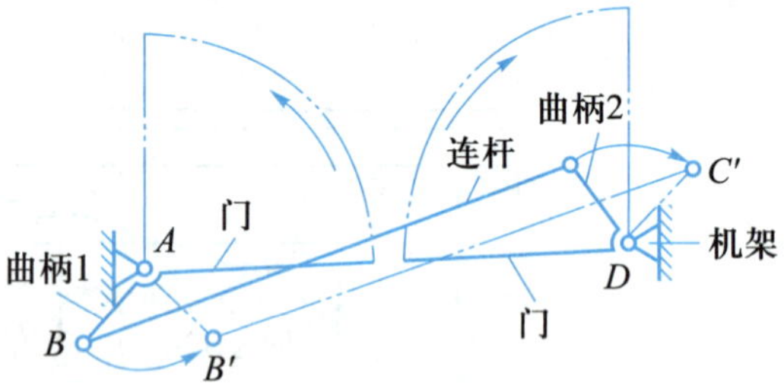

图 10-12 车门启闭机构

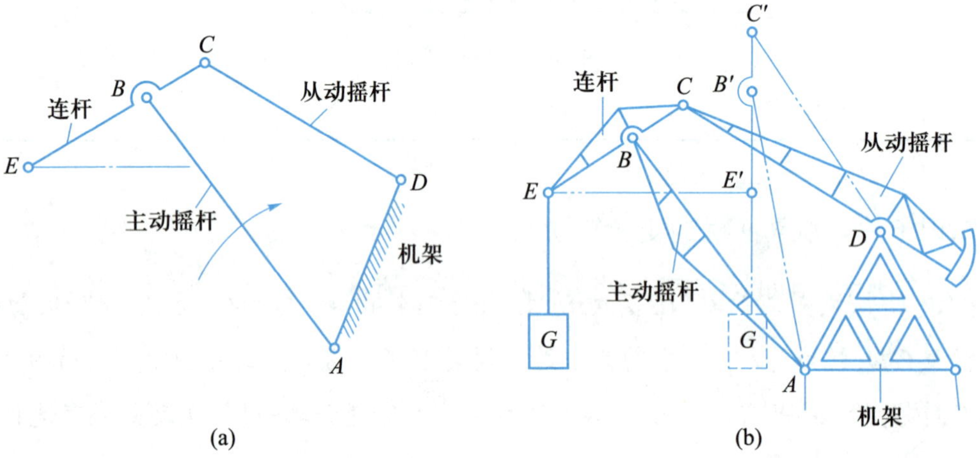

图 10-13 鹤式起重机

图 10-13 所示的鹤式起重机为双摇杆机构。当主动摇杆摆动时，从动摇杆随之摆动，使连杆延长部分上的 E 点（吊重物处）在近似水平的直线上移动，避免因不必要的升降而消耗能量。

想一想

如果将曲柄摇杆机构的运动简单归纳为“一转一摆”，那么双曲柄机构、双摇杆机构的运动如何归纳？

二、铰链四杆机构类型的判定

铰链四杆机构是否有曲柄，与机构中各杆的相对长度有关。曲柄存在的条件如下：

（1）最短杆与最长杆长度之和应小于或等于其余两杆长度之和（称杆长条件）。

（2）连架杆与机架中至少有一个是最短杆（称最短杆条件）。

铰链四杆机构类型的具体判定方法如下：

（1）若铰链四杆机构中，最短杆与最长杆长度之和小于或等于其余两杆长度之和，以最短杆作连架杆时，为曲柄摇杆机构，如图 10-14a 所示；以最短杆作机架时，为双曲柄机构，如图 10-14b 所示；以最短杆作连杆时，为双摇杆机构，如图 10-14c 所示。

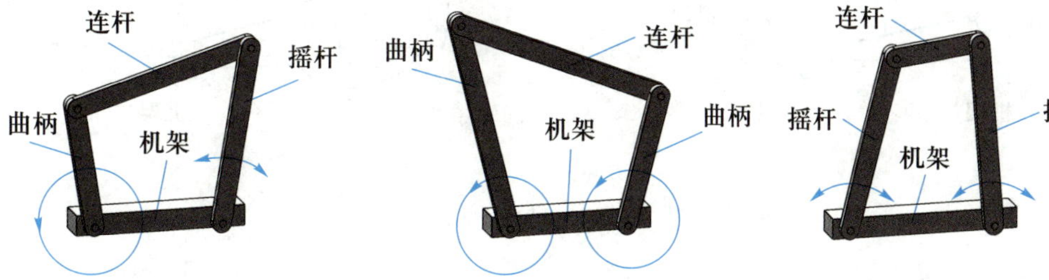

(a) 曲柄摇杆机构　(b) 双曲柄机构　(c) 双摇杆机构

图 10-14　铰链四杆机构类型的判定

（2）若铰链四杆机构中，最短杆与最长杆长度之和大于其余两杆长度之和时，无论以任何杆为机架，都只能得到双摇杆机构。

三、含有一个移动副的四杆机构

1. 曲柄滑块机构

如图 10-15 所示，由曲柄、连杆、滑块和机架组成的机构称为曲柄滑块机构。若滑块移动轨迹 mm 通过曲柄的转动中心 A，则称为对心曲柄滑块机构（图 10-15a）；若不通过曲柄转动中心 A，则称为偏置曲柄滑块机构（图 10-15b），其中 e 为偏距。曲柄滑块机构广泛应用于往复活塞式发动机、压缩机等的主机构中。活塞式发动机以滑块为主动件，把往复移动转换为不整周或整周的回转运动；压缩机以曲柄为主动件，把整周转动转换为往复移动。

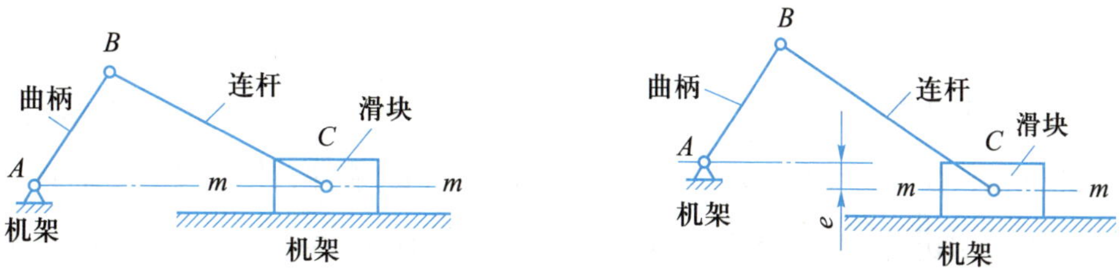

(a) 对心曲柄滑块机构　(b) 偏置曲柄滑块机构

图 10-15　曲柄滑块机构

2. 偏心轮机构

在曲柄滑块机构（图 10-16a）中，当曲柄较短时，往往用一个旋转中心与几何中心不相重合的偏心轮代替曲柄，这样不仅增大了轴颈的尺寸，而且提高了曲柄的强度和刚度，如图 10-16b 所示，称为偏心轮机构。偏心距 e（轮的几何中心 B 点至回转中心 A 点的距离）相当于曲柄长度。偏心轮机构用于受力较大且滑块行程较小的剪床、冲床、颚式破碎机等机械中。

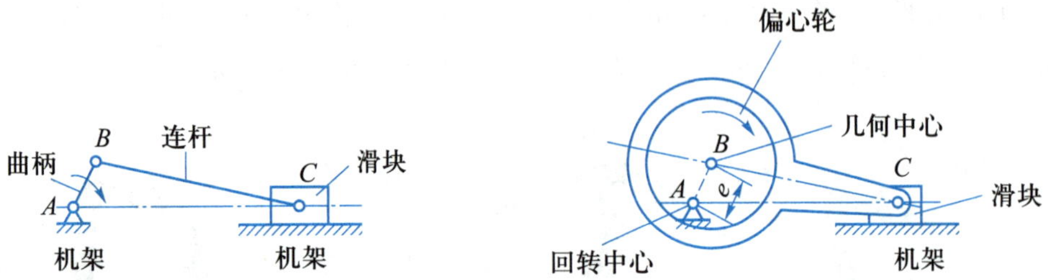

(a) (b)

图 10-16 偏心轮机构

做一做

观察你身边还有哪些场合是用曲柄滑块机构、偏心轮机构工作的？

任务实施

（1）判断曲柄是否存在及铰链四杆机构的类型。

1）图 10-2a 所示机构，最长杆与最短杆长度之和（110 mm+40 mm=150 mm）小于其余两杆长度之和（70 mm+90 mm=160 mm），存在曲柄；应以最短杆（40 mm）作机架，属于双曲柄机构。

2）图 10-2b 所示机构，最长杆与最短杆长度之和（120 mm+45 mm=165 mm）小于其余两杆长度之和（100 mm+70 mm=170 mm），存在曲柄；应以最短杆（45 mm）作连架杆，属于曲柄摇杆机构。

3）图 10-2c 所示机构，最长杆与最短杆长度之和（100 mm+50 mm=150 mm）大于其余两杆长度之和（60 mm+70 mm=130 mm），不符合曲柄存在的条件，此机构是双摇杆机构。

4）图 10-2d 所示机构，最长杆与最短杆长度之和（100 mm+50 mm=150 mm）小于其余两杆长度之和（90 mm+70 mm=160 mm），存在曲柄；应以最短杆（50 mm）作连杆，属于双摇杆机构。

（2）按各机构的尺寸要求制作出四个机构进行验证，与理论判断的类型一致。

任务拓展

*急回运动特性　压力角和死点位置

1. 急回特性

在图 10-17 所示的曲柄摇杆机构中，曲柄 AB 为原动件作等速转动，在其转动一周的过程中有两次与连杆 BC 共线，这时摇杆 CD 分别位于两极限位置 C_1D 和 C_2D；曲柄 AB 分别位于 AB_1 和 AB_2，此时主动曲轴对应位置之间所夹锐角 θ 称为极位夹角，可见 $\theta>0$。

当曲柄 AB 顺时针从 AB_1 转到 AB_2，转过角度 $\varphi_1=180°+\theta$，所用时间为 t_1，摇杆 CD 由 C_1D 摆动到 C_2D 位置，平均速度为 $v_1=\dfrac{\overset{\frown}{C_1C_2}}{t_1}$；当曲柄 AB 顺时针从 AB_2 转到 AB_1，转过的角度 $\varphi_2=180°-\theta$，所用时间为 t_2，摇杆 CD 由 C_2D 摆回到 C_1D 位置，平均速度为 $v_2=\dfrac{\overset{\frown}{C_1C_2}}{t_2}$。由于曲柄 AB 等速转动，而 $\varphi_1>\varphi_2$，所以 $t_1>t_2$，因此 $v_2>v_1$。

如以摇杆从 C_1D 运动到 C_2D 为工作行程，平均速度是 v_1；C_2D 运动到 C_1D 为空回行程（返回行程），平均速度是 v_2，显而易见，从动件空回行程的平均速度比工作行程的平均速度快，这种性质称为机构的急回特性，θ 值越大，急回特性越明显。除曲柄摇杆机构外，偏置曲柄滑块机构也具有急回特性。可利用急回特性来缩短机械空回行程的时间，以提高工作效率。例如牛头刨床、插床和惯性筛的机构中都利用了该特性。对心曲柄滑块机构 $\theta=0$，无急回特性。

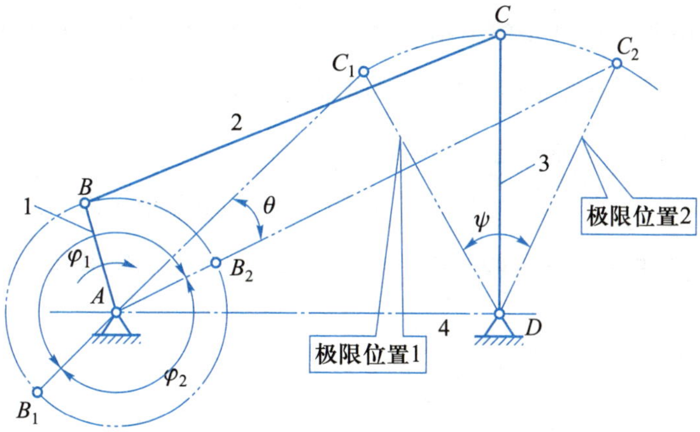

图 10-17　曲柄摇杆机构（急回特性）

2. 死点

在图 10-18 所示的曲柄摇杆机构中，若摇杆 CD 为主动件、曲柄 AB 为从动件，当连杆 BC 与曲柄 AB 处于共线位置时，主动件 CD 通过连杆 BC 传给从动件曲柄 AB 的力 F 恰好通过曲柄转动中心 A，其转动力矩为零，对从动件 AB 无转动效应，机构所处的这种位置称为死点位置，简称为死点。

对于连续运转的机器，机构存在死点位置是不利的，常采取以下措施使机构顺利地通过死点位置：

1）利用从动件的惯性顺利地通过死点位置，例如家用缝纫机的踏板机构中大带轮就相当于飞轮，利用其惯性可通过死点。

2）采用错位排列的方式顺利地通过死点位置，如图 10-19 所示的 V 型发动机，由于两机构死点位置互相错开，当一个机构处于死点位置时，另一机构不在死点位置，使曲轴始终获得有效力矩。

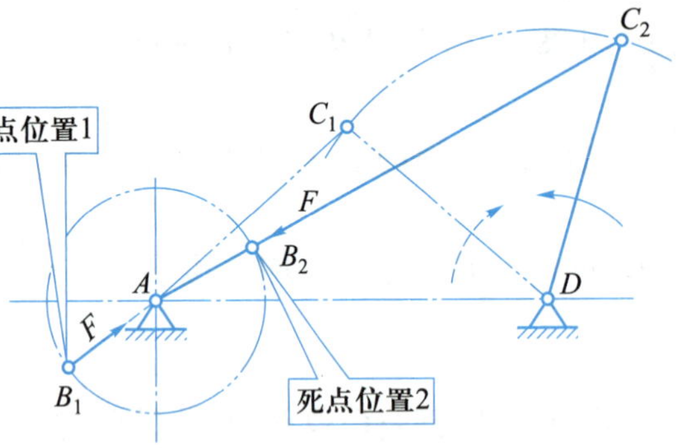

图 10-18 曲柄摇杆机构（死点）

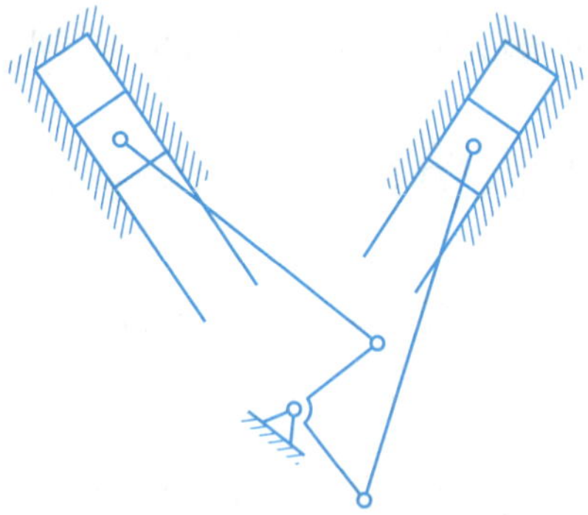

图 10-19 V 型发动机

在某些场合却是利用“死点”来实现工作要求的。如图 10-20 所示，夹紧机构夹紧工件后，四杆机构的铰链中心 B、C、D 处于同一条直线上，工件经杆 1 传给杆 2、杆 3 的力通过回转中心 D，其转动力矩为零，杆 3 不会转动，当力 F 去掉后仍能夹紧工件。再如飞机起落架机构（图 10-21），飞机起飞和降落时，飞机起落架处于放下机轮的位置，此时连杆 BC 与从动件 AB 处于一条直线上，机构处于死点位置，故机轮着地时产生的巨大冲击力不会使从动件反转，仍保持着支承状态。

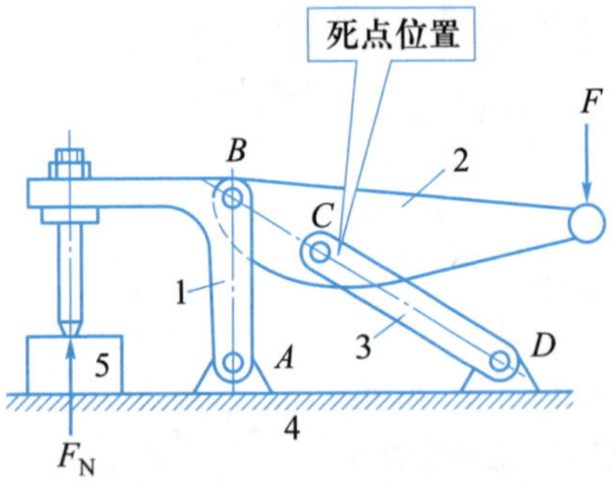

图 10-20 夹紧机构

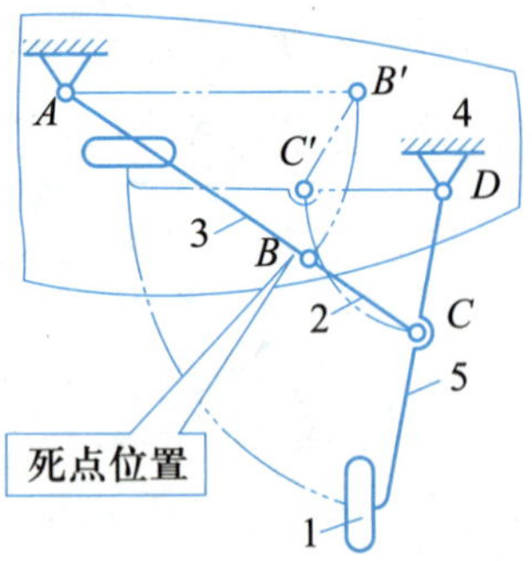

图 10-21 飞机起落架机构

做一做

观察图 10-22 所示的折叠椅子与折叠桌子是否有平面四杆机构，属于哪种类型？利用了哪些特性？

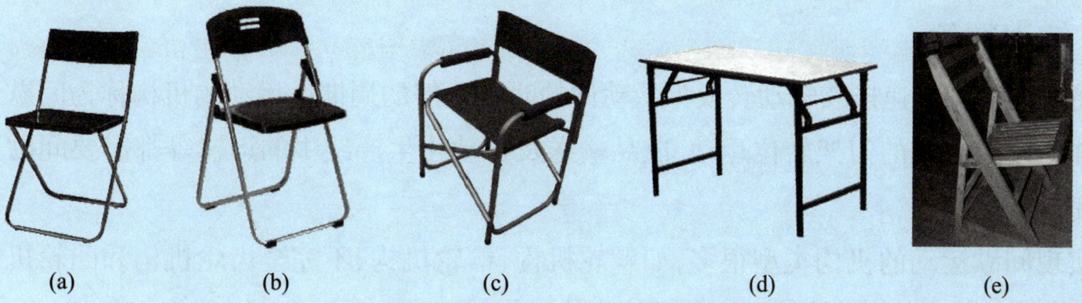

图 10-22　折叠椅子与折叠桌子

任务二　间歇运动机构分析

任务目标

1. 了解凸轮机构的组成、特点、分类、应用和工作过程。

*2. 了解凸轮的常用材料和结构。

3. 了解棘轮机构的组成、特点和应用。

4. 了解槽轮机构的组成、特点和应用。

任务描述

图 10-23a、b 所示分别为快速棘轮扳手、液体灌装机，观察其结构组成及工作过程，分析其中所用机构的运动，指出机构的类型，并简述机构的功用及工作概况。

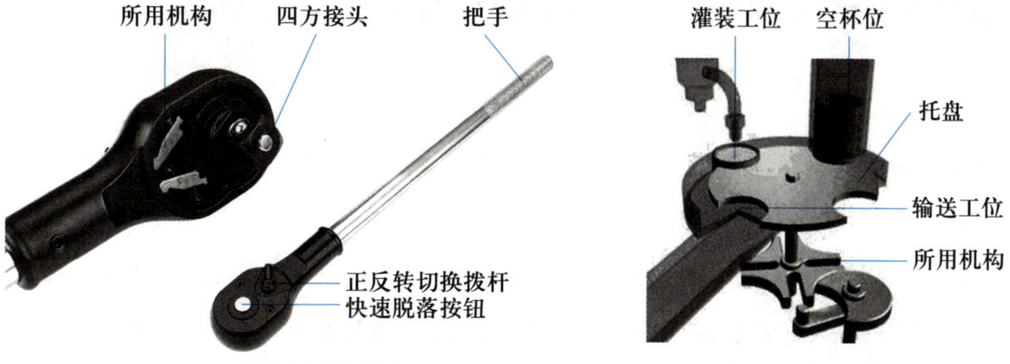

(a) 快速棘轮扳手　(b) 液体灌装机

图 10-23　间歇运动机构分析

知识准备

将主动件的等速连续转动转换为从动件的时转时停的周期性运动的机构称为间歇运动机构。如自动机床中的刀架转位运动、成品输送及自动化生产线中的运输等都需要间歇运动机构来完成。

实现间歇运动的机构类型很多，如棘轮机构、槽轮机构、不完全齿轮机构和凸轮机构。本任务简要介绍凸轮机构、棘轮机构和槽轮机构。

一、凸轮机构

凸轮机构广泛应用于各种自动机械、仪器和操纵控制机构中。

1. 凸轮机构的组成及特点

凸轮机构是由凸轮、从动件、机架组成的高副机构，如图 10-24 所示。在内燃机配气机构中，凸轮以等角速转动，驱动从动件（阀杆）作上下运动，从而有规律地开启或关闭气阀，如图 10-24b 所示。

凸轮机构的运动特点是将凸轮的连续转动转换为从动件连续或不连续的移动或摆动，一般凸轮为主动件，从动件运动规律取决于凸轮的轮廓曲线。

凸轮机构的优点是容易实现各种复杂的运动规律，而且结构简单、紧凑；缺点是凸轮轮廓与从动件之间为点或线接触，容易磨损，另外凸轮制造较困难，但现代数控机床加工凸轮降低了加工难度。

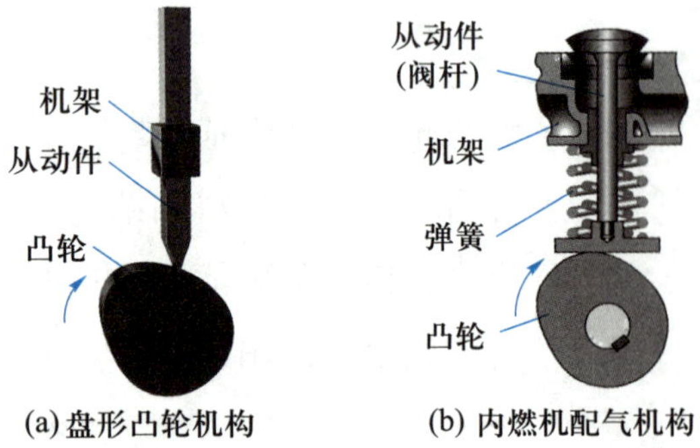

图 10-24 凸轮机构

想一想

在日常生活或生产中你还见过哪些凸轮机构？请列举两三个例子。

2. 凸轮机构的分类

凸轮机构的类型很多，通常按凸轮和从动件的形状、运动形式分类。

（1）按凸轮的形状分类

1）盘形凸轮机构 如图 10-24a 所示，盘形凸轮机构又称为圆盘凸轮机构，是凸轮的基本形式。这种凸轮是绕固定轴转动并且径向尺寸变化的盘形构件，其轮廓曲线位于外缘处。当凸轮绕固定轴转动时，可推动从动件在垂直于凸轮轴的平面内运动。图 10-24b 所示是盘形凸轮机构在内燃机配气机构中的应用。

盘形凸轮机构的结构简单，应用最广泛，但从动件的行程不能太大，所以多用于行程较短的场合。

2）移动凸轮机构　如图 10-25a 所示，移动凸轮机构为带有曲线轮廓的平板状构件，工作时相对于机架做往复直线移动，从而推动从动件获得预定要求的运动。图 10-25b 所示是移动凸轮机构在靠模车削加工中的应用。

(a) 移动凸轮机构

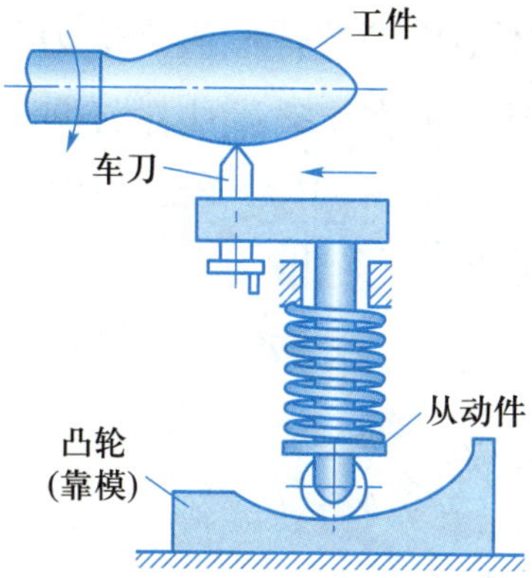

(b) 靠模车削加工

图 10-25　移动凸轮机构及应用

3）圆柱凸轮机构　圆柱凸轮机构的主动件是一个具有曲线凹槽的圆柱形构件，如图 10-26b 所示；或是在圆柱端面上作出曲线轮廓的构件，如图 10-26a 所示。从动件一端夹在凹槽或靠在圆柱端面上，当凸轮转动时，从动件沿圆柱轴线方向做直线往复运动或摆动。凸轮运动与从动件的运动在不同的平面内，是一种空间凸轮，可使从动件得到较大的行程，故主要适用于行程较大的场合。圆柱凸轮机构可以视为将移动凸轮卷制成圆柱体演化而成的。

在自动送料机构（图 10-26b）中，凸轮匀速转动，驱动从动件左右移动，实现物料的输送。

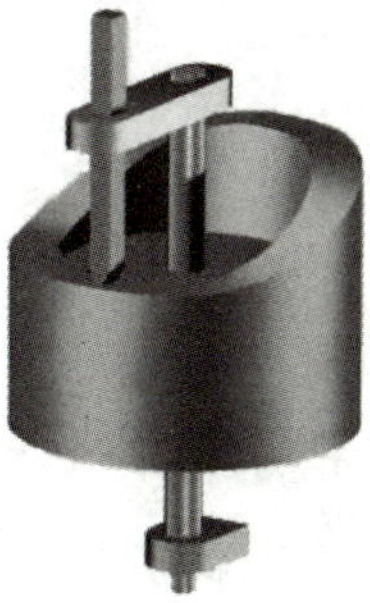

(a) 圆柱凸轮机构

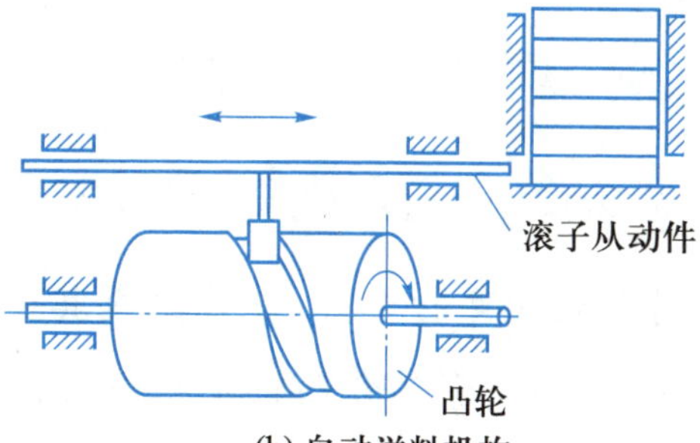

(b) 自动送料机构

图 10-26　圆柱凸轮机构及应用

（2）按从动件端部形状分类

1）尖顶从动件　如图 10-27a、e 所示，尖顶能与复杂的凸轮轮廓始终保持接触，故可以实现任意预期的运动规律。但尖顶极易磨损，故只适用于受力不大和速度较低的场合。

2）滚子从动件　如图 10-27b、f 所示，在从动件的尖顶处安装一个滚子。由于滚子与凸轮之间为滚动摩擦，磨损较小，可用来传递较大的动力，因而应用最为广泛。

3）平底从动件 如图 10-27c、g 所示，这种从动件与凸轮轮廓表面接触处的端面做成平底，结构简单，与凸轮轮廓接触面间易形成油膜，润滑状态好，磨损小。当不考虑摩擦时，凸轮与从动件的作用力始终垂直于平底，故受力平稳，传动效率高，常用于高速场合。

4）球面底从动件 如图 10-27d、h 所示，从动件的端部具有凸出的球形表面，可避免因安装位置偏斜或不对中而造成的表面应力和磨损增大的缺点，并具有尖顶与平底的优点，因此这种结构形式的从动件在生产中应用较多。

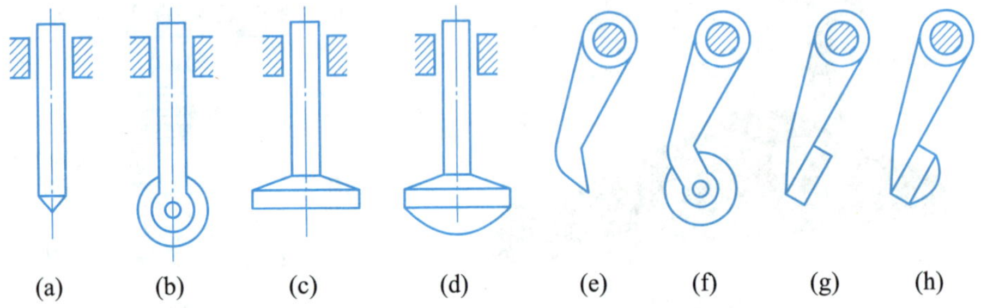

图 10-27 从动件的末端结构形式

（3）按从动件的运动形式分类

1）移动（直动）从动件 如图 10-27a、b、c、d 所示，从动件作往复直线移动。

2）摆动从动件 如图 10-27e、f、g、h 所示，从动件作往复摆动。

做一做

在缝纫机的机头中找一找凸轮机构，看一看它们属于哪种类型。

知识卡片 力锁合凸轮和形锁合凸轮

力锁合凸轮是利用从动件的重力、弹簧力或其他外力使从动件始终与凸轮保持接触，如图 10-24b、图 10-25b 所示；形锁合凸轮是利用凸轮与从动件构成高副元素的特殊几何结构使凸轮与从动件始终保持接触，如图 10-26b 所示。

3. 凸轮机构的工作过程和有关参数

图 10-28a 所示为尖顶直动从动件盘形凸轮机构，图示位置凸轮转角为零，从动件尖顶位于离凸轮回转中心 O 的最近位置 A 点，以此作为起始位置，凸轮顺时针转动。

（1）基圆 以凸轮的最小径向尺寸为半径所作的圆称为基圆，基圆半径用 r_b 表示。

（2）推程运动角 凸轮以等速顺时针方向转动，从动件被凸轮推动，以一定运动规律由 A

到达最高点位置 B'，从动件在此过程中经过的距离 h 称为推程（升程），对应的凸轮转角 δ_0 称为推程运动角。

（3）远休止角　当凸轮继续转过角度 δ_s 时，以 O 为圆心的圆弧 BC 与尖顶接触，从动件在最高位置静止不动，δ_s 称为远休止角。

（4）回程运动角　凸轮再继续回转 δ_0'，从动件以一定运动规律下降到最低位置 D'，这段行程称为回程，对应的凸轮转角 δ_0' 称为回程运动角。

（5）近休止角　凸轮继续回转 δ_s'，圆弧 DA 与尖顶接触，从动件停留不动，对应的转角 δ_s' 为近休止角。

凸轮转过一周，从动件经历推程、远休止、回程、近休止四个运动阶段，是典型的升—停—回—停的双停歇循环。从动件运动也可以是一次停歇或没有停歇循环。将从动件的位移 s 与凸轮转角 δ（或时间 t）的关系用曲线表示，称为从动件位移线图，如图 10-28b 所示。

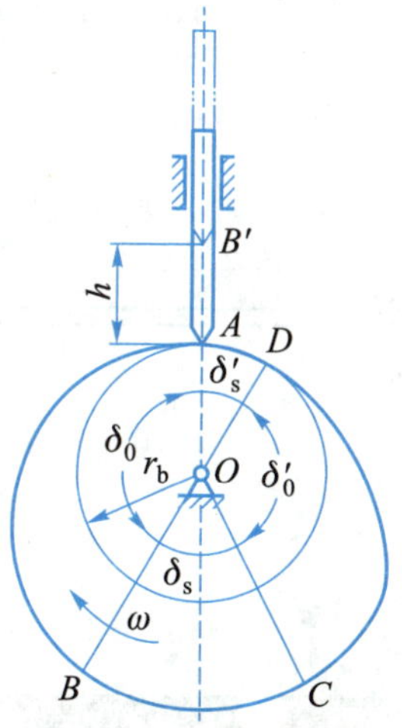

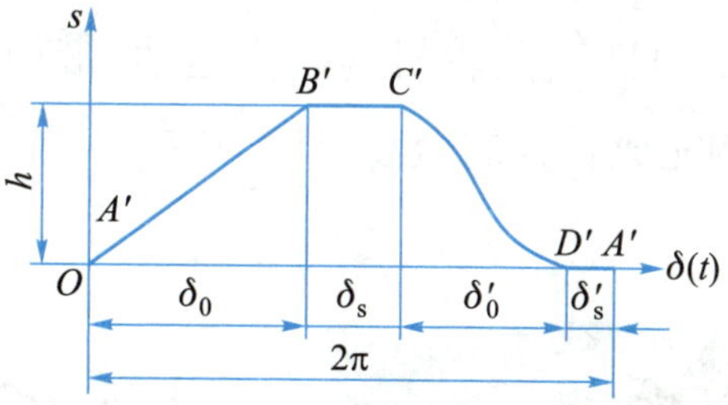

图 10-28　凸轮机构与从动件位移线图

*4. 凸轮的常用材料和结构

凸轮材料一般情况选用 45 钢、40Cr 淬火，表面硬度要求为 52～58HRC；在高速时可用 15 钢、20Cr 渗碳淬火，表面硬度要求为 56～62HRC；在低速、轻载时选用 45 钢调质，表面硬度要求为 220～250 HBW，或选优质球墨铸铁正火，表面硬度要求为 200～300 HBW。滚子从动件材料通常用 20Cr，18CrMoTi 渗碳淬火到 56～62HRC，也可用滚动轴承作为滚子从动件。当凸轮的径向尺寸与轴的直径尺寸相差不大时，凸轮与轴做成一体，称为凸轮轴（图 10-29）；当尺寸相差较大时，将凸轮与轴分别制造，并用键（图 10-30a）或销（图 10-30b）与轴连接。

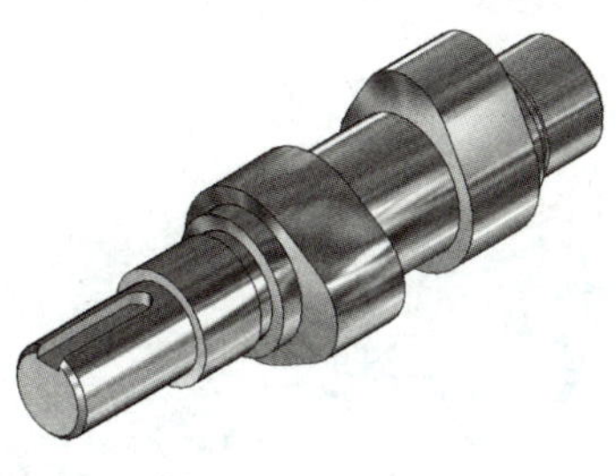

图 10-29　凸轮轴

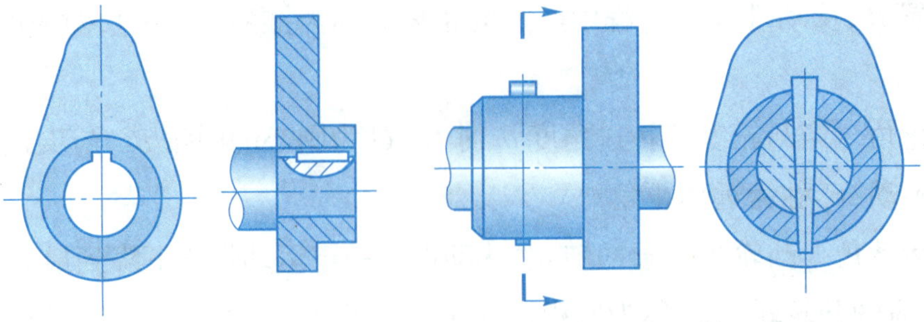

图 10-30 凸轮的结构

5. 凸轮机构的应用实例

（1）绕线机排线机构 图 10-31 所示为绕线机中用于排线的凸轮机构，当绕线轴快速转动时，经蜗杆蜗轮传动带动心形的凸轮缓慢地转动，通过凸轮轮廓与尖顶 A 之间的作用，驱使从动件（摆杆）绕 B 点往复摆动，使线均匀地缠绕在线轴上，并实现分层。

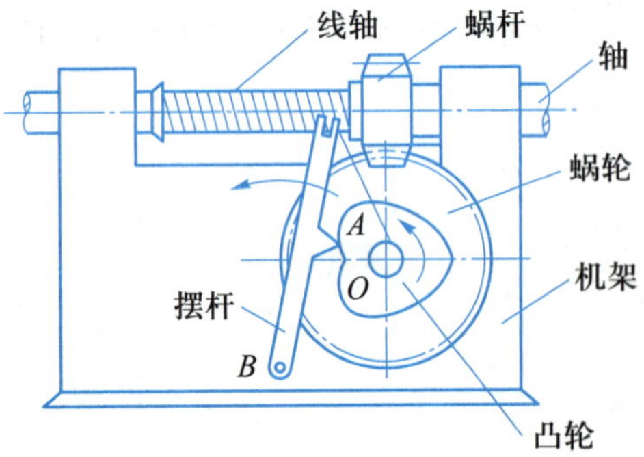

图 10-31 绕线机排线机构

（2）补鞋机 图 10-32 所示为补鞋机上的凸轮机构，补鞋机的运动部分主要有凸轮机构和连杆机构，在手摇盘上有两套凸轮机构，与手摇盘同轴又固定有两套凸轮机构。转动手摇盘时四套凸轮机构同步运动，带动各种从动件及连杆机构完成补鞋的全套动作。

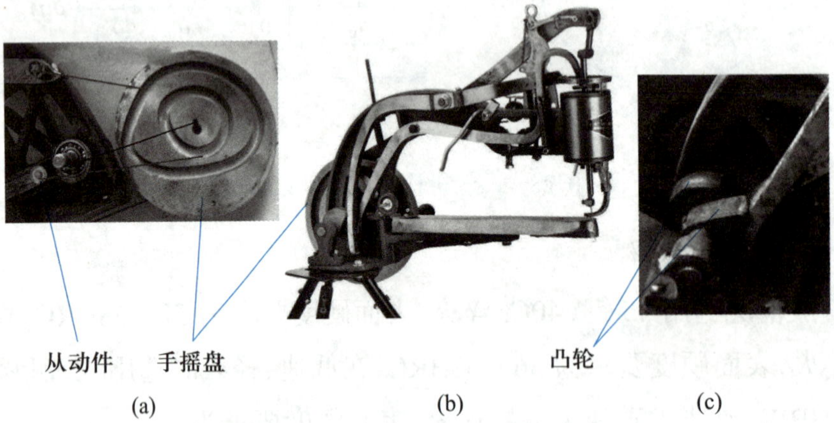

图 10-32 补鞋机上的凸轮机构

想一想

补鞋机的几套凸轮机构各属于什么类型？从凸轮形状、从动件端部形状、从动件运动类型、保持接触的封闭方式等方面回答。

做一做

图 10-26b 所示为自动送料机构，分析该机构的工作过程，分析完成一次工作循环包括几个基本动作。

二、棘轮机构

1. 棘轮机构的组成、工作原理和特点

如图 10-33a 所示，棘轮机构主要由棘轮、棘爪、摇杆、止回棘爪和机架组成。弹簧用来使棘爪、止回棘爪与棘轮保持接触。棘轮装在轴 O_2 上，用键与轴连接在一起。棘爪铰接于摇杆上，摇杆可绕棘轮轴 O_2 摆动。当摇杆逆时针方向摆动时，棘爪插入棘轮齿槽推动棘轮转过一定角度；当摇杆顺时针方向摆动时，棘爪在棘轮齿顶滑过，止回棘爪插入棘轮槽防止回转，棘轮静止不动。这样，摇杆连续往复摆动，棘轮即可实现单向的间歇运动。

按棘轮机构的工作原理，棘轮机构可分为齿啮式棘轮机构（图 10-33）和摩擦式棘轮机构两大类。对齿啮式棘轮机构，齿大多做在棘轮的外缘上（称为外啮合棘轮机构，如图 10-33a 所示）；也有做在棘轮的内缘上（称为内啮合棘轮机构，如图 10-33b 所示）。齿啮式棘轮机构结构简单、制造方便，棘轮的转角可在一定范围内调节。但运转时易产生冲击或噪声，适用于低速和转角要求不大的场合。

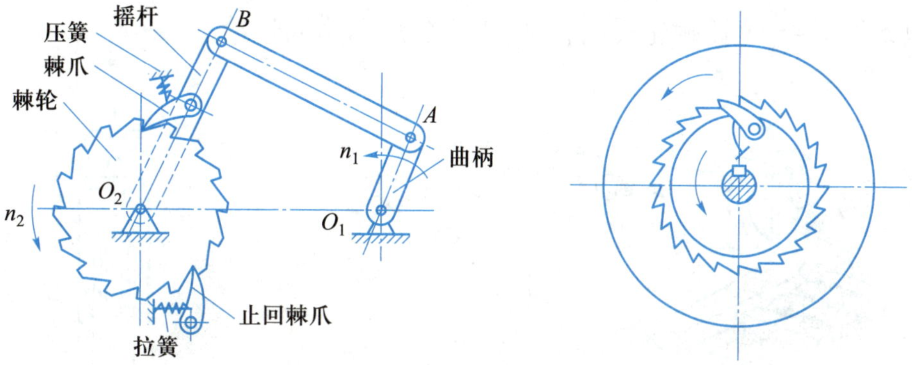

(a) 外啮合棘轮机构　　(b) 内啮合棘轮机构

图 10-33　棘轮机构

知识卡片　摩擦式棘轮机构

图 10-34 所示为摩擦式棘轮机构。当摇杆逆时针方向摆动时，通过驱动偏心楔块与摩擦轮之间的摩擦力，使摩擦轮沿逆时针方向运动。当摇杆顺时针方向摆动时，驱动偏心楔块在摩擦轮上滑过，止动楔块与摩擦轮之间的摩擦力阻止摩擦轮回转，使摩擦轮静止，以实现间歇运动。这种机构无冲击，噪声小，因靠摩擦力传动，接触表面间容易发生滑动，可起到过载保护作用；但运动准确性差，故适用于低速、轻载场合。

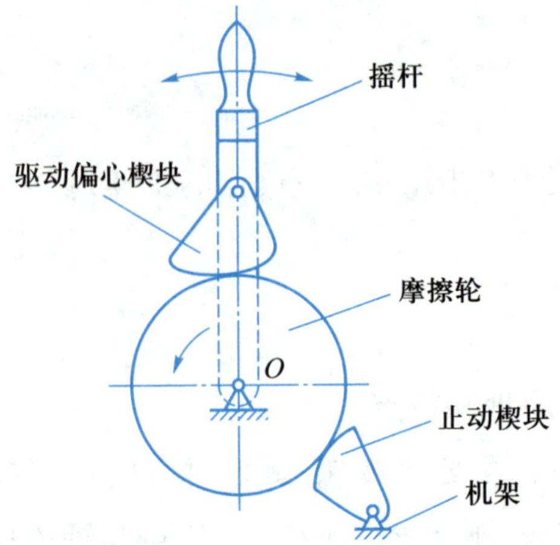

图 10-34 摩擦式棘轮机构

2. 棘轮机构的应用实例

（1）牛头刨床的横向进给机构 图 10-35a 所示为牛头刨床工作台横向进给机构。主动曲柄通过连杆带动摇杆往复摆动（曲柄摇杆机构），通过棘爪使棘轮作单向间歇转动。由于棘轮和进给丝杠固连，通过进给丝杠和工作台内的螺母之间的螺旋传动，驱动工作台作横向进给运动。

由于采用了可变向棘轮机构（图 10-35b），在每次刨削进给完成后，只要将棘爪提起并回转 180°，其他条件不变，可让棘轮反向转动，工作台反向横向进给。

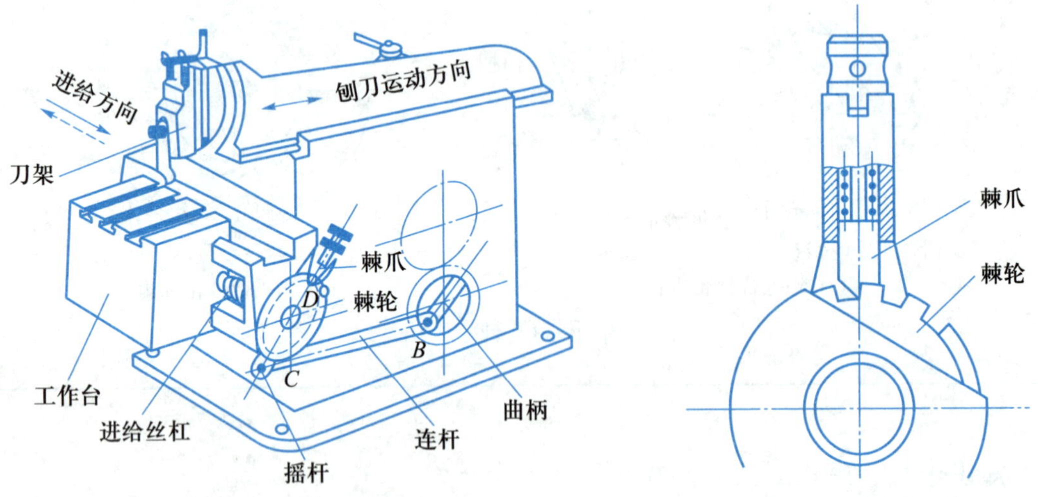

(a) 牛头刨床工作台横向进给机构 (b) 可变向棘轮机构

图 10-35 牛头刨床横向进给机构

（2）自行车后轴的飞轮机构 图 10-36 所示为自行车后轴上的飞轮机构（棘轮机构）。当用力蹬自行车脚踏板时，链条带动链轮顺时针转动，通过棘爪（铰接在后轮轮毂上）推动后轮轮毂（用于固定车轮辐条）绕后轮轴转动。此时整个车轮作顺时针转动，自行车向右行驶。前进过程中，如令脚踏板不动，链轮停止转动，由于惯性，后轮轮毂仍在顺时针转动，棘爪从链轮内缘齿背上滑过，实现后轮轮毂超越链轮的运动。该机构在机械设备中有着广泛的应用。

想一想

图 10-37 所示的卷扬机中的棘轮机构有什么作用？

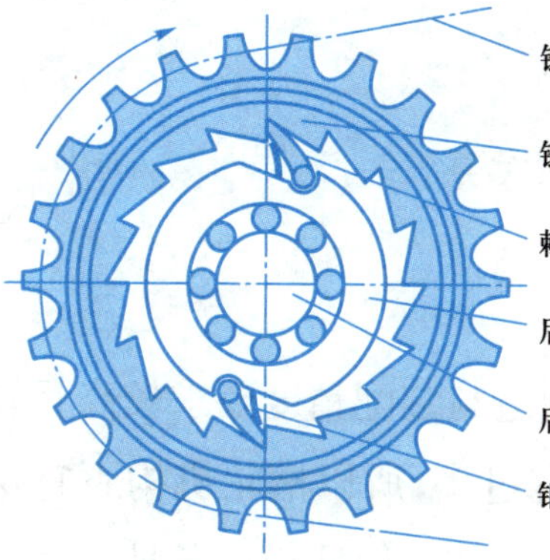

图 10-36　自行车后轴上的飞轮机构

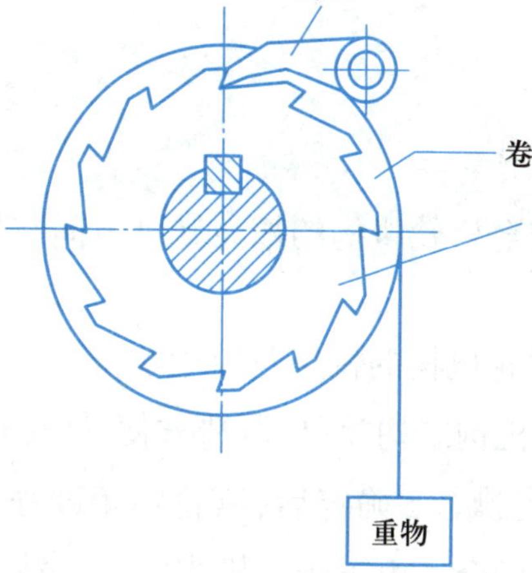

图 10-37　卷扬机中的棘轮机构

三、槽轮机构

1. 槽轮机构的组成和工作原理

图 10-38 所示为槽轮机构，它由具有径向槽的槽轮、带有圆销 A 的拨盘和机架组成。拨盘作等速转动时，驱使槽轮作时转时停的间歇运动。盘上的圆销尚未进入槽轮的径向槽时，由于槽轮的内凹锁止弧 S_2 被拨盘上的外凸锁止弧 S_1 锁住，故槽轮静止不动。当圆销开始进入槽轮的径向槽时，内外锁止弧脱开，槽轮受圆销 A 的驱动沿逆时针转动。当圆销开始脱离槽轮的径向槽时，槽轮的另一内凹锁止弧又被拨盘的外凸圆弧锁住而静止，直到圆销再一次进入槽轮的另一径向槽时，两者又重复上述运动循环，从而实现从动槽轮的单向间歇运动。

槽轮机构分为外啮合槽轮机构（图 10-38a）和内啮合槽轮机构（图 10-38b）两种基本类型。外啮合槽轮机构中，拨盘上的圆销可以是一个，也可以是多个。槽轮与拨盘的转向和转动角度的关系：单圆销外啮合槽轮机构工作时，拨盘转一周，槽轮反向转动一次，且槽轮转动方向与拨盘转向相反；双圆销外啮合槽轮机构工作时，拨盘转动一周，槽轮反向转动两次；内啮合槽轮机构的槽轮转动方向与拨盘转向相同。

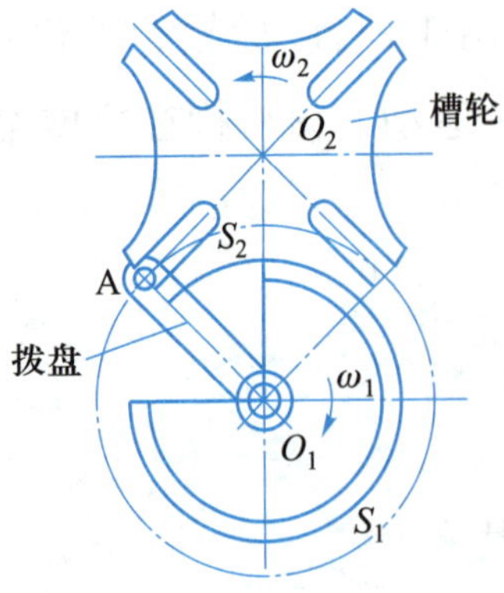

(a) 外啮合槽轮机构

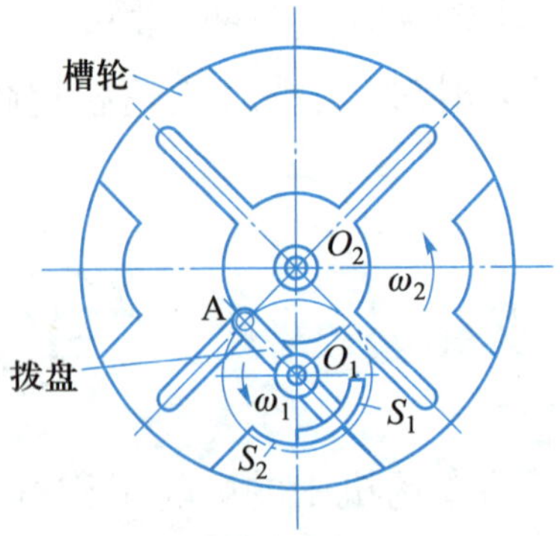

(b) 内啮合槽轮机构

图 10-38　槽轮机构

想一想

内啮合槽轮机构的槽轮转动方向与拨盘转动方向是什么关系？

2. 槽轮机构的特点及应用实例

槽轮机构结构简单，制造方便，转位迅速，工作可靠，但制造与装配精度要求较高且转角不能调节，当槽数 z 确定后，槽轮转角即被确定。因槽数 z 不宜过多，所以槽轮机构不宜用于转角较小的场合。由于槽轮机构的定位精度不高，转动时有冲击，故一般适用于各种转速不太高的自动机械中作转位或分度机构。

图 10-39 所示的电影放映机拨动机构使用的是槽轮机构，属于单圆销外槽轮机构。槽轮上有 4 个径向槽，当拨盘转过一周时，圆销拨动槽轮转过 1/4 周，胶片移过一个幅面，并使画面停留一定的时间，以满足人眼视觉需要暂留图像的要求。如此拨盘连续转动，一幅幅画面形成连续画面。

如图 10-40 所示，车床的转塔刀架上有 6 个安装刀具的孔，相应的槽轮也有 6 个径向槽，刀架和槽轮固连在一起，当拨盘转过一周，圆销将拨动槽轮转过 1/6 周，刀架转过 60°，从而将下一工序的刀具转换到工作位置上。

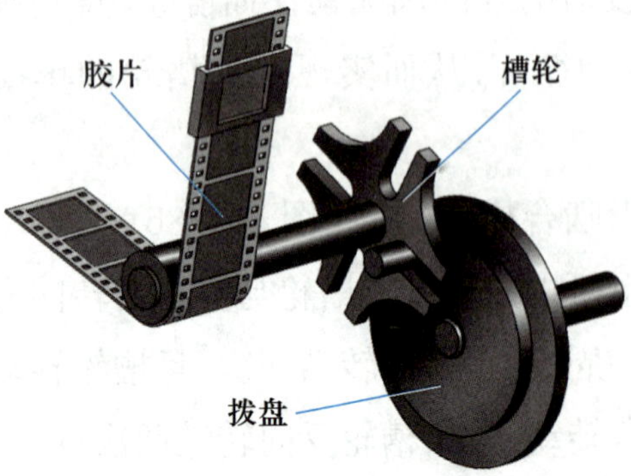

图 10-39　电影放映机拨动机构

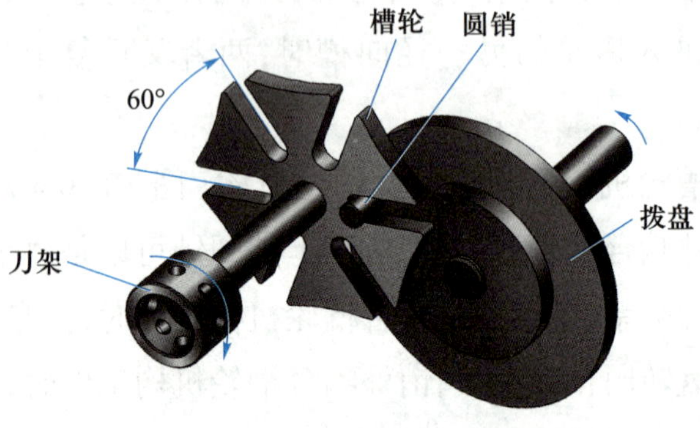

图 10-40　车床的转塔刀架

任务实施

（1）图 10-23a 所示为快速棘轮扳手，其主要功能是紧固或拆卸螺栓、螺母。转动把手，可驱动四方接头（接套筒）单向转动，转动的方向取决于转向调节拨杆所处的位置，所用的机构有盘形凸轮机构、可变向棘轮机构。拨动图 10-41a 中的转向调节拨杆，可以带动凸轮转动，驱动两个棘爪处于不同的位置。图 10-41b 所示的位置棘爪 1 处于工作状态，只能拨动棘轮（与四方接头为一体）顺时针转动；图 10-41c 所示的位置棘爪 2 处于工作状态，只能拨动棘轮逆时针转动。

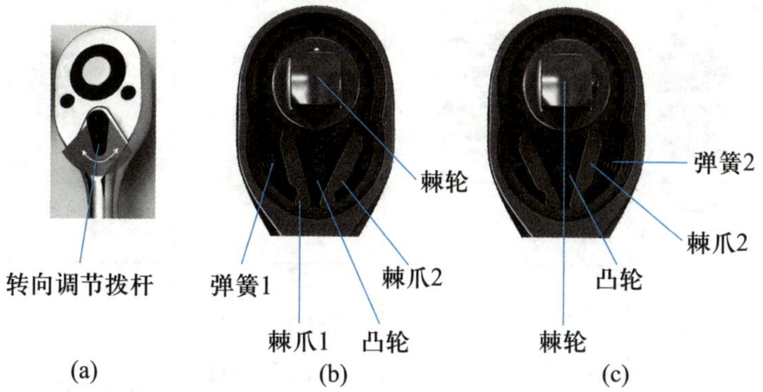

图 10-41　快速棘轮扳手

（2）图 10-23b 所示的液体灌装机，所用机构为单销外槽轮机构，槽轮上有 4 个径向槽，当拨盘转过一周，圆销拨动槽轮转过 1/4 周（90°），托盘带动空杯转到灌装工位，并停留一定的时间来灌装液体，灌满后，拨盘又转过一周，拨动槽轮（托盘）转过 1/4 周，带动灌装后的杯体到输送工位。

任务拓展

*弹　　簧

在图 10-24b 所示的内燃机配气机构、图 10-41 所示的快速棘轮扳手机构等中都使用了弹簧。弹簧是一种弹性元件，它在外载荷作用下，能够产生较大的弹性变形并吸收一定的能量，当外载荷卸除后，弹簧又能迅速地恢复原来的形状，并放出吸收的能量。由于弹簧具有这种变形和储能的特点，所以广泛应用于各种机械中。弹簧的主要功用如下：

（1）控制机构的运动，如制动器、离合器中的控制弹簧，内燃机配气机构的弹簧等。

（2）减振和缓冲，如汽车、火车车厢下的减振弹簧，精密设备中的隔振弹簧等。

（3）储存及输出能量，如钟表弹簧、仪器和玩具中的弹簧、武器发射机构中的弹簧等。

（4）测量力的大小，如测力器和弹簧秤中的弹簧等。

（5）保持零件之间接触良好，如簧片触点、电源插座中的插套等。

按照所承受的载荷不同，弹簧可以分为拉伸弹簧、压缩弹簧、扭转弹簧和弯曲弹簧等 4 种；按照形状不同，弹簧又可分为螺旋弹簧、环形弹簧、碟形弹簧、平面涡卷弹簧（亦称盘簧）和板簧等。弹簧的主要类型和特点见表 10-1。

表 10-1　弹簧的主要类型和特点

类型		拉伸	压缩		扭转	弯曲
螺旋形状	名称及简图	圆柱螺旋拉伸弹簧 	圆柱螺旋压缩弹簧 	圆锥螺旋压缩弹簧 	圆柱螺旋扭转弹簧 	—
	特点及应用	用金属丝按螺旋卷绕而成，制造简便，刚度稳定，应用广泛		结构紧凑，稳定性好，刚度随载荷变大而增大，多用于承受较大载荷和减振的场合	在各种装置中用于压紧、储能或传递转矩	—
其他形状	名称及简图	—	环形弹簧 	碟形弹簧 	平面涡卷弹簧 	板簧 
	特点及应用	—	在外力作用下通过内环的收缩、外环的扩张起到缓冲作用，主要适用在空间受限制而又需要强力缓冲的场合	由冲压成形的碟形钢板组成，刚度大，用于轴向尺寸受限制、外载荷又很大的缓冲减振装置中，有变刚度性能	由钢带盘绕而成，轴向尺寸很小，但变形角大，能存储的能量大，常用做仪器和钟表的储能装置	由许多长度不同的钢板叠合而成，变形大，缓冲和吸振性能好，主要用作汽车、拖拉机、火车等悬挂装置的缓冲和减振弹簧

任务三　阶段性实训 4——牛头刨床横向进给机构的调节

任务目标

1. 了解牛头刨床工作台横向进给机构的工作原理。

2. 会调节牛头刨床工作台横向进给量的大小和方向。

任务描述

1. 观察牛头刨床工作台横向进给机构的工作过程。

2. 调节牛头刨床工作台横向进给量的大小和方向。

物料准备

训练工具包括旋具（螺丝刀）、各种类型的扳手（活扳手、梅花扳手、套筒扳手等）、手锤、铜棒等。训练设备为牛头刨床。

知识准备

见项目十任务二之棘轮机构——牛头刨床的横向进给机构。

任务实施

1. 观察工作台横向进给机构的工作过程

如图 10-35、图 10-42 所示，牛头刨床工作台的进给运动是利用棘轮机构实现的。当曲柄转动时，经连杆带动摇杆作往复摆动（曲柄摇杆机构）；摇杆上装有双向棘轮机构的棘爪，棘轮与进给丝杠相连接。棘爪带动棘轮作单方向间歇转动，棘轮带动水平进给丝杠转动，从而使工作台在水平方向作进给运动。

2. 调节工作台横向进给量

工作台横向进给量取决于刀架每往复一次时棘爪所能拨动的棘轮齿数（即进给丝杠的转动角度），因此调节横向进给量实际是通过调整棘轮护盖的位置，即改变棘轮露出齿的多少（在棘爪摇动范围内），改变棘轮的旋转角度。棘轮露齿越多，则棘轮的旋转角度越大，进给量越大，

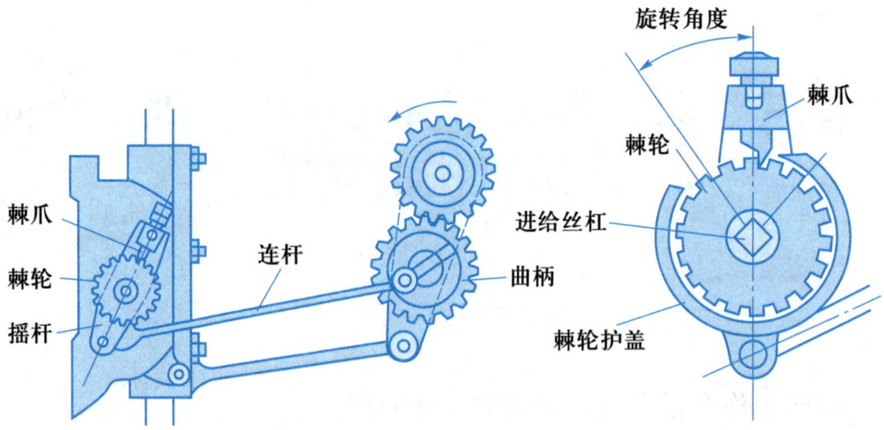

图 10-42 牛头刨床工作台横向进给机构

反之则越小。要注意，把护盖旋转至所需位置后应拧紧固定护盖的螺钉。

3. 调节牛头刨床工作台横向进给运动的方向

此机构为双向棘轮机构，向上提升棘爪，绕自身轴线转过 180° 后再放下，即改变棘爪的方向，就可改变进给运动的方向。

任务评价

采用自评、小组互评、教师评价相结合的方法，按照评价表（表 10-2）进行评价，最后由教师作出总结。

表 10-2 评 价 表

考核点	自评			小组互评			教师评价		
	😊	😐	☹	😊	😐	☹	😊	😐	☹
1. 快速找到调节位置									
2. 调节方法正确									
3. 进给大小调节结果正确									
4. 进给方向调节结果正确									
5. 按时完成任务									
6. 团队协作完成									

阅读材料

机构死点的启发——扬长避短

在图 10-18 所示的曲柄摇杆机构中，如摇杆为主动件，当连杆与曲柄处于共线位置时，机构处于死点位置，此时不论摇杆的主动力有多大，都不能推动曲柄转动，这是机构的一个特性，不能简单地认为是一个缺点。一方面对于连续运转的机器，机构存在死点位置是不利的，要采取措施加以克服；另一方面，某些场合恰好利用“死点”来实现工作要求。

同样，我们学习、生活中的事物也都有两面性，这就要求我们要学会辩证地看待各类事物。对于通常意义上不好的事物，能够找到其有利的方面，并加以利用；对于好的事物，也需要看到其不利影响，并尽可能加以规避，做到扬长避短。

参考文献

[1] 孙桓,葛文杰. 机械原理【M】. 9版. 北京:高等教育出版社,2021.

[2] 姜敏凤,宋佳娜. 机械工程材料及成形工艺【M】. 4版. 北京:高等教育出版社,2020.

[3] 沈莲. 机械工程材料【M】. 4版. 北京:机械工业出版社,2018.

[4] 李蕾. 金属材料与热加工基础【M】. 北京:机械工业出版社,2023.

[5] 栾学钢,赵玉奇,陈少斌. 机械基础(多学时)【M】. 2版. 北京:高等教育出版社,2019.

[6] 栾学钢,王诚,吴建蓉. 机械基础(少学时)【M】. 2版. 北京:高等教育出版社,2022.

[7] 成大先. 机械设计手册(第1卷)【M】. 6版. 北京:化学工业出版社,2016.

[8] 成大先. 机械设计手册(第2卷)【M】. 6版. 北京:化学工业出版社,2016.

[9] 成大先. 机械设计手册(第3卷)【M】. 6版. 北京:化学工业出版社,2016.

[10] 成大先. 机械设计手册(第4卷)【M】. 6版. 北京:化学工业出版社,2016.

[11] 柴鹏飞,万丽雯. 机械设计基础【M】. 4版. 北京:机械工业出版社,2023.

[12] 孙大俊. 机械基础【M】. 北京:中国劳动社会保障出版社,2014.